职业教育职业培训改革创新教材
全国高等职业院校、技师学院、技工及高级技工学校规划教材
电子与电气控制专业

电子技术与技能训练

叶　谦　吴荣祥　主　编
卢文升　刘　南　郭志元　副主编
廖　勇　主　审

電子工業出版社
Publishing House of Electronics Industry
北京 • BEIJING

内 容 简 介

本书根据高等职业院校、技师学院“电子与电气控制专业”的教学计划和教学大纲，以“国家职业标准”为依据，按照“以工作过程为导向”的课程改革要求，以典型任务为载体，从职业分析入手，切实贯彻“管用”、“够用”、“适用”的教学指导思想，把理论教学与技能训练很好地结合起来，并按技能层次分模块逐步加深电子技术相关内容的学习和技能操作训练。本书编入了较多新技术、新设备、新工艺的内容，还介绍了许多典型的应用案例，便于读者借鉴，以缩短学校教育与企业需求之间的差距，更好地满足企业用人需求。

本书可作为高等职业院校、技师学院、技工及高级技工学校、中等职业学校电子与电气相关专业的教材，也可作为企业技师培训教材和相关设备维修技术人员的自学用书。

图书在版编目（CIP）数据

电子技术与技能训练 / 叶谦，吴荣祥主编. —北京：电子工业出版社，2013.3
职业教育职业培训改革创新教材　全国高等职业院校、技师学院、技工及高级技工学校规划教材. 电子与电气控制专业

ISBN 978-7-121-17857-3

Ⅰ. ①电… Ⅱ. ①叶… ②吴… Ⅲ. ①电子技术—高等职业教育—教材 Ⅳ. ①TN

中国版本图书馆 CIP 数据核字(2012)第 185251 号

策划编辑：关雅莉　　杨　波
责任编辑：郝黎明　　文字编辑：裴　杰
印　　刷：北京虎彩文化传播有限公司
装　　订：北京虎彩文化传播有限公司
出版发行：电子工业出版社
　　　　　北京市海淀区万寿路 173 信箱　邮编：100036
开　　本：787×1 092　1/16　印张：12.25　字数：313.6 千字
版　　次：2013 年 3 月第 1 版
印　　次：2022 年 8 月第 9 次印刷
定　　价：26.00 元

凡所购买电子工业出版社图书有缺损问题，请向购买书店调换。若书店售缺，请与本社发行部联系，联系及邮购电话：（010）88254888，88258888。

质量投诉请发邮件至 zlts@phei.com.cn，盗版侵权举报请发邮件至 dbqq@phei.com.cn。

本书咨询联系方式：（010）88254617，luomn@phei.com.cn。

职业教育职业培训改革创新教材
全国高等职业院校、技师学院、技工及高级技工学校规划教材
电子与电气控制专业　教材编写委员会

出 版 说 明

人才资源是国家发展、民族振兴最重要的战略资源，是国家经济社会发展的第一资源，是促进生产力发展和体现综合国力的第一要素。加强人力资源开发工作和人才队伍建设是加快我国现代化建设进程中事关全局的大事，始终是一个基础性的、全面性的、决定性的战略问题。坚持人才优先发展，加快建设人才强国对于全面实现小康社会目标、建设富强民主文明和谐的社会主义现代化国家具有决定性意义。党和国家历来高度重视人力资源开发工作，改革开放以来，尤其是进入新世纪新阶段，党中央和国务院做出了实施人才强国战略的重大决策，提出了一系列加强人力资源开发的政策措施，培养造就了各个领域的大批人才。但当前我国人才发展的总体水平同世界先进国家相比仍存在较大差距，与我国经济社会发展需要还有许多不适应。为此，《国家中长期人才发展规划纲要（2010—2020 年）》提出："坚持服务发展、人才优先、以用为本、创新机制、高端引领、整体开发的指导方针，培养和造就规模宏大、结构优化、布局合理、素质优良的人才队伍，确立国家人才竞争比较优势，进入世界人才强国行列，为在本世纪中叶基本实现社会主义现代化奠定人才基础。"

职业教育培训是人力资源开发的主要途径之一，加强职业教育培训，创新人才培养模式，加快人才队伍建设是人力资源开发的重要内容，是落实人才强国战略的具体体现，是实现国家中长期人才发展规划纲要目标的根本保证。

职业资格鉴定是全面贯彻落实科学发展观，大力实施人才强国战略的重要举措，有利于促进劳动力市场建设和发展，关系到广大劳动者的切身利益，对于企业发展和社会经济进步以及全面提高劳动者素质和职工队伍的创新能力具有重要作用。职业资格鉴定也是当前我国经济社会发展，特别是就业、再就业工作的迫切要求。

国家题库的建立，对于保证职业资格鉴定工作的质量起着重要作用，是加快培养一大批数量充足、结构合理、素质优秀的技术技能型、复合技能型和知识技能型的高技能人才，为各行各业造就出千万能工巧匠的重要具体措施。但目前相当一部分职业资格鉴定题库的内容已经过时，湖南省职业技能鉴定中心（湖南省职业技术培训研究室）组织鉴定站所、院校和企业专家开发了新的题库，并经过人力资源和社会保障部职业技能鉴定中心审核，获准可以按照新的题库开展相应工种的职业资格鉴定工作。

职业教育培训教材是职业教育培训的重要资源，是体现职业教育培训特色的知识载体和教学的基本工具，是培养和造就高技能人才的基本保证。为满足广大劳动者职业培训鉴定需要，给广大参加职业资格鉴定的人员提供帮助，我们组织参加这次国家题库开发的专家，以及长期从事职业资格鉴定工作的人员编写了这套“国家职业资格技能培训与鉴定教材”。本套丛书是与国家职业标准、国家职业资格鉴定题库相配套的。在本套丛书的编写过程中，贯彻了“围绕考点，服务考试”的原则，把编写重点放在以下几个主要方面。

第一，内容上涵盖国家职业标准对该工种的知识和技能方面的要求，确保达到相应等级技能人才的培养目标。

第二，突出考前辅导的特色，以职业资格鉴定试题作为本套丛书的编写重点，内容上紧紧围绕鉴定考核的内容，充分体现系统性和实用性。

第三，坚持“新内容”为编写的侧重点，无论是内容还是形式上都力求有所创新，使本套丛书更贴近职业资格鉴定，更好地服务于职业资格鉴定。

这是推动培训与鉴定紧密结合的大胆尝试，是促进广大劳动者深入学习、提高职业能力和综合素质、促进人才队伍建设的一项重要基础性工作，很有意义，是一件大好事。

组织开发高质量的职业培训鉴定教材，加强职业培训鉴定教材建设，为技能人才培养提供技术和智力支持，对于提高技能人才培养质量，推动职业教育培训科学发展非常重要。我们要适应新形势新任务的要求，针对职业培训鉴定工作的实际需要，统一规划，总结经验，加以完善，努力把职业培训鉴定教材建设工作做得更好，为提高劳动者素质、促进就业和经济社会发展做出积极贡献。

电子工业出版社　职业教育分社

2013 年 2 月

前　言

本书根据高等职业院校、技师学院“电子与电气控制专业”的教学计划和教学大纲，以“国家职业标准”为依据，按照“以工作过程为导向”的课程改革要求，以典型任务为载体，从职业分析入手，切实贯彻“管用”、“够用”、“适用”的教学指导思想，把理论教学与技能训练很好地结合起来，并按技能层次分模块逐步介绍电子技术相关内容的学习和技能操作训练。本书较多地编入新技术、新设备、新工艺的内容，还介绍了许多典型的应用案例，便于读者借鉴，以缩短学校教育与企业需求之间的差距，更好地满足企业用人需求。

本书可作为高等职业院校、技师学院、技工及高级技工学校、中等职业学校电子与电气相关专业的教材，也可作为企业技师培训教材和相关设备维修技术人员的自学用书。

本书的编写符合职业学校学生的认知和技能学习规律，形式新颖，职教特色明显；在保证知识体系完备，脉络清晰，论述精准深刻的同时，尤其注重培养读者的实际动手能力和企业岗位技能的应用能力，并结合大量的工程案例和项目来使读者更进一步灵活掌握及应用相关的技能。

● **本书内容**

全书共分为 6 个模块、19 个任务，还包括 4 个实训项目、6 个子任务，内容由浅入深，全面覆盖了电子技术的知识和相关的技能训练，主要包括模拟电子基础知识与基本电路、模拟电子应用电路、ATX 开关电源的认识与拆装、足球小音箱电路的设计与制作、ZX2039 型多功能防盗报警器的设计与制作、采用 CXA1191M/AM/FM 收音机的安装与调试、数字电路基础、数字电子应用电路、数字电路实训等内容。

● **配套教学资源**

本书提供了配套的立体化教学资源，包括专业建设方案、教学指南、电子教案等必需的文件，读者可以通过华信教育资源网（www.hxedu.com.cn）下载使用或与电子工业出版社联系（E-mail：yangbo@phei.com.cn）。

● **本书主编**

本书由湖南轻工高级技工学校叶谦，肥城市职业教育中心校吴荣祥主编，揭阳捷和职业技术学校卢文升、湖南省人事劳动厅鉴定中心刘南、古浪县黄羊川职业技术中学郭志元副主编，广东省南方技师学院廖勇主审，湖南轻工高级技工学校刘建华、伍爱平、易新春、蔡蔚蓝、严均、石冰等参与编写。由于时间仓促，作者水平有限，书中错漏之处在所难免，恳请广大读者批评指正。

● **特别鸣谢**

特别鸣谢湖南省人力资源和社会保障厅职业技能鉴定中心、湖南省职业技术培训研究室对本书编写工作的大力支持，并同时鸣谢湖南省职业技能鉴定中心（湖南省职业技术培训研究室）史术高对本书进行了认真的审校及建议。

主　编

2012 年 8 月

目　录

模块一　模拟电子基础知识与基本电路（中技）

任务1　半导体二极管

子任务1　半导体二极管的识别与测试

任务描述

图 1-1-1 所示为二极管，现要求对其进行以下测试。

1. 二极管好坏的判断。
2. 二极管极性的判断。

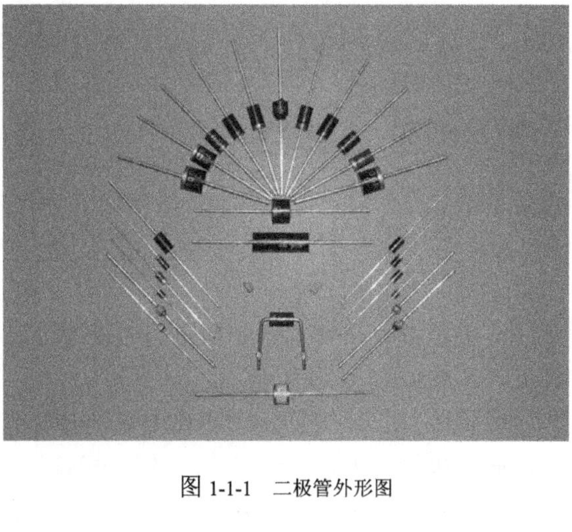

图 1-1-1　二极管外形图

学习目标

1. 了解二极管的结构。

2. 理解二极管的单向导电特性和主要参数。

任务分析

1. 二极管的结构

半导体二极管是由一个 PN 结（管芯）加上电极引线和管壳构成的。从 P 型区引出的电极称为正极；与 N 型区相连的电极为负极，其结构示意图和电路符号如图 1-1-2 所示。

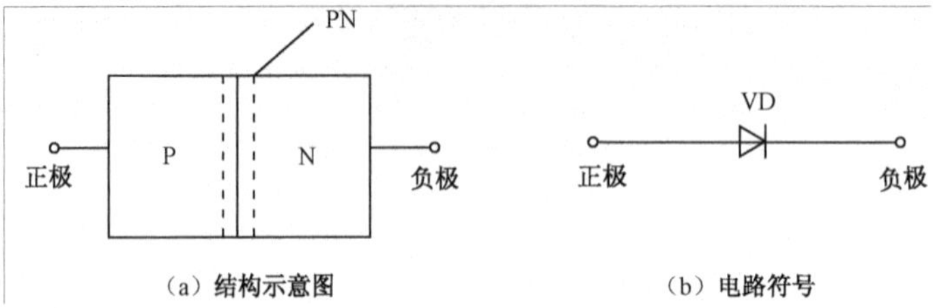

（a）结构示意图　　（b）电路符号

图 1-1-2　二极管的结构示意图与电路符号

二极管按结构不同分为点接触型和面接触型两类。

2. 二极管好坏的判断

用万用表测量二极管的正反向电阻，判断二极管的好坏。

3. 判断二极管的极性

要求能从标记符号判断二极管的极性，并掌握用万用表和晶体管图示仪测试二极管的步骤及方法。

完成任务/操作步骤

任务准备

一、二极管的伏安特性曲线

二极管的主要特性就是 PN 结的单向导电特性，可以用伏安特性曲线来描述，如图 1-1-3 所示。

1. 正向特性

当外加正向电压较小时，不足以克服内电场的作用，扩散运动基本不能进行，因此正向电流趋于零，则该区称为死区。

当正向电压增加到一定数值 U_{on} 时，开始出现正向电流，此时的电压称为开启电压 U_{on}（或称死区电压）。常温下，硅二极管的 U_{on}=0.5～0.7V；锗二极管的 U_{on}=0.1～0.3V。

当外加正向电压大于 U_{on} 时，正向电流成指数规律上升，近似线性上升，因此，该区称为“线性工作区”。

注意：二极管正向导通时应工作在该区。

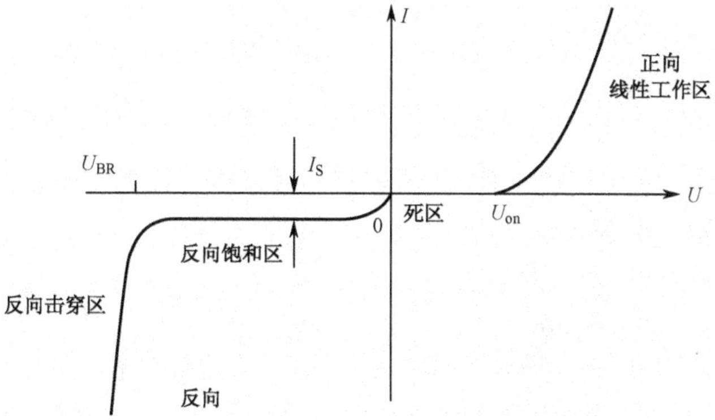

图 1-1-3　二极管的伏安特性

2. 反向特性

在反向电压作用下，没有多子做扩散运动，只有少子做漂移运动，形成很小的漂移电流，称为反向饱和电流 I_S。

当温度一定时，I_S 表现饱和性质，因此，该区称为反向饱和区，管子基本显截止状态。硅管的 I_S 约在纳安（nA）量级；锗管约在微安 （μA）量级。

当反向电压增加到一定数值时，反向电流 I_S 剧增，二极管反向击穿，曲线出现长尾现象，则该区称为反向击穿区，所对应的反向电压 U_{BR} 称为向击穿电压。

二、二极管的主要参数

1. 最大整流电流 I_{FM}

最大整流电流是指二极管长期连续工作时，允许通过二极管的最大正向工作电流的平均值。

2. 最高反向工作电压 U_{RM}

最高反向工作电压是指二极管允许承受的反向工作电压的峰值。

3. 反向饱和电流 I_S

反向饱和电流是指管子没有击穿时的反向电流值。其值越小，说明二极管的单向导电性越好。

完成任务

三、二极管的测试

普通二极管的品种很多，例如，整流二极管、检波二极管、开关二极管等，这些管子又有锗管和硅管之分，但它们都是由一个 PN 结组成的，所以其测试方法基本上都是一样的。

1. 二极管好坏的判断

用万用表测量二极管的正反向电阻，把两支表笔分别接二极管的两个电极。

① 若测得的反向电阻很大（几百千欧以上），正向电阻很小（几千欧以下），表明二极管性能良好。

② 若测得的反向电阻和正向电阻都很小，表明二极管短路。

③ 测得的反向电阻和正向电阻都很大，表明二极管断路，已损坏。

2. 二极管极性的判断

（1）从标记符号判断二极管的极性

观察外壳上的标记符号。通常在二极管印有色环（多为黑色或白色）的一端为负极（阴极），另一端则为正极（阳极）。

（2）使用万用表测试普通二极管

将万用表置于 R×100 挡或 R×1k 挡（对于面接触型的大电流整流管可用 R×1 挡或 R×10 挡），把两支表笔分别接二极管的两个电极，测出二极管的电阻值，然后对换两支表笔再测量一次二极管的电阻值。若先后两次所测得的阻值差异较大，则说明被测二极管是好的（差异越大，管子的性能越好）；阻值小的为二极管的正向电阻，其阻值一般在 10kΩ 以下，锗管一般在 100～1kΩ，硅管在 1 千欧至几千欧。阻值大的为二极管的反向电阻，其阻值应在几百千欧以上，甚至接近无穷大。

在测试中，阻值小的那一次，黑色表笔接的电极就是二极管的正极（阳极），红色表笔接的则是二极管的负极（阴极）。

3. 使用晶体管图示仪测试普通二极管

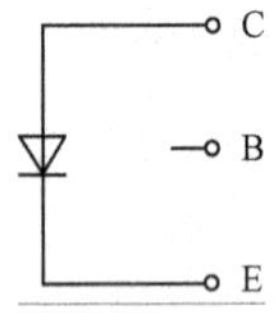

图 1-1-4 晶体管特性图示仪插孔示意图

晶体管特性图示仪是一种可直接在示波管荧光屏上观察各种晶体管的特性曲线的专用仪器。测试时只要把图示仪的旋钮及开关调整至正确的位置，通过仪器的标尺刻度可直接读出被测晶体管的各项参数；它可用来测定晶体管的共集电极、共基极、共发射极的输入特性、输出特性、转换特性、α、β 参数特性；可测定各种反向饱和电流 I_{CBO}、I_{CEO}、I_{EBO} 和各种击穿电压 U_{CBO}、U_{CEO}、U_{EBO} 等。晶体管特性图示仪插孔示意图如图 1-1-4 所示。

知识链接

特殊二极管

1. 稳压二极管

稳压二极管又名齐纳二极管，简称稳压管，是一种用特殊工艺制作的面接触型硅半导体二极管，这种管子的杂质浓度比较大，容易发生击穿，其击穿时的电压基本上不随电流的变化而变化，从而达到稳压的目的。稳压管工作于反向击穿区。

（1）稳压管的伏安特性和符号

图 1-1-5 所示为稳压管的伏安特性和符号。

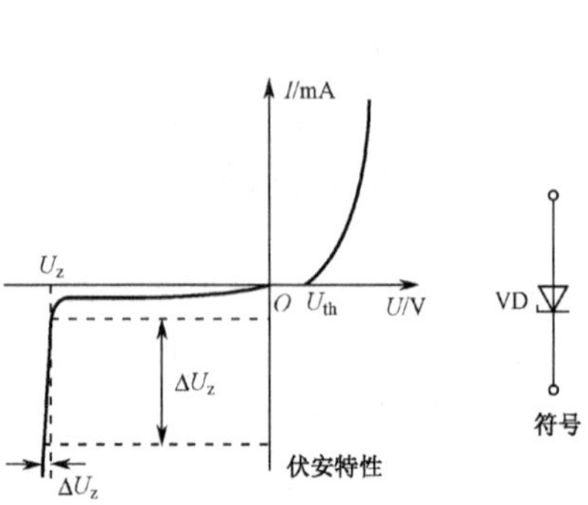

图 1-1-5 稳压管的伏安特性和符号

（2）稳压管的主要参数

① 稳定电压 U_Z。它是指当稳压管中的电流为规定值时，稳压管在电路中其两端产生的

稳定电压值。

② 稳定电流 I_Z。它是指稳压管工作在稳压状态时，稳压管中流过的电流，有最小稳定电流 I_{zmin} 和最大稳定电流 I_{zmax} 之分。

③ 耗散功率 P_M。它是指稳压管正常工作时，管子上允许的最大耗散功率。

（3）应用稳压管应注意的问题

① 稳压管稳压时，一定要外加反向电压，以保证管子工作在反向击穿区。当外加的反向电压值大于或等于 U_Z 时，才能起到稳压作用；若外加的电压值小于 U_Z，则稳压二极管相当于普通的二极管。

② 在稳压管稳压电路中，一定要配合限流电阻的使用，以保证稳压管中流过的电流在规定的范围之内。

2. 发光二极管

发光二极管是一种光发射器件，英文缩写是 LED。此类管子通常由镓（Ga）、砷（As）、磷（P）等元素的化合物制成，管子正向导通，当导通电流足够大时，能把电能直接转换为光能，发出光来。目前发光二极管的颜色有红、黄、橙、绿、白和蓝 6 种，所发光的颜色主要取决于制作管子的材料，例如，用砷化镓发出红光，而用磷化镓则发出绿光。其中白色发光二极管是新型产品，主要应用在手机背光灯、液晶显示器背光灯、照明等领域。

发光二极管工作时导通电压比普通二极管大，其工作电压随材料的不同而不同，一般为 1.7～2.4V。普通绿、黄、红、橙色发光二极管工作电压约为 2V；白色发光二极管的工作电压通常高于 2.4V；蓝色发光二极管的工作电压一般高于 3.3V。发光二极管的工作电流一般在 2～25mA。

发光二极管应用非常广泛，常用做各种电子设备（如仪器仪表、计算机、电视机等）的电源指示灯和信号指示灯，还可以做成七段数码显示器等。发光二极管的另一个重要用途是将电信号转为光信号。普通发光二极管的外形和符号如图 1-1-6 所示。

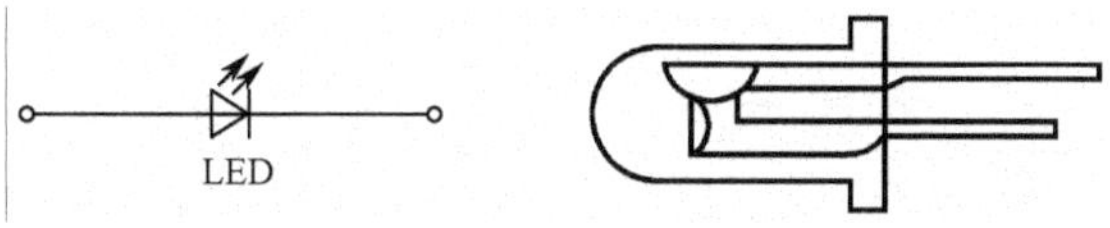

图 1-1-6 普通发光二极管的外形和符号

3. 光电二极管

光电二极管又称光敏二极管，它是一种光接收器件，其 PN 结工作在反向偏置状态，可以将光能转换为电能，实现光电转换。图 1-1-7 所示为光电二极管的基本电路和符号。

4. 变容二极管

图 1-1-8 所示为变容二极管的符号。此种管子是利用 PN 结的电容效应进行工作的，它工作在反向偏置状态，当外加的反偏电压变化时，其电容量也随着改变。

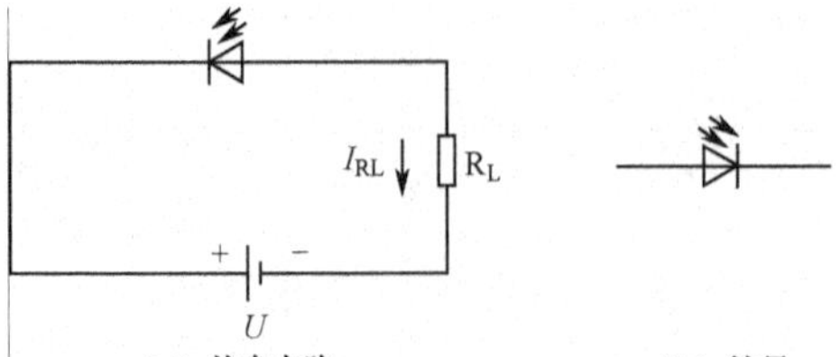

（a）基本电路　　（b）符号

图 1-1-7　光电二极管的基本电路和符号

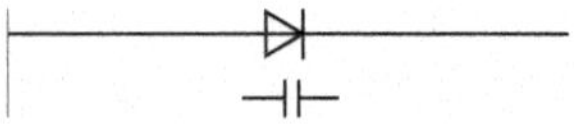

图 1-1-8　变容二极管的符号

5. 激光二极管

激光二极管是在发光二极管的 PN 结间安置一层具有光活性的半导体，构成一个光谐振腔。工作时接正向电压，可发射出激光。

激光二极管的应用非常广泛，在计算机的光盘驱动器、激光打印机中的打印头、激光唱机、激光影碟机中都有激光二极管。

思考与训练

1. 用万用表测试二极管 2AP7，判断其好坏。
2. 用万用表测试二极管 2DZ54C，判断其极性。

子任务 2　导体二极管的应用

任务描述

要求制作如图 1-1-9 所示的直流稳压电源，并简单分析电路的工作原理。

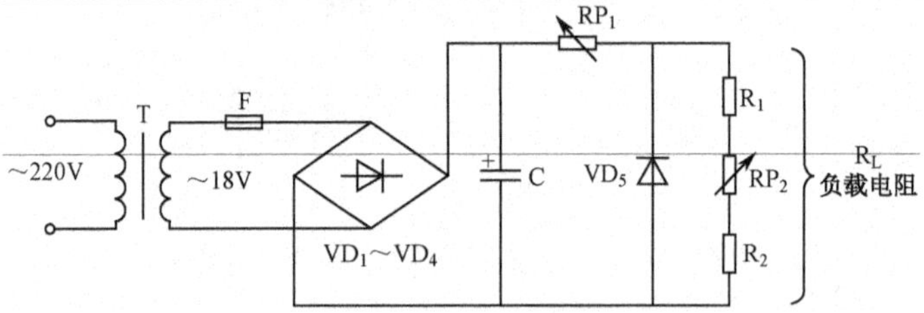

图 1-1-9　直流稳压电源原理图

学习目标

1. 掌握单相半波整流电路的组成、工作原理。
2. 掌握单相桥式整流电路的组成、工作原理。

任务分析

1. 直流稳压电源工作原理如图 1-1-9 所示，经过变压器 T 降压后的交流电经桥式全波整

流电路 VD_1～VD_4 变成了单方向的直流电。这种直流电含有交流成分，称为脉动的直流电，需要利用滤波电容器 C 滤除其中的交流成分，得到脉动较小的直流电。然而此时由于电网电压波动和负载变化的影响，电压值并不稳定。利用稳压二极管的稳压特性所组成的稳压电路是一种最简单的稳压电路，适用于小功率和对稳压精度要求不高的场合。该电路输出的直流电压值取决于 VD_5 的稳压值。

2. 按电路要求合理选择元件参数，并按电路图正确安装元器件。

完成任务/操作步骤

任务准备

一、单相半波整流电路的组成、工作原理

1. 电路组成

单相半波整流电路如图 1-1-10 所示，图中 T 为电源变压器，用来将市电 220V 交流电压变换为整流电路所要求的交流低电压，同时保证直流电源与市电电源有良好的隔离。

2. 工作原理

电源变压器 T 初级接交流电压 u_1，则在变压器 T 的次级就会产生感应电压 u_2。当 u_2 为正半周时，整流二极管 VD 上加的是正向电压，处于导通状态，其电流 i_o 流过负载 R_L，于是在 R_L 上产生正半周电压 u_o；当 u_2 为负半周时，整流二极管 VD 上加的是反向电压，处于截止状态，负载 R_L 上无电流通过。当输入电压进入下一个周期时，整流电路将重复上述过程。各波形对应关系如图 1-1-11 所示。由图可见，负载 R_L 上得到的是自上而下的单向电流，实现了整流。由 u_o 的波形图可见，这种电路只利用电源电压的 u_2 的半个波，故称半波整流。

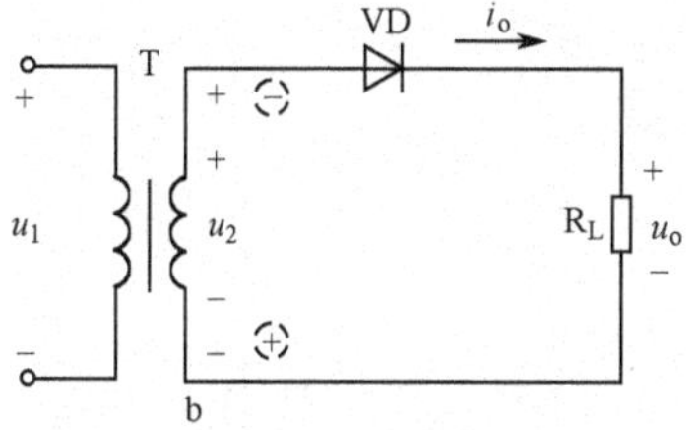

图 1-1-10　单相半波整流电路

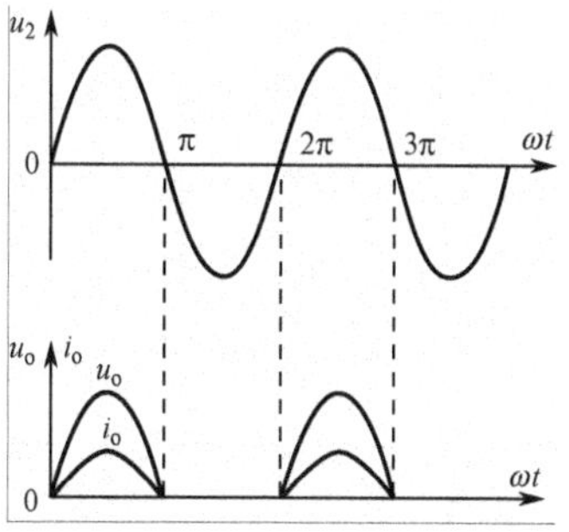

图 1-1-11　单相半波整流电路波形图

单相半波整流电路的缺点是电源利用率低且输出脉动大。

二、单相桥式整流电路的组成、工作原理

1. 电路组成

为了克服单相半波整流的缺点，常采用单相桥式整流电路，它由四个二极管接成电桥形式构成，图 1-1-12 所示为单相桥式整流电路的几种画法。

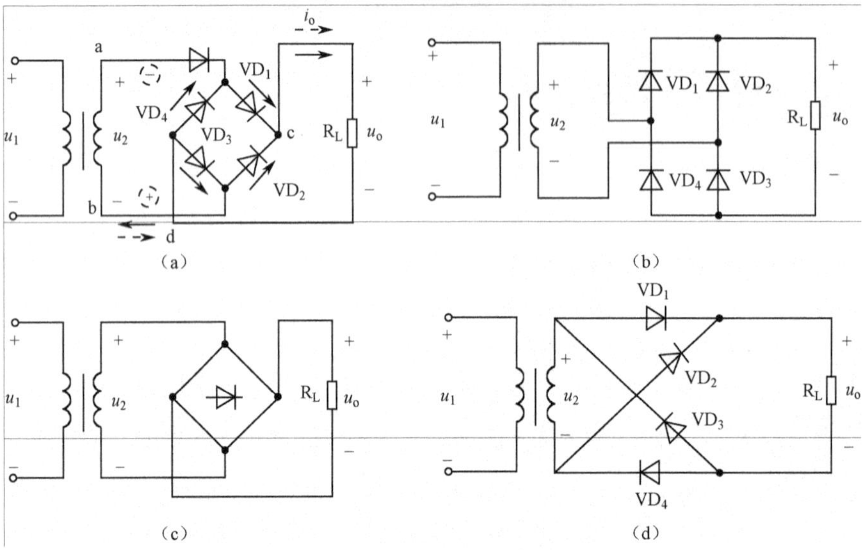

图 1-1-12 单相桥式整流电路的几种画法

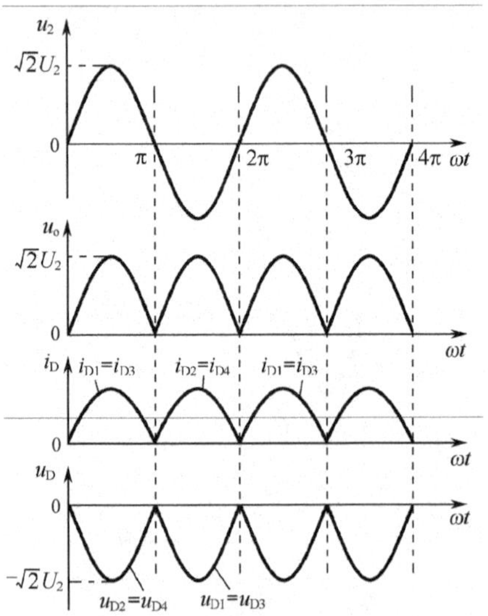

图 1-1-13 单相桥式整流电路电压电流波形

2. 工作原理

当输入电压 u_1 为正半周时，整流二极管 VD_1 和 VD_3 上因加正向电压而导通，VD_2 和 VD_4 因加反向电压而截止。电流 i_o 流经 VD_1、R_L 和 VD_3 并在 R_L 上产生压降 u_o。

当输入电压 u_1 为负半周时，整流二极管 VD_1 和 VD_3 因加反向电压而截止，VD_2 和 VD_4 因加正向电压而导通。电流 i_o 流经 VD_2、R_L 和 VD_4 并在 R_L 上产生压降 u_o。其电流电压波形如图 1-1-13 所示。

三、并联型硅稳压管稳压电路

由于交流电网电压的变化或负载的变化，均会引起整流滤波电路输出直流电压的变化。因此，为了使负载得到稳定的直流电压，必须在整流滤波电路后接入稳压电路。稳压电路分为并联型硅稳压管稳压电路和串联型稳压电路两种。下面主要介绍一下并联型硅稳压管稳压电路。

电路如图 1-1-14 所示，输入电压 U_I 是经过整流滤波后的电压；稳压电路的输出电压 U_o

是稳压管的稳定电压 U_z；R 是限流电阻，由于稳压管与负载 R_L 并联，所以称为并联型稳压电路。它是利用的稳压管的反向击穿特性，如图 1-1-15 所示。当稳压管反向击穿时，若电流在 I_{zmin} 至 I_{zmax} 的范围内变化，则稳压管电压 U_z 的变化值很小，其靠稳压管的电流变化，补偿负载电流变化，使输出电压稳定。

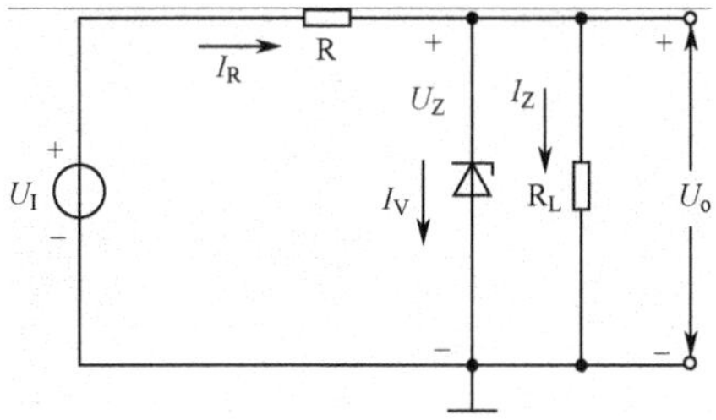

图 1-1-14　硅稳压管稳压电路图

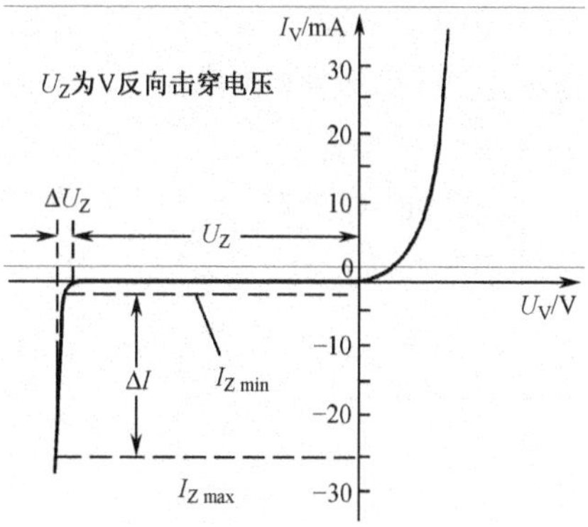

图 1-1-15　稳压管伏安特性

四、元器件选择

元器件列表 1-1-1。

表 1-1-1　元器件列表

元器件名称	代　　号	元器件参数	元器件名称	代　　号	元器件参数
整流二极管	VD_1～VD_4	IN4001	电阻	R_2	510Ω
电解电容器	C	470μF/25V	熔断丝	F	0.5A
微调电位器	RP_1	1kΩ	变压器	T	220V/180V
微调电位器	RP_2	10kΩ	稳压二极管	VD_5	2CW56（7～8.8V 稳压管）
电阻	R_1	240Ω			

另外还需准备熔断器座、电源线、黑胶布、印制电路板。

完成任务

五、安装、调试与检测

① 按电路图正确安装元器件。

② 检查元器件安装正确无误后，接通电源。

③ 根据 ST16 示波器的使用方法，把示波器调节好。用垂直输入灵敏度步进式选择开关置“10V/div”挡，垂直被测信号输入耦合方式的转换开关置“DC”直流耦合状态。时基扫速步进式选择开关置“2ms/div”挡，触发信号极性开关置“+”。触发信号源选择开关置于“INT”。

④ 用示波器探头分别测量电源变压器次级、整流二极管输出端和滤波电容器两端的波

形。把测量到的波形绘制在表 1-1-2 中。

⑤ 将万用表拨到 R×1k 挡，校零后，在稳压管不接入的状态下，测量 RP_1 的阻值（注意要在不通电的情况下测量）。调节 RP_1，使其阻值分别为 1kΩ、750Ω、500Ω、250Ω、0Ω；改变负载电阻中的 RP_2 的阻值；用万用表直流电压挡测量输出电压 U_o 变化的情况，把每次测量的变化数据记录在表 1-1-2 中，并得出结论。

⑥ 将万用表拨到直流电流挡，表棒串接在 VD_5 上方，调节微调电位器 RP_1 的阻值，使通过 VD_5 的电流每次分别为 1mA、2 mA、5 mA、10 mA、15 mA。然后将万用表拨到直流电压挡，表棒测在负载电阻 R_L 两端，改变微调电位器 RP_2 的阻值，分别测量输出电压 U_o 变化的情况。把每次测得的数据记录在表 1-1-2 中，得出结论后与未接入稳压二极管时进行比较，看看有什么变化。

表 1-1-2　直流稳压电源制作技训表

画出被测波形	变压器次级两端	滤波电容两端		负载电阻 R_L 两端	
调节 RP_1 的阻值，分别为	1kΩ	750Ω	500Ω	250Ω	0
调节 RP_2 的阻值，记录未接 VD_5 前输出电压变化范围/V					
调节 RP_1 的阻值，记录流过 VD_5 的电流分别为	1mA	2 mA	5 mA	10mA	15mA
调节 RP_2 的阻值，记录接入 VD_5 后输出电压变化范围/V					

知识链接

1. 直流稳压电源的组成

在各种电子设备中，直流稳压电源是必不可少的组成部分，它是电子设备的一能量来源，稳压电源的主要任务是将 50Hz 的电网电压转换成稳定的直流电压和电流，从而满足负载的需要。直流稳压电源原理方框图，如图 1-1-16 所示。

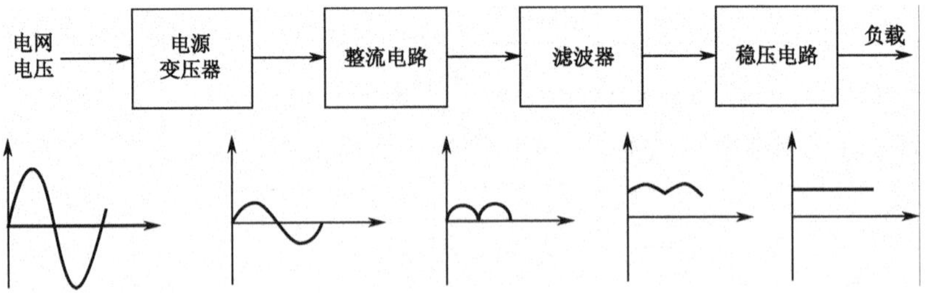

图 1-1-16　直流稳压电源原理方框图

直流稳压电源一般由变压、整流、滤波、稳压等环节组成。

变压器：将交流电源（220V 或 380V）变换为符合整流电路所需要的交流电压。

整流电路：利用单向导电性能的整流器件，将交流电压整流成单向脉动的直流电压。

滤波电路：滤去单向脉动直流电压中的交流成分，保留直流分量，尽可能供给负载平滑的直流电压。

稳压电路：是一种自动调节电路，在交流电源波动或负载变化时，稳定直流输出电压。

2. 桥式整流电容滤波

图 1-1-17 所示为用四只整流二极管组成的桥式整流电容滤波电路，交流电经整流虽已变成脉动直流电，但含有较大的交流分量，为了得到平滑的直流电，在整流电路之后需接入滤波电路，把脉动直流电的交流成分滤掉。

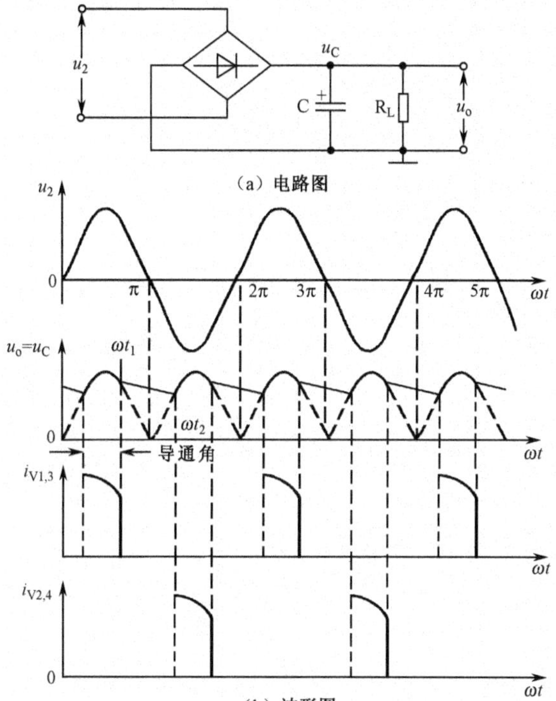

（a）电路图

（b）波形图

图 1-1-17　桥式整流电容滤波电路

思考与训练

制作一个如图 1-1-18 所示的全波整流电路，元器件列表见表 1-1-3，并分析其工作原理。

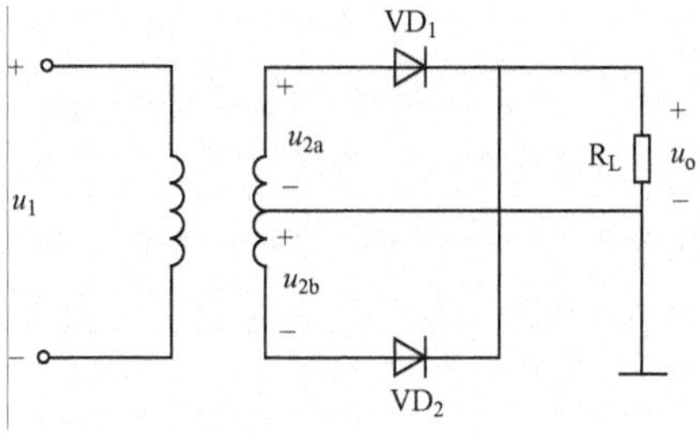

图 1-1-18　全波整流电路

表 1-1-3　元器件列表

元器件名称	代　号	元器件参数
整流二极管	VD_1～VD_2	1N4001
电阻	R_L	1kΩ
变压器	T	220V/180V

另外还需熔断器座、电源线、黑胶布、印制电路板。

任务2　半导体三极管

子任务1　半导体三极管的识别与测试

任务描述

1. 判别三极管的引脚。

（1）判定基极 B 和管型；

（2）判定集电极 C 和发射极 E。

2. 电流放大系数 β 的估测。

3. 锗管和硅管的判别。

学习目标

1. 掌握三极管的结构和符号。

2. 理解三极管的放大作用和电流分配关系。

任务分析

能从封装及外形上识别三极管的三个引脚，并掌握用万用表测试三极管的步骤及方法。

完成任务/操作步骤

任务准备

一、三极管的结构及符号

半导体三极管又称晶体三极管（下称三极管），一般简称晶体管或双极型晶体管。它是通过一定的制作工艺，将两个 PN 结结合在一起的器件，两个 PN 结相互作用，使三极管成为一个具有控制电流作用的半导体器件。三极管可以用来放大微弱的信号和作为无触点开关。

三极管从结构上分为 NPN 型三极管和 PNP 型三极管两种。图 1-2-1 所示为三极管的结构示意图和符号。

符号中发射极上的箭头方向，表示发射结正偏时电流的流向。

三极管制作时，通常它们的基区做得很薄（几微米到几十微米），且掺杂浓度低；发射区的杂质浓度则比较高；集电区的面积则比发射区做得大，这是三极管实现电流放大的内部条件。

三极管可以由半导体硅材料制成，称为硅三极管；也可以由锗材料制成，称为锗三极管。

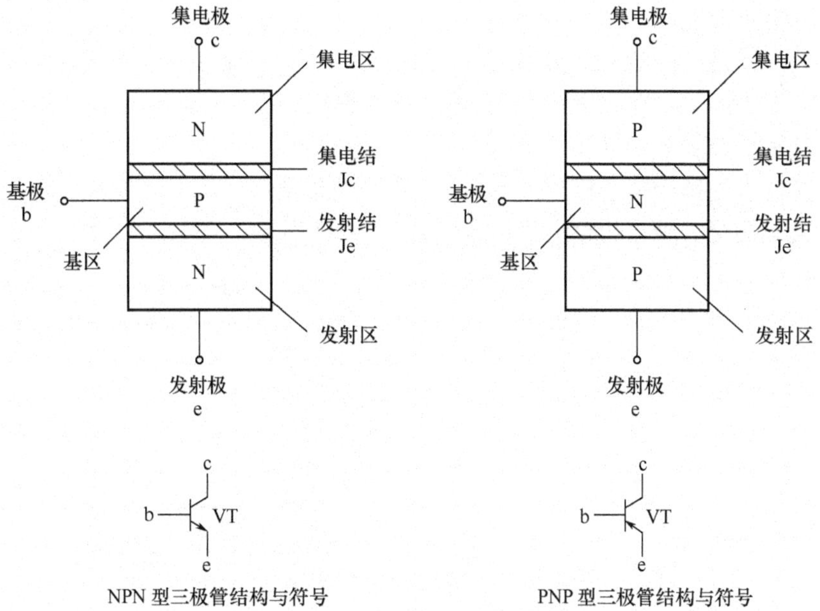

图 1-2-1　三极管的结构示意图和符号

三极管从应用角度讲，种类很多。根据工作频率可分为高频管、低频管和开关管；根据工作功率可分为大功率管、中功率管和小功率管。常见的三极管外形如图 1-2-2 所示。

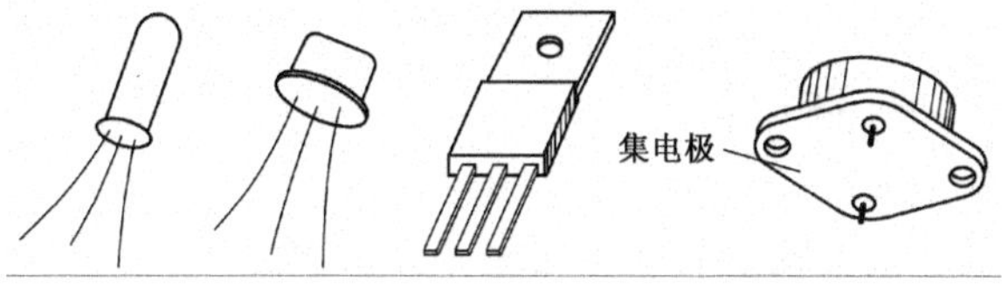

图 1-2-2　常见的三极管外形

二、三极管的电流分配原则及放大作用

① 要使三极管具有放大作用，发射结必须正向偏置，且集电结必须反向偏置。

② 一般有 $\beta>1$。

③ 三极管的电流分配及放大关系式为

$$I_e = I_c + I_b$$

$$I_c = \beta I_b$$

三、三极管的特性曲线及主要参数

1. 三极管的特性曲线

三极管的特性曲线是指三极管的各电极电压与电流之间的关系曲线，它反映出三极管的特性。它可以用专用的图示仪进行显示，也可通过实验测量得到。以 NPN 型硅三极管为例，其常用的特性曲线有以下两种。

（1）输入特性曲线

输入特性曲线是指一定集电极和发射极电压 U_{CE} 下，三极管的基极电流 I_B 与发射结电压 U_{BE} 之间的关系曲线。实验测得三极管的输入特性曲线如图 1-2-3 所示。

（2）输出特性曲线

输出特性曲线是指一定基极电流 I_B 下，三极管的集电极电流 I_C 与集电结电压 U_{CE} 之间的关系曲线。实验测得三极管的输出特性曲线如图 1-2-4 所示。

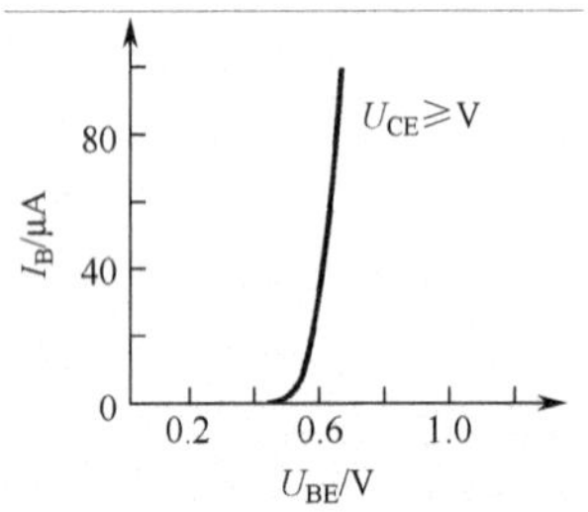

图 1-2-3 三极管的输入特性曲线

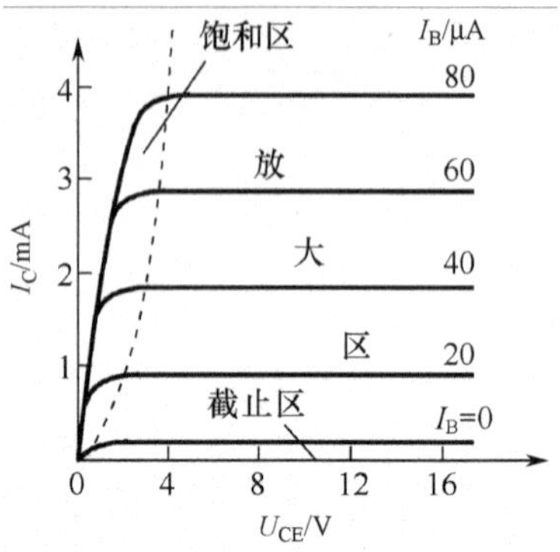

图 1-2-4 三极管的输出特性曲线

一般把三极管的输出特性分为三个工作区域，下面分别进行介绍。

1）截止区

三极管工作在截止状态时，具有以下几个特点：

① 发射结和集电结均反向偏置。

② 若不计穿透电流 I_{CEO}， I_B、I_C 近似为 0。

③ 三极管的集电极和发射极之间电阻很大，三极管相当于一个开关断开。

2）放大区

图 1-2-4 中，输出特性曲线近似平坦的区域称为放大区。三极管工作在放大状态时，具有以下特点：

① 三极管的发射结正向偏置，集电结反向偏置。

② 基极电流 I_B 微小的变化会引起集电极电流 I_C 较大的变化，电流关系式为 $I_C=\beta I_B$。

③ 对 NPN 型三极管，当其处于放大区时，其三个电极的电位关系为 $U_C>U_B>U_E$。

④ 对 NPN 型硅三极管，有发射结电压 $U_{BE}\approx0.7V$；对 NPN 型锗三极管，有 $U_{BE}\approx0.2V$。

3）饱和区

三极管工作在饱和状态时具有如下特点：

① 三极管的发射结和集电结均正向偏置；

② 三极管的电流放大能力下降，通常有 $I_C<\beta I_B$；

③ U_{CE} 的值很小，称此时的电压 U_{CE} 为三极管的饱和压降，用 U_{CES} 表示。一般硅三极管的 U_{CES} 约为 0.3V，锗三极管的 U_{CES} 约为 0.1V；

④ 三极管的集电极和发射极近似短接，三极管类似于一个开关导通。

三极管作为开关使用时，通常工作在截止和饱和导通状态；作为放大元件使用时，一般要工作在放大状态。

完成任务

四、三极管的识别

（一）从封装及外形上识别

1. 小功率金属封装的三极管（见图 1-2-5）

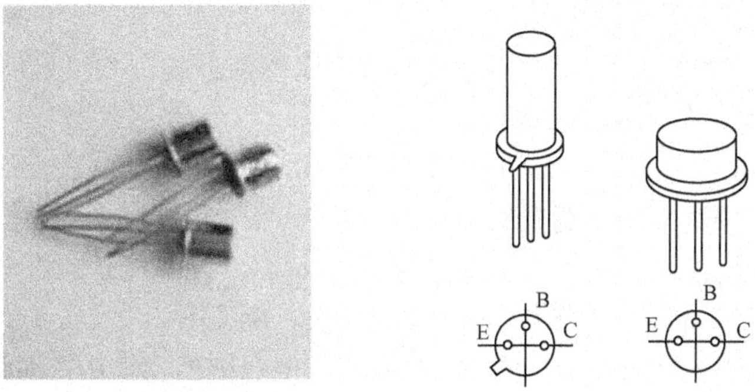

图 1-2-5　小功率金属封装的三极管

使三个引脚构成等腰三角形的顶点，从左至右依次为 E 极、B 极、C 极；或者看其金属帽底端有一个小凸起，距离这个突起最近的是 E 极，然后顺时针依次是 B 极、C 极。没有凸起的，顺时针引脚仍然依次是 E 极、B 极、C 极，如图 1-2-5 所示。

2. 中小功率塑料封装的三极管

使其平面朝向自己，三个引脚朝下放置，一般从左至右依次为 E 极、B 极、C 极。但也有的是 B 极、C 极、E 极或 C 极、E 极、B 极，如图 1-2-6 所示。

3. 大功率金属封装的三极管

其极性识别如图 1-2-7 所示，其中外壳是 C 极。

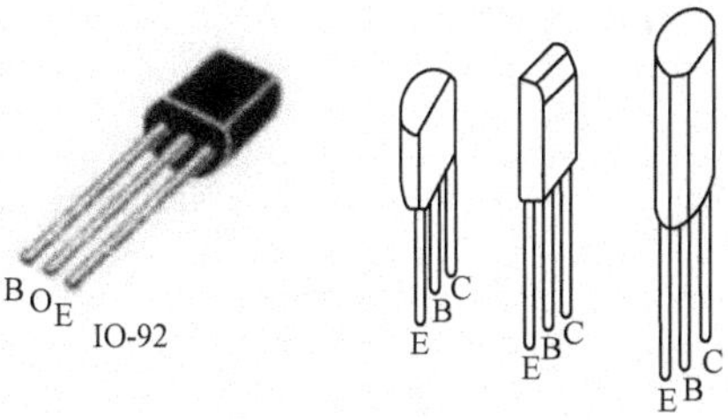

图 1-2-6　中小功率塑料封装的三极管

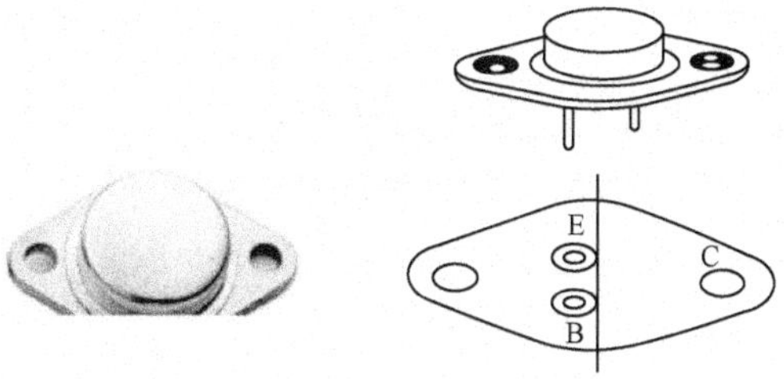

图 1-2-7　大功率金属封装的三极管

（二）用万用表测量三极管

1. 判别三极管的引脚

用万用表判别引脚的根据是，NPN 型三极管 B 极到 E 极和 B 极到 C 极均为 PN 结的正向，而 PNP 型三极管 B 极到 E 极和 B 极到 C 极均为 PN 结的反向。

（1）判断三极管的 B 极

对于功率在 1W 以下的中小功率三极管，可用万用表的 R×1k 挡或 R×100 挡测量，对于功率在 1W 以上的大功率三极管，可用万用表的 R×1 挡或 R×10 挡测量。

用黑表笔接触某一引脚，红表笔分别接触另两个引脚，如表头读数都很小，则与黑表笔接触的那一引脚是 B 极，同时可知此三极管为 NPN 型。若用红表笔接触某一引脚，而黑表笔分别接触另两个引脚，如表头读数同样都很小时，则与红表笔接触的那一引脚是 B 极，同时可知此三极管为 PNP 型。用上述方法既判定了三极管的 B 极，又判定了三极管的管型。

（2）判断三极管的 C 极和 E 极

以 NPN 型三极管为例，确定 B 极后，假设其余的两只脚中的一只是 C 极，将黑表笔接到此脚上，红表笔则接到假设的 E 极上。

用手指把假想的 C 极和已测出的 B 极捏起来（但不要相碰），看表针指示，并记下此阻值的读数。然后再作相反假设，即把原来假设为 C 极的脚假设为 E 极，作同样的测试并记下此阻值的读数。比较两次度数的大小，若前者阻值较小，说明前者的假设是对的，那么，黑表笔接的一只脚就是 C 极，剩下的一只脚就是 E 极。原理图如图 1-2-8 所示。

若需判别的是 PNP 型三极管，仍用上述办法，但必须把表笔极性对调一下。

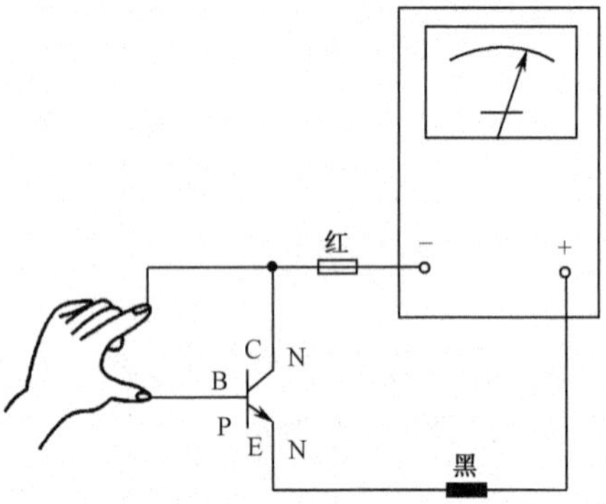

（a）判别示意图

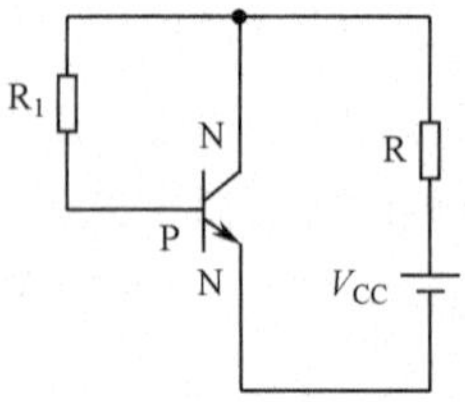

（b）等效电路

图 1-2-8　判断三极管的 C 极和 E 极的原理图

2. 电流放大系数 β 的估测

将万用表拨到相应电阻挡测量 E 极和 C 极之间的电阻，再用手捏着 B 极和 C 极，观察表针摆动幅度大小。摆动越大，则 β 越大。手捏在两极之间等于给三极管提供了 B 极电流 I_B，I_B 的大小与手的潮湿程度有关。也可用一只 50～100kΩ 的电阻来代替手捏的方法进行测试。

一般的万用表具备测 β 的功能，将三极管插入测试孔中即可从表头刻度盘上直读 β 值。若依此法来判别 E 极和 C 极也很容易，只要将 E、C 脚对调一下，万用表指针偏移角度较大的那一次插脚正确，从万用表插孔旁标记即可判别出 E 极和 C 极。

3. 锗管和硅管的判别

对 PNP 型三极管可利用图 1-2-9 所示电路进行测量。如果测得电压降为 0.7V 左右，即为硅管。如果电压降为 0.2～0.3V，即为锗管。对 NPN 型三极管，方法相同，但电池和电表的极性应与 PNP 型管相反。

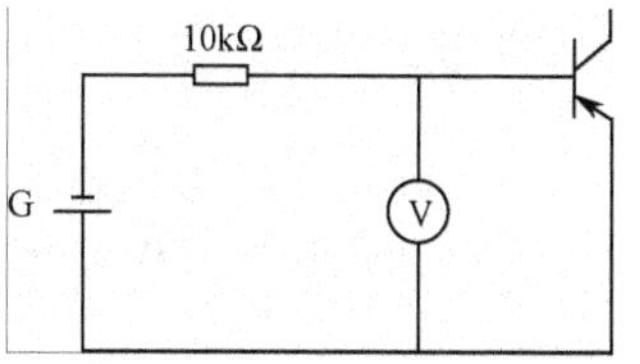

图 1-2-9　PNP 型三极管的测量电路

知识链接

一、三极管的主要参数

三极管的参数有很多，例如，电流放大系数、反向电流、耗散功率、集电极最大电流、最大反向电压等，这些参数可以通过查半导体手册来得到。三极管的参数是正确选定三极管的重要依据，下面介绍三极管的几个主要参数。

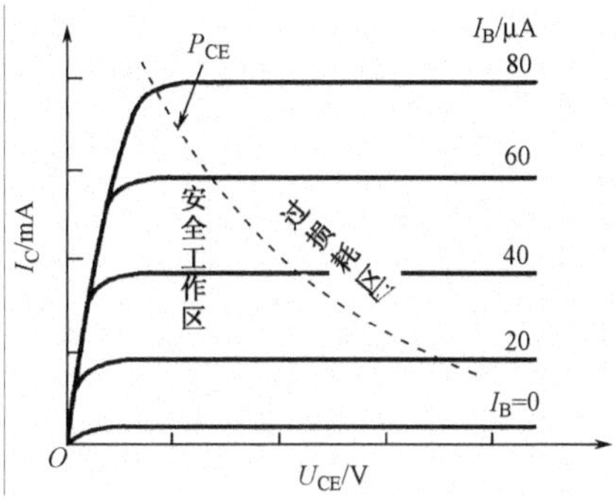

图 1-2-10　三极管的安全工作区

（1）共发射极电流放大系数 β

它是指从基极输入信号，从集电极输出信号这种接法（共发射极）下的电流放大系数。

（2）极间反向电流

① 集电极基极间的反向饱和电流 I_{CBO}。

② 集电极发射极间的穿透电流 I_{CEO}。

（3）极限参数

① 集电极最大允许电流 I_{CM}。

② 集电极最大允许功率损耗 P_{CM}。

③ 反向击穿电压。

三极管的安全工作区如图 1-2-10 所示。

二、温度对三极管特性的影响

同二极管一样，三极管也是一种对温度十分敏感的器件，随温度的变化，三极管的性能参数也会改变。

图 1-2-11 和图 1-2-12 所示为三极管的特性曲线受温度的影响情况。

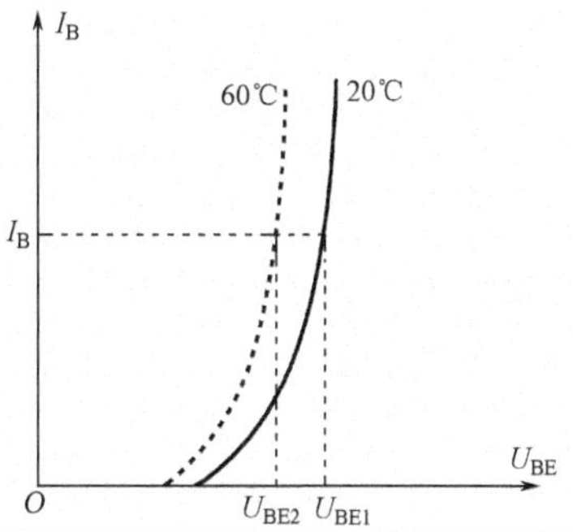

图 1-2-11　温度对三极管输入特性的影响

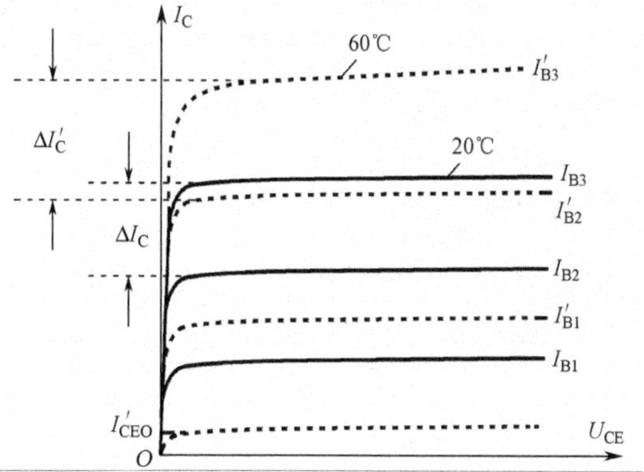

图 1-2-12　温度对三极管输出特性的影响

思考与训练

1. 用万用表判别三极管 3CX200B 的引脚。
2. 用万用表估测三极管 9013 的电流放大系数 β。

子任务 2　半导体三极管的三种基本放大电路

任务描述

按照图 1-2-13 所示制作共射极分压式放大器，并能使用信号发生器输入信号，同时使用示波器检测信号。

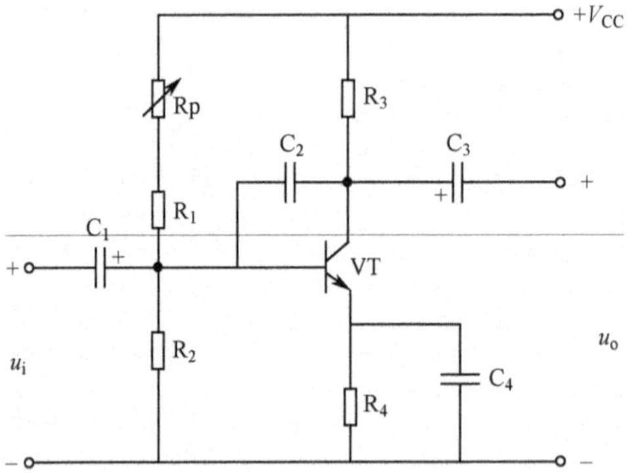

图 1-2-13　共射极分压式放大器原理图

学习目标

1. 学会元器件的识别与检测。
2. 学会示波器的使用。
3. 掌握共射极分压式偏置放大电路的组成，各元器件的作用。
4. 制作电路并完成电路功能。

任务分析

1. 按电路要求合理选择元件参数，并按电路图正确安装元器件。
2. 通过安装共射极分压式放大器，掌握其自动稳定工作点的原理。

完成任务/操作步骤

任务准备

一、三极管在放大电路中的三种连接方式

三极管有三个电极，它在组成放大电路时便有三种连接方式，即放大电路的三种组态：共发射极、共集电极和共基极组态放大电路。

图 1-2-14 所示为三极管在放大电路中的三种连接方式：图 1-2-14（a）从基极输入信号，从集电极输出信号，发射极作为输入信号和输出信号的公共端，此为共发射极（简称共射极）放大电路；图 1-2-14（b）从基极输入信号，从发射极输出信号，集电极作为输入信号和输出信号的公共端，此为共集电极放大电路；图 1-2-14（c）从发射极输入信号，从集电极输出信号，基极作为输入信号和输出信号的公共端，此为共基极放大电路。

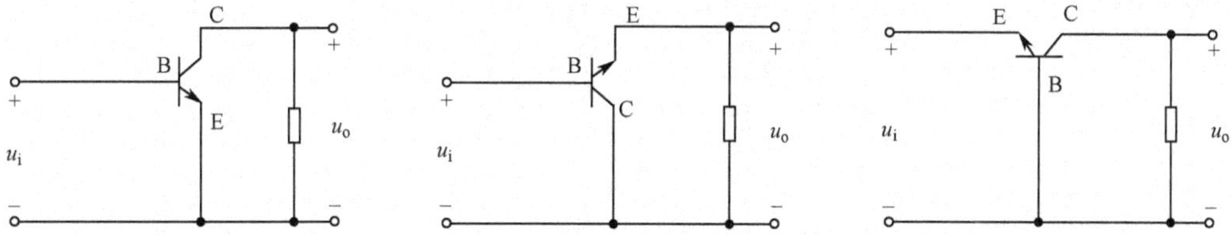

（a）共射极组态　　（b）共集电极组态　　（c）共基极组态

图 1-2-14　三极管在放大电路中的三种连接方式

二、基本共射极放大电路的组成和工作原理

1. 共射极放大电路

在三种组态放大电路中，共射极放大电路用得比较普遍。这里就以 NPN 共射极放大电路为例，讨论放大电路的组成、工作原理及分析方法。

图 1-2-15 所示为 NPN 型共射极放大电路的原理电路。

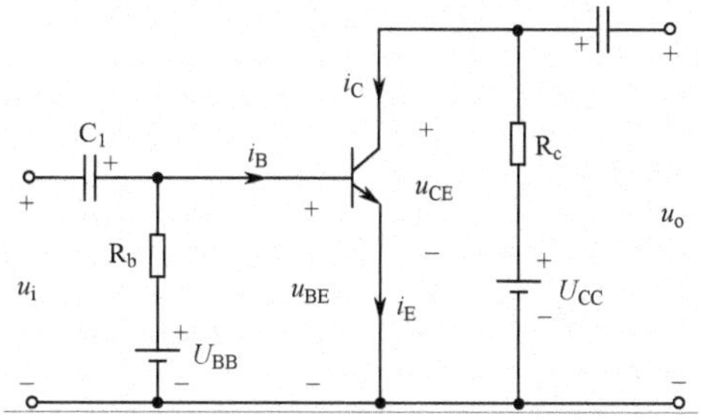

图 1-2-15　NPN 型共射极放大电路

电路中的元件有以下几个。

① 三极管；

② 隔直耦合电容 C_1 和 C_2；

③ 基极回路电源 U_{BB} 和基极偏置电阻 R_b；

④ 集电极电源 U_{CC}；

⑤ 集电极负载电阻 R_c。

电流的方向：

对 NPN 型三极管基极电流 i_B、集电极电流 i_C 流入电极为正，发射极电流 i_E 流出电极为正，这和 NPN 型三极管的实际电流方向相一致。

2. 电压、电流等符号的规定

放大电路中（见图 1-2-16）既有直流电源 U_{CC}，又有交流电压 u_i，电路中三极管各电极的电压和电流包含直流量和交流量两部分。

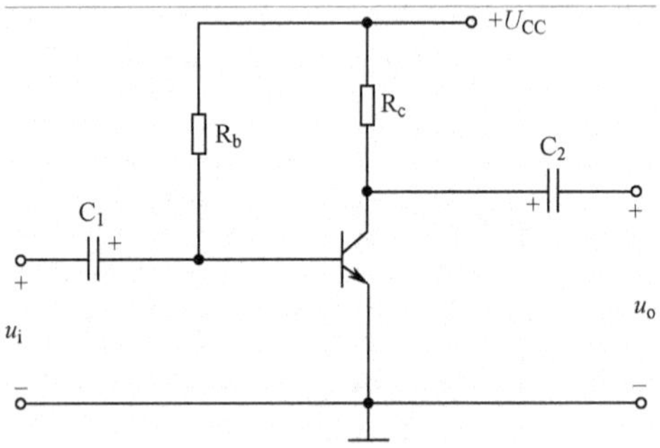

图 1-2-16　单电源共射极电路

为了方便分析，各量的符号规定如下。

① 直流分量：大写字母带大写下标。

如：I_B、I_C、I_E、U_{BE}、U_{CE}

② 交流分量：小写字母带小写下标。

如：i_b、i_c、i_e、u_{be}、u_{ce}

③ 交直流叠加量：小写字母带大写下标。

如：i_B、i_C、i_E、u_{BE}、u_{CE}

④ 交流分量的有效值：大写字母带小写下标。

如：I_b、I_c、I_e、U_{be}、U_{ce}

3. 放大电路实现信号放大的实质

放大器放大的实质是实现小能量对大能量的控制和转换作用。根据能量守恒定律，在这种能量的控制和转换中，电源 U_{CC} 为输出信号提供能量。

需要特别注意的是，信号的放大仅对交流量而言。

4. 基本放大电路的组成原则

三极管具有三个工作状态，截止、放大和饱和。在放大电路中为实现其放大作用，三极管必须工作在放大状态。从放大电路的工作过程可概括放大电路的组成原则为

① 外加电源的极性必须保证三极管的发射结正偏，集电结反偏。

② 输入电压 u_i 要能引起三极管的基极电流 i_B 作相应的变化。

③ 三极管集电极电流 i_C 的变化要尽可能地转为电压的变化输出。

④ 放大电路工作时，直流电源 U_{CC} 要为三极管提供合适的静态工作电流 I_{BQ}、I_{CQ} 和电压 U_{CEQ}，即电路要有一个合适的静态工作点 Q，如图 1-2-17 所示。

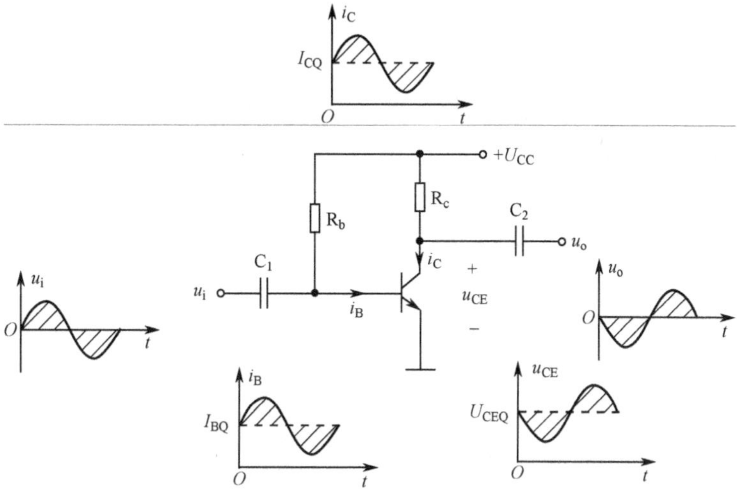

图 1-2-17　放大电路实现信号放大的工作过程

三、共射极放大电路的静态工作点

1. 直流通路

直流通路是指静态（u_i=0）时，电路中只有直流量流过的通路。

画直流通路有以下两个要点。

① 电容视为开路。

② 电感视为短路。

图 1-2-18 和图 1-2-19 所示分别为共射极放大电路及其直流通路。

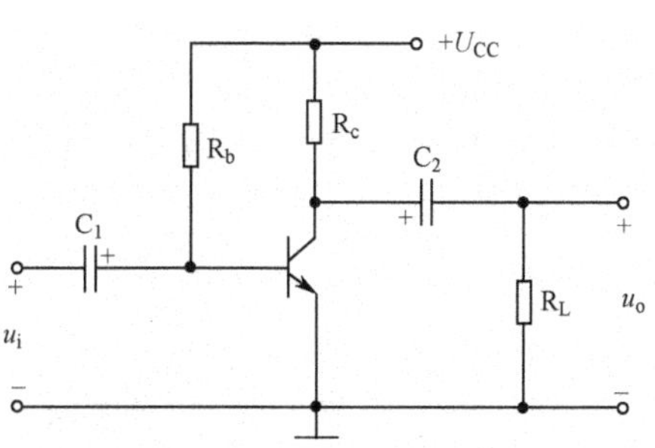

图 1-2-18　共射极放大电路

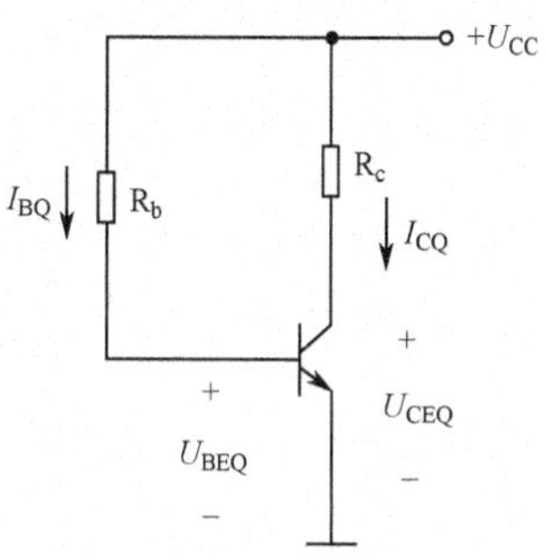

图 1-2-19　共射极放大电路的直流通路

估算电路的静态工作点 Q 时必须依据直流通路。

2. 估算法（近似计算法）

静态基极电流 $I_{BQ}=U_{CC}-U_{BEQ}/R_b$

集电极电流 $I_{CQ}=\beta I_{BQ}$

集电极与射极之间的电位差 $U_{CEQ}=U_{CC}-I_{CQ}R_c$

四、共射极放大电路的动态工作情况分析

1. 交流通路

交流通路是指动态（$u_i\neq 0$）时，电路中交流分量流过的通路。

画交流通路时有两个要点。

① 耦合电容视为短路。

② 直流电压源（内阻很小，忽略不计）视为短路。

图 1-2-20 所示为图 1-2-18 共射极放大电路的交流通路。

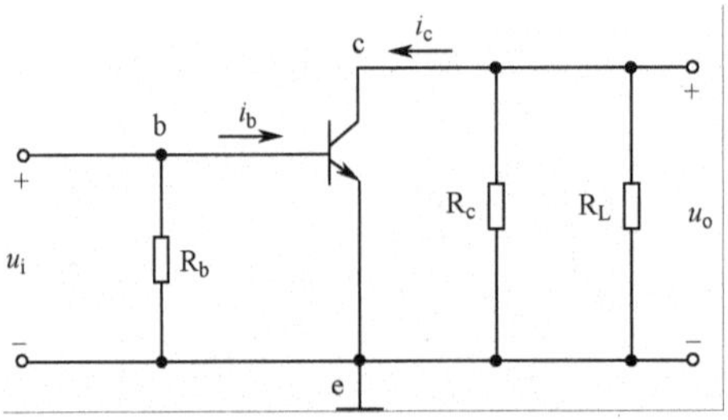

图 1-2-20　共射极放大电路的交流通路

计算动态参数 A_u、R_i、R_o 时必须依据交流通路。

2. 电压放大倍数 A_u 的估算

$$A_u=-u_o/u_i$$

负号表示输出电压 u_o 与输入电压 u_i 反相。

3. 电路的输入电阻 R_i 的估算

$$R_i = R_b // r_{be}$$

一般基极偏置电阻 $R_b>>r_{be}$，$R_i\approx r_{be}$。

4. 电路的输出电阻 R_o 的估算

$$R_o\approx R_c$$

输出电阻 R_o 越小，放大电路的带负载能力越强。输出电阻 R_c 中不应包含负载电阻 R_L。

五、共射极分压式放大电路

1. 工作原理

在基本放大电路中，由电源和基极偏置电阻 R_b 提供了基极电流 I_{BQ}，若 R_b 固定，则 I_{BQ} 也就固定了，所以该电路又称固定偏置电路。这种电路的缺点是稳定性差，电路的外部因素改变后，静态工作点也随之变化。从而影响放大器的工作质量。在某些要求较高的场合，通常运用能自动稳定工作点的分压式偏置电路，如图 1-2-21（a）所示。

温度变化时，三极管的 I_{CBO}、β、U_{BEQ} 等参数将发生变化，导致工作点偏移。实验证明，

温度升高时，三极管的穿透电流 I_{CEO} 将大幅度增加，使 I_{CQ} 增大。共射极分压式偏置放大电路能使 I_{CQ} 的增大受到抑制，自动稳定静态工作点。

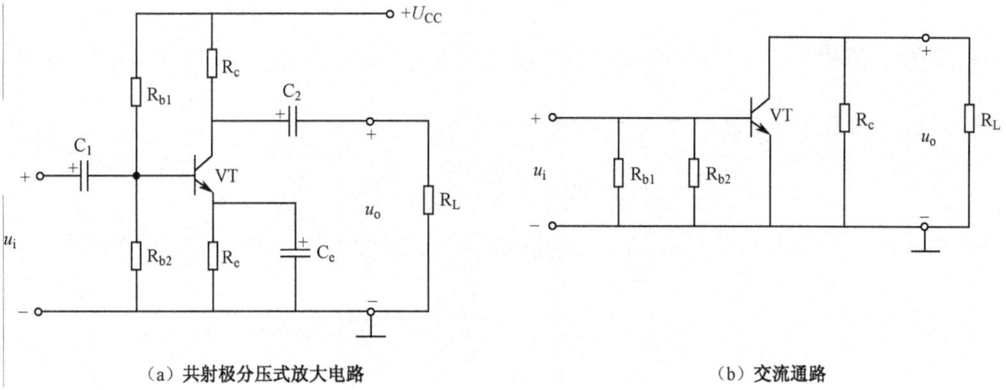

图 1-2-21　共射极分压式放大电路及其交流通路

共射极分压式偏置放大电路自动稳定静态工作点的过程如下所述。

T^0（温度）↑（或 β↑）→I_{CQ}↑→I_{EQ}↑→U_{EQ}↑→U_{BEQ}↓→I_{BQ}↓→I_{CQ}↓。

1．静态工作点的估算

$U_{BQ}=U_{CC}\cdot R_{b2}/(R_{b1}+R_{b2})$

$I_{CQ}=I_{EQ}=U_{BQ}/R_e=U_{CC}.R_{b2}/[(R_{b1}+R_{b2}).R_C]$

$I_{BQ}=I_{CQ}/\beta$

$U_{CEQ}=U_{CC}-I_{CQ}R_c-I_{EQ}R_e$

$=U_{CC}-I_{CQ}(R_c+R_e)$

2. 电压放大倍数、输入电阻和输出电阻的估算

由图 1-2-21（b）可知，其 A_u、R_i、R_o 的估算式与固定偏置电路相同。

六、元器件选择

按表 1-2-1 选择元器件，并能对元器件进行检测。

表 1-2-1　元器件列表

元器件名称	代　号	元器件参数	元器件名称	代　号	元器件参数
电阻	R_1	10kΩ	晶体三极管	VT	9013
	R_2	5.1kΩ	电解电容	C_1、C_3	10μF/16V
	R_3	3.3 kΩ	瓷介电容	C_2	300pF
	R_4	1 kΩ	电解电容	C_4	100μF/16V
	R_P	100 kΩ			

完成任务

七、操作步骤

1. 按电路装配图（见图 1-2-22）正确安装各元器件。

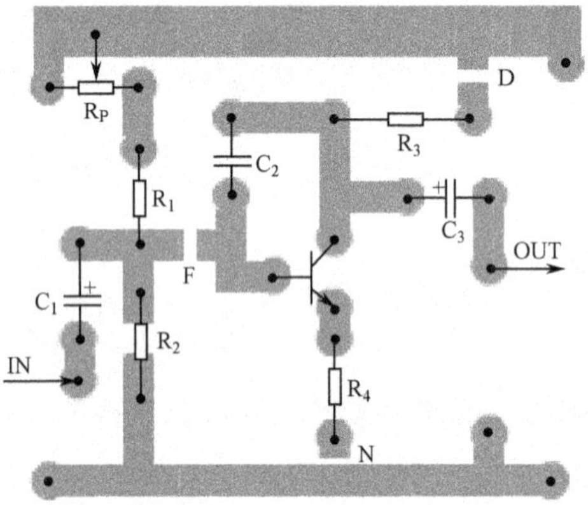

图 1-2-22　共射极分压式放大器装配图

2. 通电调试与检测

① 检查各元件装配无误后，用烙铁将各个断口连接好，接通电源 12V。

② 调整放大电路的静态工作点。调节基极上偏置电阻 RP，使 VT 发射极电压为 1.5V 左右，用万用表测量三极管各极对地直流电压值，并计算出集电极电流。数据记于表 1-2-2 中。

③ 测量电压放大倍数。让 XD1B 低频信号发生器输出 1000Hz、10mV 正弦信号，加至放大电路输入端，放大器输出端不接负载电阻，用毫伏表分别测出输入端和输出端的有效值，填入表 1-2-2 中，算出空载时的电压放大倍数。

表 1-2-2　共射极分压式放大器技训表

<table>
<tr><td rowspan="2">测量三极管 VT 对地电压/V</td><td>E 极</td><td colspan="2">B 极</td><td>C 极</td></tr>
<tr><td></td><td colspan="2"></td><td></td></tr>
<tr><td rowspan="2">测量 U_E=1.5V 时，I_E、I_C 值/mA</td><td colspan="2">I_E</td><td colspan="2">I_C</td></tr>
<tr><td colspan="2"></td><td colspan="2"></td></tr>
<tr><td colspan="5">根据输入信号、输出信号的大小，算出空载时的电压放大倍数</td></tr>
</table>

3. 用双踪示波器观察 u_o 和 u_i 的相位关系，记入表 1-2-3 中。

得出结论：u_o 和 u_i 的相位关系是 u_o 与 u_i 反相。

表 1-2-3　u_o 和 u_i 的相位关系

I_C=mA　U_i= 10mV

观察记录一组 u_o 和 u_i 波形
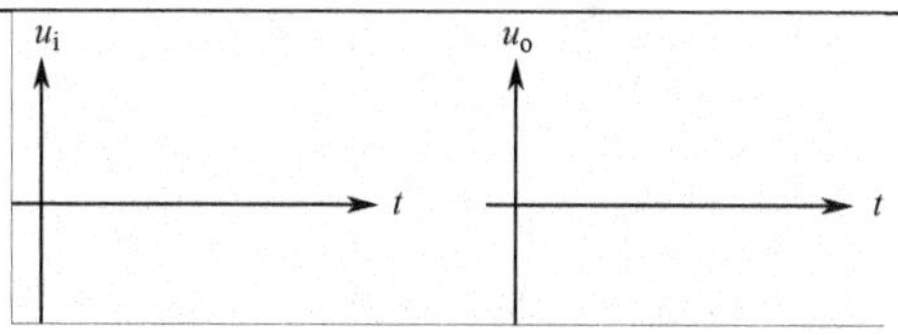

知识链接

基本放大电路共有三种组态，前面讨论的放大电路均是共射极组态放大电路。另两种组态电路分别为共集电极和共基极组态电路。

一、共集电极放大电路

1. 电路组成

共集电极放大电路应用非常广泛，其电路构成如图 1-2-23 所示。其组成原则同共射极电路一样，外加电源的极性要保证放大管发射结正偏，集电结反偏，同时保证放大管有一个合适的 Q 点。

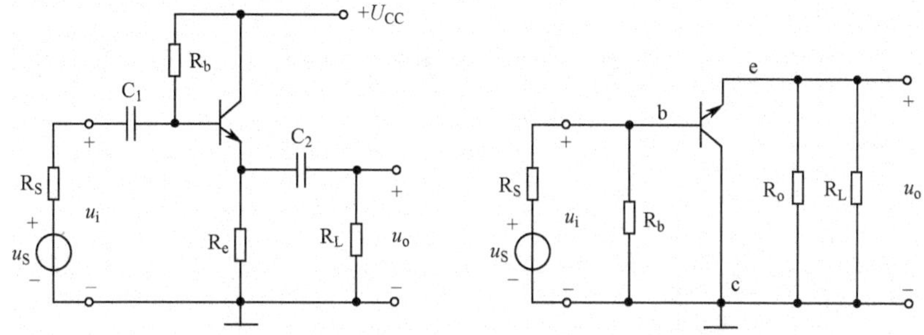

（a）共集电极电路　　（b）共集电极电路的交流通路

图 1-2-23　共集电极放大电路及其交流通路

交流信号 u_i 从基极 b 输入，u_o 从发射极 e 输出，集电极 c 作为输入、输出的公共端，故称为共集电极组态，此电路也称射极输出器。

2. 静电工作点 Q 的估算

$$U_{CC}=I_{BQ}R_b+U_{BEQ}+I_{EQ}R_e$$
$$=I_{BQ}R_b+U_{BEQ}+(1+\beta)I_{BQ}R_e$$

整理后得

$$I_{BQ}=(U_{CC}-U_{BEQ})/[R_b+(1+\beta)R_C]$$

则

$$I_{EQ}=(1+\beta)I_{BQ}$$

$U_{CEQ}=U_{CC}-I_{EQ}R_e$

共集电极放大电路直流通路及其微变等效电路如图 1-2-24 所示。

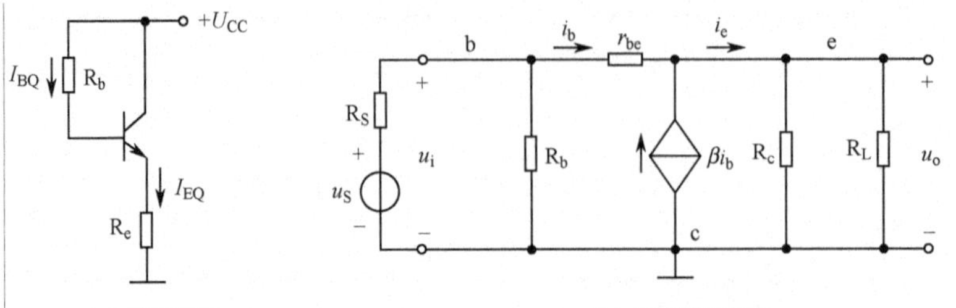

（a）直流通路　　（b）微变等效电路

图 1-2-24　共集电极放大电路直流通路及其微变等效电路

3. 电路特点及应用场合

① 输出电压与输入电压同相且略小于输入电压。

② 共集电极电路的输出电阻很小，其带负载的能力比较强。实际应用中，射极跟随器常常用在多级放大电路的输出级，以提高整个电路的带负载能力。

③ 共集电极电路的输入电阻很大，输出电阻很小。实际应用中，常常用做缓冲级，以减小放大电路前后级之间的相互影响。

二、共基极放大电路

1. 电路组成

图 1-2-25 所示为共基极放大电路，图中 C_b 为基极旁路电容，其他元件同共射极放大电路。

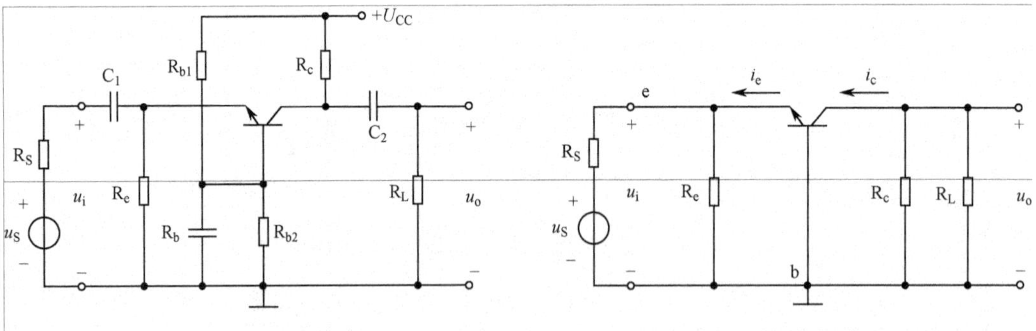

（a）共基极电路　　（b）交流通路

图 1-2-25　共基极放大电路及其交流通路

交流信号 u_i 从发射极 e 输入，u_o 从集电极 c 输出，基极 b 作为输入、输出的公共端，因此称为共基极组态。

2. 电路特点及应用场合

共基极电路具有电压放大作用，u_o 与 u_i 同相位。放大管输入电流为 i_e，输出电流为 i_c，没有电流放大作用，$i_c \approx i_e$，因此电路又称电流跟随器。其输入电阻很小，输出电阻很大。共基极电路的频率特性比较好，一般多用于高频放大电路。

思考与训练

画出图 1-2-25（a）所示的共基极放大电路的直流通路，并估算其静态工作点。

任务3　多级放大器

任务描述

要求按图 1-3-1 所示的电子助记器电路图完成电子助记器的制作。三极管 VT_1、VT_2、VT_3、VT_4组成四级音频放大电路，前三级是电压负反馈放大电路，能起到稳定静态工作点的作用。BM 是微型驻极体传声器，可引出线用屏蔽线。微弱的声音，由传声器变为电信号，经过音频放大电路多级放大，最后由扬声器 BE 发出声音。使用时只要对传声器轻轻发出声音，扬声器中就能听到放大后的洪亮声音，因而有助于加强记忆。

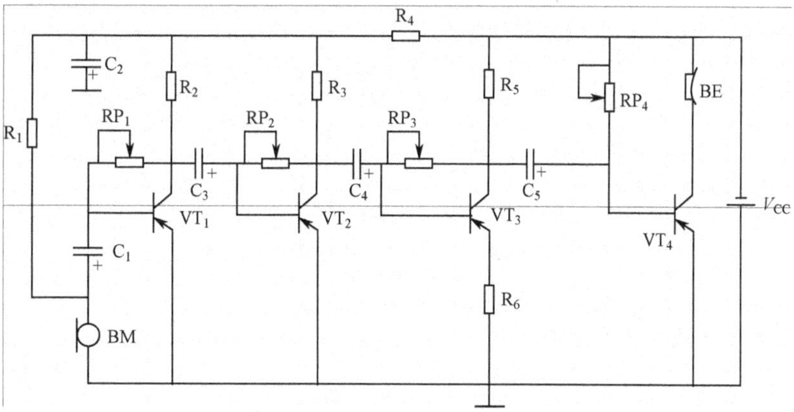

图 1-3-1　电子助记器电路图

学习目标

1. 进一步理解多级放大电路的工作原理。
2. 掌握多级放大电路中各级静态工作点的调整与测试。
3. 能根据电路图按照工艺要求正确安装、焊接元器件。
4. 掌握测试电子助记器基本性能的方法。

任务分析

1. 按电路要求合理选择元件参数，并按电路图正确安装元器件。
2. 电子助记器电路安装完毕后，对驻极体话筒讲话，由耳机能听到清脆洪亮的声音。

完成任务/操作步骤

任务准备

一、多级放大电路

实际应用中，放大电路的输入信号通常很微弱（毫伏或微伏数量级），为了使放大后的信号能够驱动负载，仅仅通过单级放大电路进行信号放大，很难达到实际要求，常常需要采用多级放大电路。采用多级放大电路可有效地提高放大电路的各种性能，例如，提高电路的电压增益、电流增益、输入电阻、带负载能力等。

多级放大电路是指两个或两个以上的单级放大电路所组成的电路。图 1-3-2 所示为多级放大电路的组成框图。通常称多级放大电路的第一级为输入级。对于输入级，一般采用输入阻抗较高的放大电路，以便从信号源获得较大的电压输入信号并对信号进行放大。中间级主要实现电压信号的放大，一般要用几级放大电路才能完成信号的放大。通常把多级放大电路的最后一级称为输出级，主要用于功率放大，以驱动负载工作。

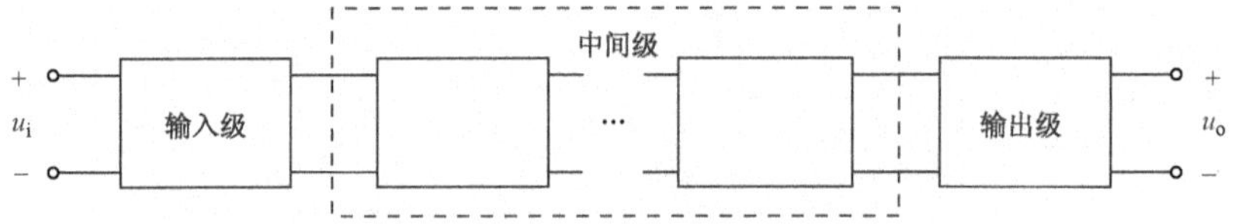

图 1-3-2　多级放大电路的组成框图

二、多级放大电路的分析

1. 多级放大电路的电压放大倍数 A_u

$$A_u=A_{u1}\cdot A_{u2}\cdots A_{un}$$

图 1-3-3 所示为多级放大电路的框图。

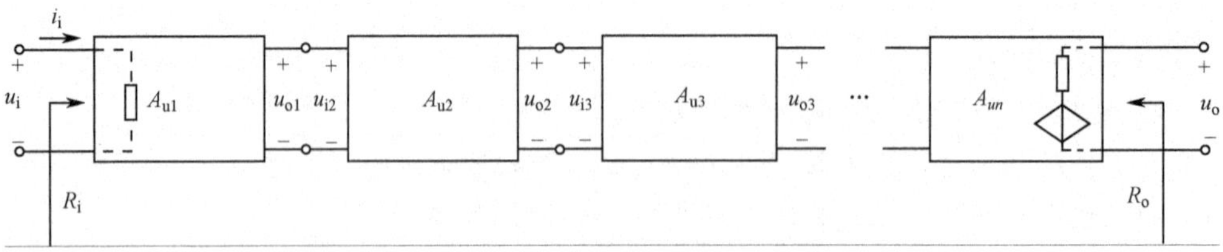

图 1-3-3　多级放大电路框图

2. 多级放大电路的输入电阻 R_i

多级放大电路的输入电阻等于从第一级放大电路的输入端所看到的等效输入电阻 R_{i1}。即

$$R_i=R_{i1}$$

3. 多级放大电路的输出电阻 R_o

多级放大电路的输出电阻等于从最后一级（n 级）放大电路的输出端所看到的等效电阻 R_{on}。

即

$$R_o=R_{on}$$

注意：求解多级放大电路的动态参数 A_u、R_i、R_o 时，一定要考虑前后级之间的相互影响。

① 要把后级的输入阻抗作为前级的负载电阻。

② 前级的开路电压作为后级的信号源电压，前级的输出阻抗作为后级的信号源阻抗。

三、元器件选择

按表 1-3-1 选择元器件

表 1-3-1　元器件列表

元器件名称	代　　号	元器件参数	元器件名称	代　　号	元器件参数
三极管	VT_1～VT_4	3AX31	电位器	RP_1	51kΩ
电解电容	C_1	1μF/16V	电位器	RP_2	47kΩ
电解电容	C_2～C_5	100μF/16V	电位器	RP_3	33kΩ
电阻	R_1	2.2kΩ	电位器	RP_4	39kΩ
电阻	R_2、R_3、R_5	1.5kΩ	扬声器	BE	8Ω
电阻	R_4	270Ω	电池	V_{CC}	1.5V

另需传声器（BM）1 个，印制电路板 1 块（5cm×10cm），焊接工具 1 套（25W 电烙铁、焊锡丝、松香、细砂纸）。

完成任务

四、操作步骤

1. 用 Protel 画图

① 根据上述设计思路，可画出实际电路图（或直接画仿真电路图，自行画出）。

② 电路仿真调试在完成电路的初步设计后，再对电路进行仿真调试，观察和测量电路的性能指标并调整部分元器件参数，从而达到各项指标的要求。

③ PCB 图设计与生成。

a. 由仿真电路直接生成网络表；

b. 调用 Protel-PCB，并进行元器件合理布局；

c. 调用网络表，并自动布线；

d. PCB 图的人工调整；

e. 打印输出。

2. 用制板机制作 PCB

3. 分发元器件，识别、检测，整形、安装

4. 通电调试

① 检查各元器件安装无误后，接通电源（可用一节 1.5V 的电池）。

② 用电流表分别接在三极管 VT_4、VT_3、VT_2、VT_1 的集电极测量其集电极电流，然后依次调整电阻 RP_4、RP_3、RP_2、RP_1 的阻值，使它们的电流分别为 5mA、0.5mA、0.45mA、0.4 mA 左右，调整次序由后逐次向前。

③ 对驻极体话筒讲话，由耳机能听到清脆洪亮的声音。

5. 将制作调试结果填入表 1-3-2 中

表 1-3-2　电子助记器电路制作实训表

VT_4 集电极电流为 5mA 时	偏流电阻 RP_4 的阻值＝
VT_3 集电极电流为 0.5mA 时	偏流电阻 RP_3 的阻值＝
VT_2 集电极电流为 0.45mA 时	偏流电阻 RP_2 的阻值＝
VT_1 集电极电流为 0.4mA 时	偏流电阻 RP_1 的阻值＝
整机电流/mA	

知识链接

多级放大电路的耦合方式

在多级放大电路中，各级放大电路输入和输出之间的连接方式称为耦合方式。常见的连接方式有三种：阻容耦合、直接耦合和变压器耦合。

1. 阻容耦合

阻容耦合是指各单级放大电路之间通过隔直耦合电容连接。图 1-3-4 所示为阻容耦合两级放大电路。

阻容耦合多级放大电路具有以下特点。

① 各级放大电路的静态工作点相互独立、互不影响，有利于放大器的设计、调试和维修。

② 低频特性差，不适合放大直流及缓慢变化的信号，只能传递具有一定频率的交流信号。

③ 输出温度漂移比较小。

④ 阻容耦合电路具有体积小、重量轻的优点，分立元器件电路中应用较多。但在集成电路中，不易制作大容量的电容，因此阻容耦合放大电路不便做成集成电路。

2. 直接耦合

直接耦合是指各级放大电路之间通过导线直接连接。图 1-3-5 所示为直接耦合两级放大电路。前级的输出信号 u_{o1}，可直接作为后一级的输入信号 u_{i2}。

直接耦合电路的特点有以下几个方面。

① 各级放大电路的静态工作点相互影响，不利于电路的设计、调试和维修。

② 频率特性好，可以放大直流、交流及缓慢变化的信号。

③ 输出温度存在漂移。

④ 电路中无大的耦合电容，便于集成化。

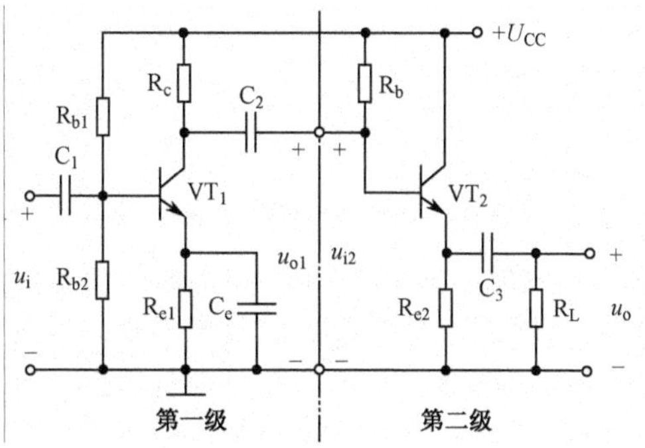

图 1-3-4　阻容耦合两级放大电路

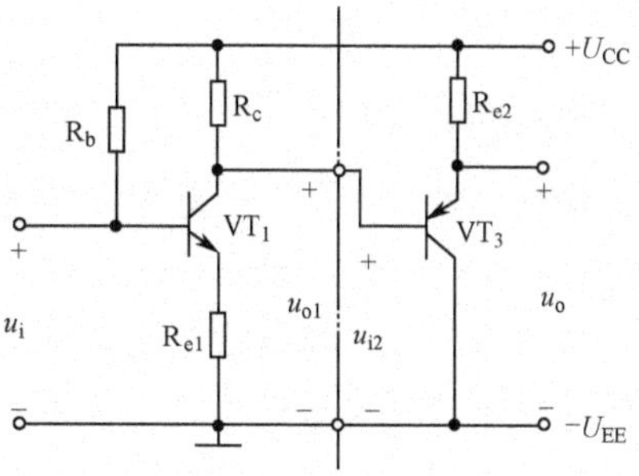

图 1-3-5　直接耦合两级放大电路

3. 变压器耦合

变压器耦合是指各级放大电路之间通过变压器耦合传递信号。图 1-3-6 所示为变压器耦合放大电路。通过变压器 T_1 把前级的输出信号 u_{o1}，耦合传送到后级，作为后一级的输入信号 u_{i2}。变压器 T_2 将第二级的输出信号耦合传递给负载 R_L。

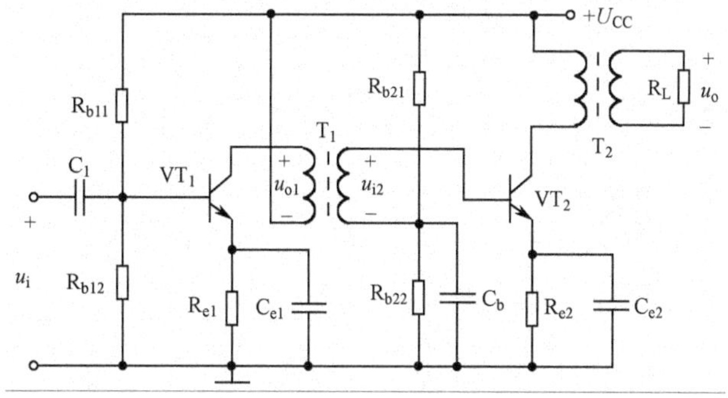

图 1-3-6　变压器耦合放大电路

变压器具有隔离直流、通交流的特性，因此变压器耦合放大电路具有如下特点。

① 各级的静态工作点相互独立、互不影响，有利于放大器的设计、调试和维修。

② 同阻容耦合一样，变压器耦合低频特性差，不适合放大直流及缓慢变化的信号，只能传递具有一定频率的交流信号。

③ 可以实现电压、电流和阻抗的变换，容易获得较大的输出功率。

④ 输出温度漂移比较小。

⑤ 变压器耦合电路体积和重量较大，不便于做成集成电路。

思考与训练

某多级放大电路由三级组成，各级电压放大倍数分别为 $A_{u1}=40$、$A_{u2}=60$、$A_{u3}=20$。求总电压放大倍数 A_u 和总电压增益 G_u 是多少？（提示：$G_u=20\lg A_u$）

任务4 反馈电路

任务描述

反馈电路在各种电子电路中都获得了普遍的应用，反馈是将放大器输出信号（电压或电流）的一部分或全部，回送到放大器输入端与输入信号进行比较（相加或相减），并用比较所得的有效输入信号去控制输出，这就是放大器的反馈过程。凡是回送到放大器输入端的反馈信号起加强输入原输入信号的，使输入信号增加的称正反馈；反之称为负反馈。按其电路结构分为电流反馈电路和电压反馈电路两种。正反馈电路多应用在电子振荡电路上，而负反馈电路则多应用在各种高低频放大电路上，因应用较广，所以在这里就负反馈电路加以论述。

按照图 1-4-1 所示制作一个负反馈放大电路。图 1-4-1 是一个两级的负反馈放大电路，R_{10} 是级间负反馈电阻。

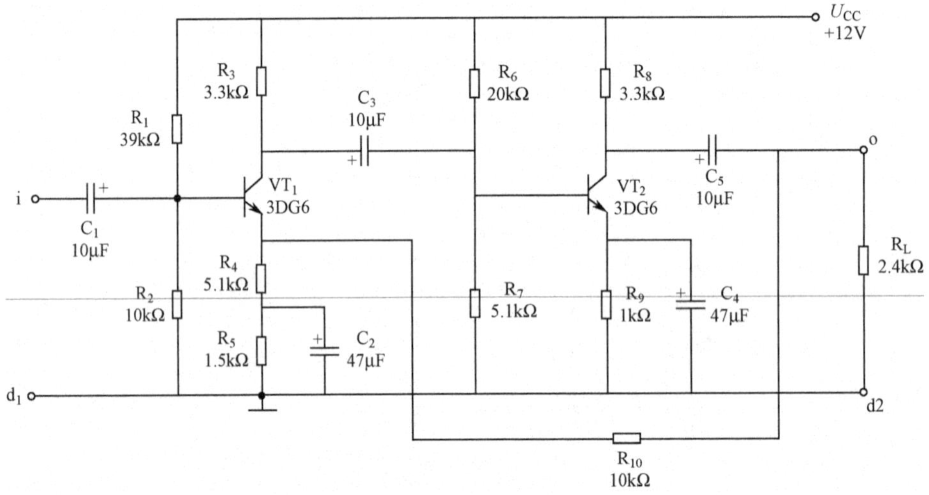

图 1-4-1 两级的负反馈放大电路

学习目标

1. 掌握反馈、负反馈的基本概念。
2. 掌握反馈电路的基本类型及判别。
3. 掌握负反馈电路的工作原理。
4. 熟练掌握负反馈电路的性能和作用。
5. 掌握实际电路的安装和调试。

任务分析

1. 按电路要求合理选择元器件参数，并按电路图正确安装元器件。
2. 通过安装图 1-4-1 所示的一个两级负反馈放大电路，掌握负反馈放大电路的性能和作用。

完成任务/操作步骤

任务准备

一、反馈的概念

1. 反馈的定义

在电子系统中，把放大电路输出量（电压或电流）的部分或全部，经过一定的电路或元件反送回到放大电路的输入端，从而牵制输出量，这种措施称为反馈。有反馈的放大电路称为反馈放大电路。

2. 反馈放大电路的一般方框图

任意一个反馈放大电路都可以表示为一个基本放大电路和反馈网络组成的闭环系统，其构成如图 1-4-2 所示。

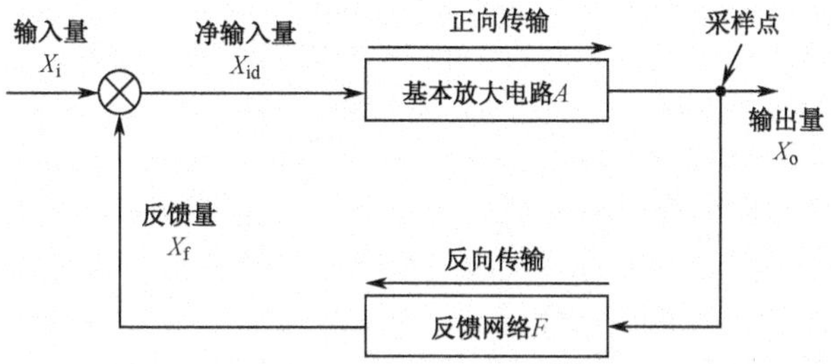

图 1-4-2 反馈放大电路的一般方框图

图中 X_i、X_{id}、X_f、X_o 分别表示放大电路的输入信号、净输入信号、反馈信号和输出信号，它们可以是电压量，也可以是电流量。

没有引入反馈的基本放大电路称为开环电路，其中 A 表示基本放大电路的放大倍数，也称开环放大倍数。

3. 反馈元件

在反馈电路中，既与基本放大电路输入回路相连，又与输出回路相连的元件，以及与反馈支路相连且对反馈信号的大小产生影响的元件，均称为反馈元件。

二、负反馈对放大电路性能的影响

从反馈放大电路的一般表达式可知，电路中引入负反馈后其增益下降，但放大电路的其他性能会得到改善，例如，提高放大倍数的稳定性、减小非线性失真、抑制噪声干扰、扩展通频带等。

1. 提高放大倍数的稳定性

闭环放大电路增益的相对变化量是开环放大电路增益相对变化量的（1+AF）分之一。即负反馈电路的反馈越深，放大电路的增益也就越稳定。

前面的分析表明，电压负反馈使输出电压稳定，电流负反馈使输出电流稳定，即在输入一定的情况下，可以维持放大器增益的稳定。

2. 减小环路内的非线性失真

三极管是一个非线性元器件，放大器在对信号进行放大时不可避免地会产生非线性失真。假设放大器的输入信号为正弦信号，没有引入负反馈时，开环放大器产生如图 1-4-3（a）所示的非线性失真，即输出信号的正半周幅度变大，而负半周幅度变小。

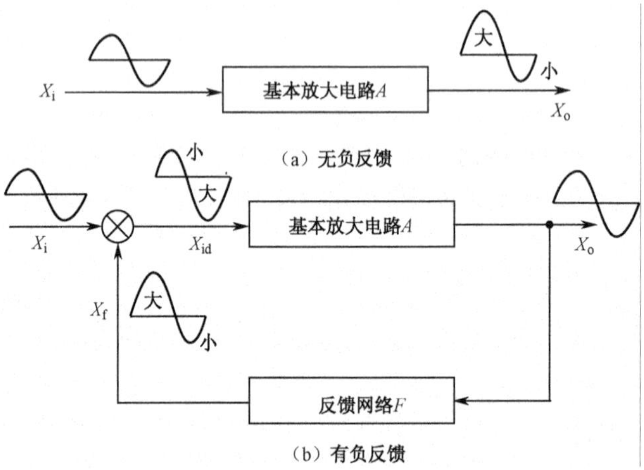

图 1-4-3　引入负反馈减小失真

现在引入负反馈，假设反馈网络为不会引起失真的线性网络，则反馈回的信号同输出信号的波形一样。反馈信号在输入端与输入信号相比较，使净输入信号 $X_{id}=(X_i-X_f)$的波形正半周幅度变小，而负半周幅度变大，如图 1-4-3（b）所示。经基本放大电路放大后，输出信号趋于正、负半周对称的正弦波，从而减小了非线性失真。

注意：引入负反馈减小的是环路内的失真。如果输入信号本身有失真，则此时引入负反馈的作用不大。

3. 抑制环路内的噪声和干扰

在反馈环内，放大电路本身产生的噪声和干扰信号，可以通过负反馈进行抑制，其原理与减小非线性失真的原理相同。但对反馈环外的噪声和干扰信号，引入负反馈也无能为力。

4. 扩展频带

频率响应是放大电路的重要特性之一。在多级放大电路中，级数越多，增益越大，频带越窄。引入负反馈后，可有效扩展放大电路的通频带。

图 1-4-4 所示为放大器引入负反馈后通频带的变化。根据上、下限频率的定义，从图中可见，放大器引入负反馈以后，其下限频率降低，上限频率升高，通频带变宽。

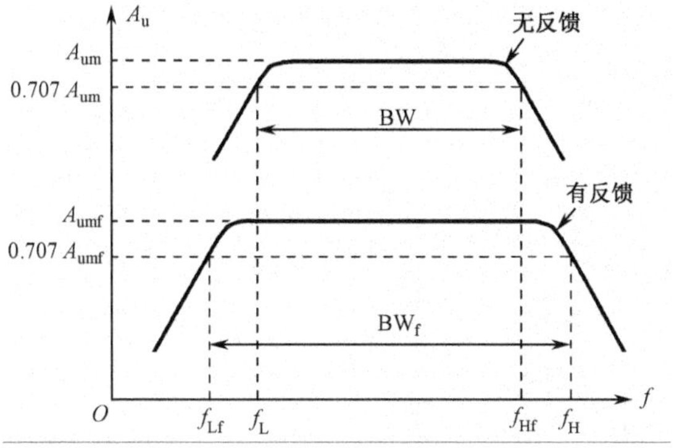

图 1-4-4　负反馈扩展频带

5. 改变输入和输出电阻

（1）负反馈对放大电路输入电阻的影响

串联负反馈使放大电路的输入电阻增大；而并联负反馈使输入电阻减小。

（2）负反馈对放大电路输出电阻的影响

电压负反馈使放大电路的输出电阻减小；而电流负反馈使输出电阻增大。

三、反馈的类型及其判定方法

（一）正反馈和负反馈

按照反馈信号极性的不同进行分类，反馈可以分为正反馈和负反馈。

1. 定义

① 正反馈：引入的反馈信号 X_f 增强了外加输入信号的作用，使放大电路的净输入信号增加，导致放大电路的放大倍数提高的反馈。正反馈主要用于振荡电路、信号产生电路。

② 负反馈：引入的反馈信号 X_f 削弱了外加输入信号的作用，使放大电路的净输入信号减小，导致放大电路的放大倍数减小的反馈。引入负反馈，以改善放大电路的性能指标。

2. 判定方法

常用电压瞬时极性法判定电路中引入反馈的极性，具体方法如下所述。

① 先假设放大电路的输入信号电压处于某一瞬时极性。例如，用“＋”号表示该点电压的变化是增大；用“-”号表示电压的变化是减小。

② 按照信号单向传输的方向，如图 1-4-3（a）中所示，同时根据各级放大电路输出电压与输入电压的相位关系，确定电路中相关各点电压的瞬时极性。

③ 根据反送到输入端的反馈电压信号的瞬时极性，确定是增强还是削弱了原来的输入信号。如果是增强，则引入的为正反馈；反之，则为负反馈。

判定反馈的极性时，一般有这样的结论：在放大电路的输入回路，输入信号电压 u_i 和反馈信号电压 u_f 相比较。当输入信号 u_i 和反馈信号 u_f 在相同端点时，如果引入的反馈信号 u_f 和输入信号 u_i 同极性，则为正反馈；若二者的极性相反，则为负反馈。当输入信号 u_i 和反馈信号 u_f 不在相同端点时，若引入的反馈信号 u_f 和输入信号 u_i 同极性，则为负反馈；若二者的极性相反，则为正反馈。图 1-4-5 所示为反馈极性的判定方法。

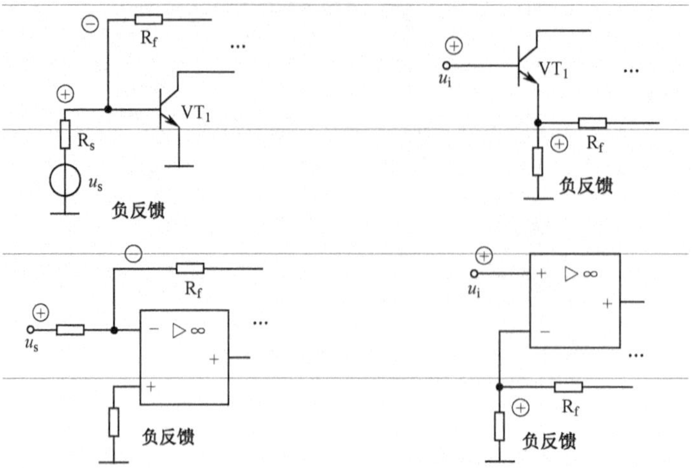

（a）反馈信号与输入信号在相同端点　　（b）反馈信号与输入信号在不同端点

图 1-4-5　反馈极性的判定方法

如果反馈放大电路是由单级运算放大器构成的，则反馈信号送回到反相输入端时，为负反馈；反馈信号送回到同相输入端时，为正反馈。

（二）交流反馈和直流反馈

根据反馈信号的性质进行分类，反馈可以分为交流反馈和直流反馈。

1．定义

（1）直流反馈

反馈信号中只包含直流成分。

（2）交流反馈

反馈信号中只包含交流成分。

2．判定方法

交流反馈和直流反馈的判定，可以通过画反馈放大电路的交、直流通路来完成。在直流通路中，如果反馈回路存在，即为直流反馈；在交流通路中，如果反馈回路存在，即为交流反馈；如果在直、交流通路中，反馈回路都存在，即为交、直流反馈。

（三）电压反馈和电流反馈

1．定义

（1）电压反馈

反馈信号从输出电压 u_o 采样。

（2）电流反馈

反馈信号从输出电流 i_o 采样。

2．判定方法

① 根据定义判定方法：令 u_o=0，检查反馈信号是否存在。若不存在，则为电压反馈；否则为电流反馈。

② 一般电压反馈的采样点与输出电压在相同端点；电流反馈的采样点与输出电压在不同端点。

（四）串联反馈和并联反馈

1. 定义

① 串联反馈：反馈信号 X_f 与输入信号 X_i 在输入回路中以电压的形式相加减，即在输入回路中彼此串联。

② 并联反馈：反馈信号 X_f 与输入信号 X_i 在输入回路中以电流的形式相加减，即在输入回路中彼此并联。

2. 判定方法

如果输入信号 X_i 与反馈信号 X_f 在输入回路的不同端点，则为串联反馈；若输入信号 X_i 与反馈信号 X_f 在输入回路的相同端点，则为并联反馈。

完成任务

四、具体反馈电路、元器件选择

① 图 1-4-1 所示为一个两级负反馈放大电路，图中 R_{10} 为极间负反馈电阻。

② 按表 1-4-1 选择元器件。

表 1-4-1　元器件列表

元器件名称	代　号	元器件参数	元器件名称	代　号	元器件参数
电阻	R_1	39kΩ	晶体三极管	VT_1、VT_2	3DG6
	R_2	10kΩ	电解电容	C_1、C_3、C_5	10μF/16V
	R_3	3.3 kΩ	电解电容	C_2、C_4	47μF/16V
	R_4	51Ω			
	R_5	1.5kΩ			
	R_6	20 kΩ			
	R_7	5.0 kΩ			
	R_8	3.3 kΩ			
	R_9	1kΩ			
	R_{10}	10kΩ			
	R_L	2.4 kΩ			

③ 准备 XT-18 实验台一套，万用表一块，毫伏表一块，示波器一台。

④ 电路图的绘制，用 Protel 绘制电路原理图（见图 1-4-1）。

⑤ 根据原理图绘制其印制电路板图，并生成结构表。要求合理安排元器件的位置，布线整齐且不交叉。

⑥ 按照设计任务要求和设计指标适当选择相应元器件。

⑦ 在完成电路的初步设计后，再对电路进行仿真调试，通过观察和测量电路的性能指

标调整部分元器件参数，从而达到各项指标的要求。

⑧ 用制板机制作我印制电路板。

五、电路的安装、调试

1. 分发元器件，识别、检测，整形、安装

2. 通电调试

① 将C单元右路稳压电源调到12V，用红导线连接正极到负反馈放大电路的 U_{cc}，用黑导线连接负极到负反馈放大电路的d2点。

② 选择函数信号发生器的正弦波输出，用红导线连接正极到负反馈放大电路的i点，用黑导线连接负极到负反馈放大电路的d1点。

③ 示波器Y通道输入的正极用红导线连接到负反馈放大电路的o点，负极用黑导线连接到负反馈放大电路的d2点。

3. 静态工作点的测量

去掉输入信号在i点的连接导线，并将i点用短路元器件连接到地（d1点）。然后用万用表测量电压 U_{E1}、U_{BE1}、U_{CE1}、U_{E2}、U_{BE2}、U_{CE2}，并计算 $I_{C1}(\approx U_{E1}/R_{E1})$、$I_{C2}(\approx U_{E2}/R_{E2})$填入表1-4-2中。

表1-4-2 负反馈放大电路的静态工作点

U_{E1}/V	U_{BE1}/V	U_{CE1}/V	I_{C1}/mA	U_{E2}/V	U_{BE2}/V	U_{CE2}/V	I_{C2}/mA

4. 负反馈放大电路放大倍数的测量

拆掉i点到地的短路元件，重将函数信号发生器的正弦输出连接到i点。调节函数信号发生器的频率为1kHz，电压 U_i=2mV。拆掉电阻 R_{10} 所在的负反馈支路的连线，观察示波器的波形，保证 U_o 不失真，若失真可以适当减小 U_i 。用毫伏表测量此时的 U_i 和 U_o，计算开环电压放大倍数 $A_u=U_o/U_i$，并填入表1-4-3中。

保持 U_i 不变，连接电阻 R_{10} 所在的负反馈支路的连线，用毫伏表测量此时的 U_o，计算闭环电压放大倍数，并填入表1-4-3中。

表1-4-3 负反馈对放大器性能的影响

测试条件	开　环	闭　环
U_i/V		
U_o/V		
A_u		

拆掉电阻 R_{10} 所在的负反馈支路的连线，观察示波器的波形，增大 U_i 使 U_o 出现明显失真。保持 U_i 不变，连接电阻 R_{10} 所在的负反馈支路的连线，从示波器上观察到波形失真减小。

知识链接

一、放大电路引入负反馈的一般原则

① 要稳定放大电路的静态工作点 Q，应该引入直流负反馈。

② 要改善放大电路的动态性能（如增益的稳定性、稳定输出量、减小失真、扩展频带等），应该引入交流负反馈。

③ 要稳定输出电压，减小输出电阻，提高电路的带负载能力，应该引入电压负反馈。

④ 要稳定输出电流，增大输出电阻，应该引入电流负反馈。

⑤ 要提高电路的输入电阻，减小电路向信号源索取的电流，应该引入串联负反馈。

注意：在多级放大电路中，为了达到改善放大电路性能的目的，所引入的负反馈一般为级间反馈。

二、交流负反馈放大电路的四种组态

1. 电压串联负反馈

如图 1-4-6 所示为负反馈放大电路，采样点和输出电压同端点，为电压反馈；反馈信号与输入信号在不同端点，为串联反馈。因此电路引入的反馈为电压串联负反馈。

放大电路引入电压串联负反馈后，通过自身闭环系统的调节，可使输出电压趋于稳定。

电压串联负反馈的特点：输出电压稳定，输出电阻减小，输入电阻增大，具有很强的带负载能力。

2. 电压并联负反馈

图 1-4-7 所示为由运放所构成的电路，采样点和输出电压在同端点，为电压反馈；反馈信号与输入信号在同端点，为并联反馈。因此电路引入的反馈为电压并联负反馈。

电压并联负反馈的特点：输出电压稳定，输出电阻减小，输入电阻减小。

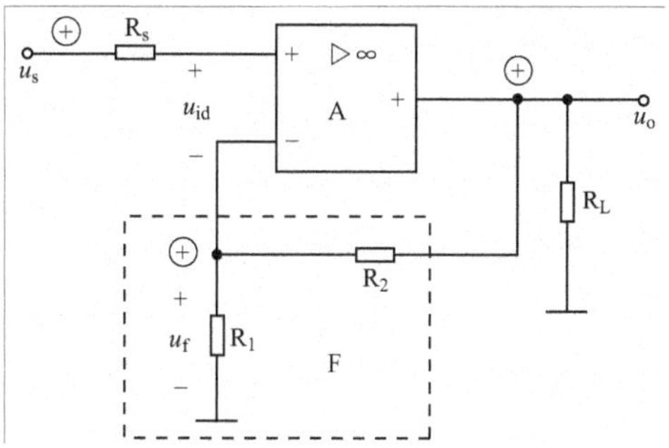

图 1-4-6　电压串联负反馈

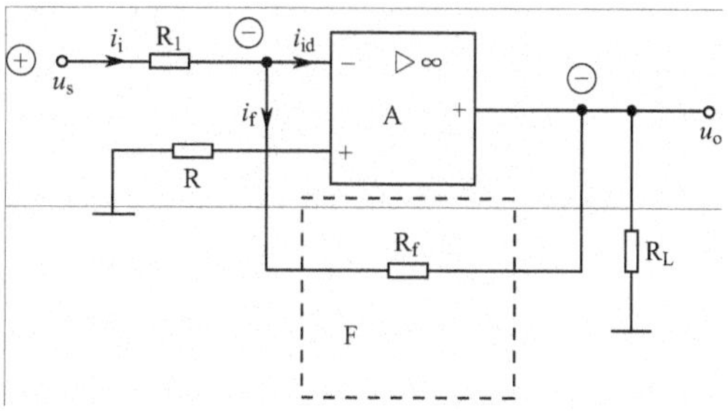

图 1-4-7　电压并联负反馈

3. 电流串联负反馈

图 1-4-8 所示电路，电路中由电阻 R_1 构成反馈网络 F。

电流串联负反馈的特点：输出电流稳定，输出电阻增大，输入电阻增大。

4. 电流并联负反馈

如图 1-4-9 所示为由运放所构成的电路，反馈信号与输入信号在同一端点，为并联反馈；输出电压 u_o=0 时，反馈信号仍然存在，为电流反馈。因此电路引入的反馈为电流并联负反馈。

电流并联负反馈的特点：输出电流稳定，输出电阻增大，输入电阻减小。

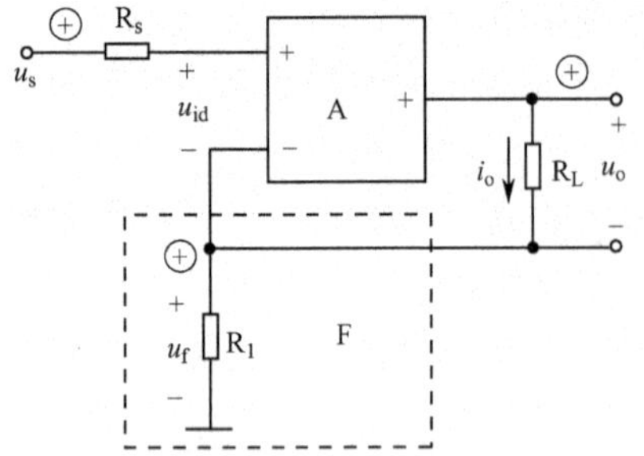

图 1-4-8　电流串联负反馈

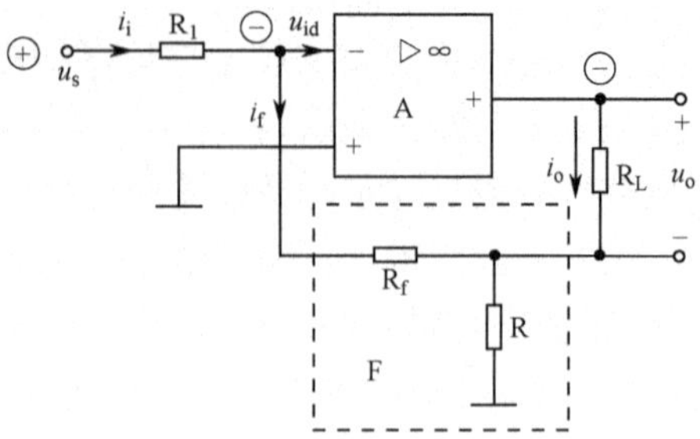

图 1-4-9　电流并联负反馈

思考与训练

图 1-4-10 所示为用于音频或视频放大的通用前置放大电路。找出其反馈元件，并判断其反馈类型。

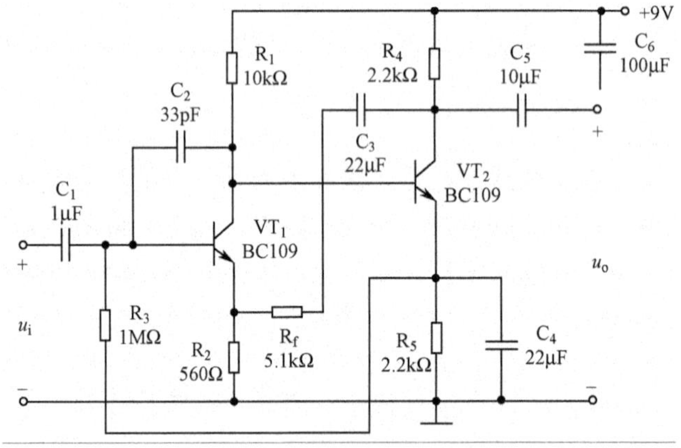

图 1-4-10　通用前置放大电路

模块二　模拟电子应用电路

如何学习

模拟电子应用电路涉及的内容较多，用到的知识比较零散，读者在学习的过程中应把握以下几点：

1．在学习本模块之前，应加强对前面所学的分立元件知识的巩固和理解。

2．善于将复杂的电路分解成一个或多个简单电路进行分析、理解。

3．分析电路时注重知识的关联性。

4．多查阅相关资料，多动手制作一些电路。

任务1　调谐放大器

任务描述

调谐放大器：具有选频放大能力的放大电路。调谐放大器的电路形式很多，但基本的单元电路有两种：一种是单调谐放大器；另一种是双调谐放大器。

电路特点：LC 谐振回路作负载。

应用：无线电发射和接收设备。

学习目标

读者通过对本任务的学习，应达成以下目标。

1. 通过对收音机的安装、焊接及调试，了解电子产品的生产制作过程。

2. 掌握电子元器件的识别及质量检验。

3. 学会利用工艺文件独立进行整机的装焊和调试，并达到产品质量要求。

4. 学会编制简单电子产品的工艺文件，能按照行业规程要求，撰写实训报告。

任务分析

本任务最主要的是要弄清楚调谐放大器的工作原理。主要包括调谐放大器的电路结构到底有什么特点，这种电路结构为什么会有选频特性，它选择的频段是多宽，如果要自行设计一个选频电路，应该怎么样去设计电路中元器件的参数。

完成任务/操作步骤

任务准备

因为调谐放大器是以 LC 谐振回路作负载 r ，所以首先应熟悉 LC 谐振回路的特点。

一、LC 并联电路

R 为并联电路损耗电阻。

1. 阻抗频率特性

阻抗频率特性表示了 LC 并联电路的阻抗 Z 与信号频率 f 之间的变化关系。当 $f=f_0$ 时，LC 并联电路发生谐振，阻抗最大。当 $f<f_0$ 或 $f>f_0$ 时，电路失谐，阻抗很小。因此，f_0 称为谐振频率，又称固有频率，即

$$f_0=\frac{1}{2\pi\sqrt{LC}}$$

可见，元器件 L、C 取定值时，谐振频率 f_0 是一个常数。

2. 相位频率特性

相应频率特性表示了 LC 并联电路两端电压 U 和流进并联电路电流 i 之间的相位角之差 $\varPhi$ 与信号频率 f 之间的变化关系：

当 $f=f_0$ 时，$\varPhi=0$，电路呈纯阻性；

当 $f<f_0$ 时，$\varPhi>0$，电路呈感性；

当 $f>f_0$ 时，$\varPhi<0$，电路呈容性。

可见，LC 并联电路随信号频率的变化呈现不同的性质。

3. 选频特性

阻频特性和相频特性统称为 LC 并联电路的频率特性。它说明了 LC 并联电路具有区别不同频率信号的能力，即具有选频特性。我们引入品质因数 Q 来衡量选频电路的选频特性。品质因数

$$Q=\frac{X_{\rm L}}{R}=\frac{\omega_0 L}{R}=\frac{2\pi f_0 L}{R}$$

它表征了 LC 并联电路选频特性的好坏。实验和理论证明：

R 越小，Q 值越大，曲线越尖锐，电路选频能力越强；

R 越大，Q 值越小，曲线越平坦，电路选频能力越差。

LC 并联电路的 Q 值，一般在几十到一二百之间。

4. 选频放大器

电路特点是利用 LC 并联电路作为负载，因此，放大电路具有选频放大能力。工作原理：当信号频率等于谐振频率时，即 $f=f_0$ 时，放大器输出电压最大；放大倍数 AV_0 最大。这种表示选频放大器的放大倍数与信号频率关系的曲线，称为调谐放大器的谐振曲线。

完成任务

在无线电设备中，为了放大高频信号，广泛的采用以调谐回路作为负载的放大器，这种放大器称为调谐放大器。其特点为对于谐振频率附近的高频信号有很高的增益，而对远离谐振频率的信号的增益则急剧下降。其利用 LC 谐振特性，选出某一频率信号进行放大。

S66D 型调幅收音机的装配与调试

1. 工作原理

如图 2-1-1 所示为 S66D 型调幅收音机电路图。S66D 型 7 管半导体收音机的主要性能为频率范围：525～1605kH$_Z$；输出功率：100mW（最大）；扬声器：ϕ57mm，8Ω；电源：3V（5 号电池两节）；体积：122×66×26。由图可见，整机中含有 7 只三极管，因此称为 7 管收音机。其中，三极管 V_1 为变频管，V_2、V_3 为中放管，V_4 为检波管，V_5 为低频前置放大管，V_6、V_7 为低频功放管。

天线回路选出所需的电台信号，经过变压器 Tr_1（或 B_1）耦合到变频管 V_1 的基极。与此同时，由变频管 V_1、振荡线圈 Tr_2、双联同轴可变电容 C_{1B} 等元器件组成的共基调射型变压器反馈式本机振荡器，其本振信号经电容 C_3 注入到变频管 V_1 的发射极。电台信号与本振信号在变频管 V_1 中进行混频，混频后，V_1 管集电极电流中将含有一系列的组合频率分量，其中也包含本振信号与电台信号的差频（465kHZ）分量，经过中周 Tr_3（内含谐振电容），选出所需的中频（465kHZ）分量，并耦合到中放管 V_2 的基极。图中电阻 R_3 是用来进一步提高抗干扰性能的，二极管 VD_3 用于限制混频后中频信号振幅（即二次 AGC）。

中放是由 V_2、V_3 等元器件组成的两级小信号谐振放大器。通过两级中放将混频后所获得的中频信号放大后，送入下一级的检波器。检波器是由三极管 V_4（相当于二极管）等元器件组成的大信号包络检波器。检波器将放大了的中频调幅信号还原为所需的音频信号，经耦合电容 C_{10} 送入后级低频放大器中进行放大。在检波过程中，除产生了所需的音频信号之外，还产生了反映输入信号强弱的直流分量，由检波电容之一 C_7 两端取出后，经 R_8、C_4 组成的低通滤波器滤波后，作为 AGC 电压（$-U_{AGC}$）加到中放管 V_2 的基极，实现反向 AGC。即当输入信号增强时，AGC 电压降低，中放管 V_2 的基极偏置电压降低，工作电流 I_E 将减小，中放增益随之降低，从而使得检波器输出的电平能够维持在一定的范围。

低放部分是由前置放大器和低频功率放大器组成的。由 V_5 组成的变压器耦合式前置放大器将检波器输出的音频信号放大后，经输入变压器 Tr_6 送入功率放大器中进行功率放大。功率放大器是由 V_6、V_7 等元器件组成的，它们组成了变压器耦合式乙类推挽功率放大器，将音频信号的功率放大到足够大后，经输出变压器 Tr_7 耦合去推动扬声器发声。其中 R_{11}、VD_4 用来给功放管 V_6、V_7 提供合适的偏置电压，消除交越失真。

本机由 3V 直流电压供电。为了提高功放的输出功率，因此，3V 直流电压经滤波电容 C_{15} 去耦滤波后，直接给低频功率放大器供电。而前面各级电路是用 3V 直流电压经过由 R_{12}、VD_1、VD_2 组成的简单稳压电路稳压后（稳定电压约为 1.4V）供电。目的是用来提高各级电路静态工作点的稳定性。

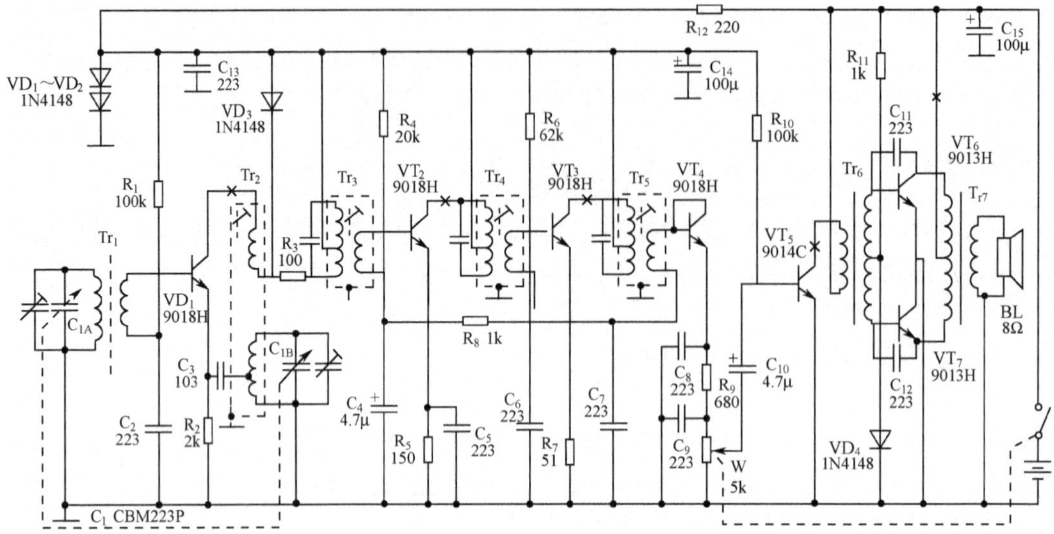

图 2-1-1　S66D 型调幅收音机电路图

2. 元器件选择

R_1	电阻器	100kΩ
R_2	电阻器	2kΩ
R_3	电阻器	100Ω
R_4	电阻器	20kΩ
R_5	电阻器	150Ω
R_6	电阻器	62kΩ
R_7	电阻器	51Ω
R_8	电阻器	1kΩ
R_9	电阻器	680Ω
R_{10}	电阻器	100kΩ
R_{11}	电阻器	1kΩ
R_{12}	电阻器	5kΩ
W	电位器	470Ω
C_1（$C1_A$、$C1_B$）	双联电容器	CBM223P
C_2、C_5～C_9、C_{11}～C_{13}	圆片电容器	0.022μF/63V×9
C_3	圆片电容器	0.01μF/63V
C_4、C_{10}	电解电容器	4.7μF/63V
C_{14}、C_{15}	电解电容器	100μF/63V
Tr_1	天线线圈	
Tr_2	震荡线圈（红）	
Tr_3	中周（黄）	

Tr_4	中周（白）	
Tr_5	中周（黑）	
Tr_6	输入变压器（蓝绿）	
Tr_{17}	输出变压器（黄）	
VTD_1～VT_4	二极管	1N4148×4
VT_1～V_4	三极管	9018H×4
VT_5	三极管	9014C
VT_6、V_7	三极管	9013H×2
BL	扬声器	2.5W/8Ω
	电源	DC3V（1.5V 干电池两节）

3. 整机装配工艺

（1）元器件准备

首先根据元器件清单清点所有元器件，并用万用表粗测元器件的质量好坏。再将所有元器件上的漆膜、氧化膜清除干净，然后进行搪锡（如元器件引脚未氧化则省去此项），最后根据图 2-1-2 所示将电阻、二极管进行弯脚。

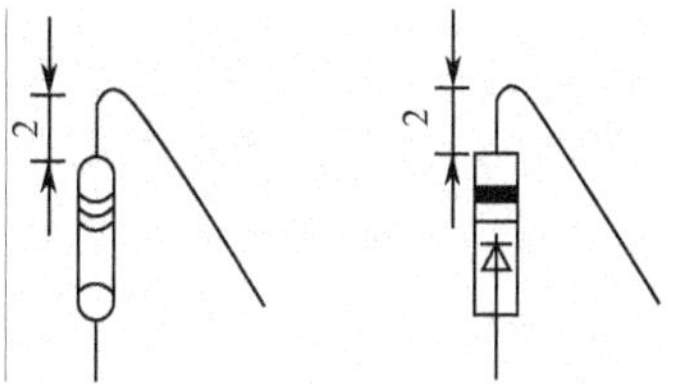

图 2-1-2 电阻、二极管弯脚

（2）插件焊接

① 按照图 2-1-1 所示，制作好相应的印制电路板，正确插入元件，其高低、极向应符合图纸规定，再进行焊接。

② 焊点要光滑，大小最好不要超出焊盘，不能有虚焊、搭焊、漏焊现象。

③ 注意二极管、三极管的极性，以及色环电阻的识别，如图 2-1-3 所示。

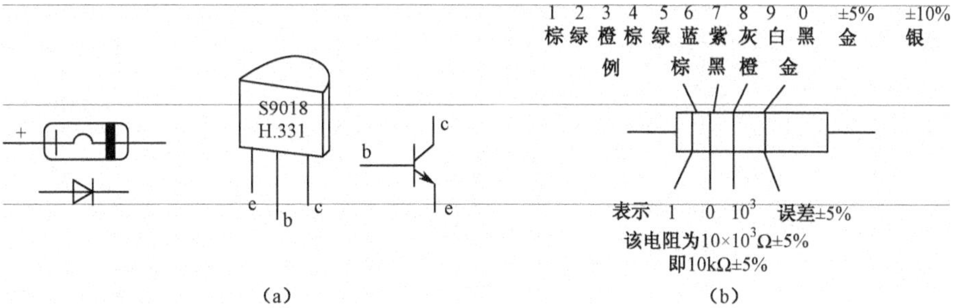

图 2-1-3 元器件的识别

④ 输入（绿或蓝色）、输出（黄色）变压器不能调换位置。

⑤ 红中周 Tr_2 插件后外壳应弯脚焊牢，否则会造成卡调谐盘。

（3）组合件准备

① 将电位器拨盘装在 W-5K 电位器上，用 M1.7×4 螺钉固定。

② 将磁棒按图 2-1-4 所示套入天线线圈及磁棒支架。

（4）装大件

① 将双联 CBM-223P 安装在印制电路板正面，将天线组合件上的支架放在印制电路板

反面双联上，然后用两只 M2.5×5 螺钉固定，并将双联引脚超出电路板部分，弯脚后焊牢。

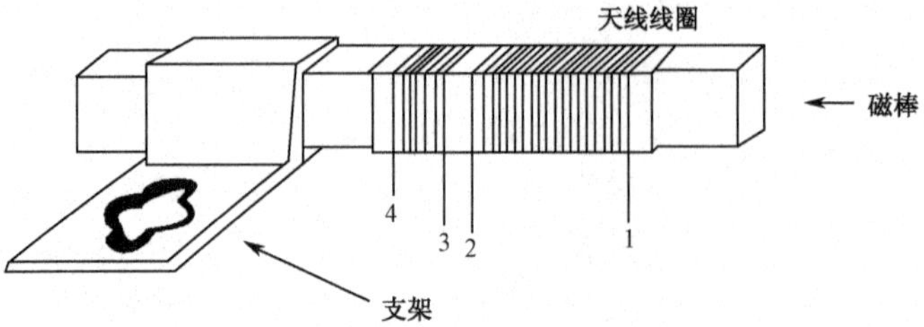

图 2-1-4　磁棒天线装配示意图

② 天线线圈的 1 端焊接于双联天线联 $C_{1\text{-}A}$ 上，2 端焊接于双联中点地线上，3 端焊接于 VT_1 基极（b）上，4 端焊接于 R_1、C_2 公共点。

③ 将电位器组合件焊接在印制电路板指定位置。

（5）开口检查与试听

收音机装配焊接完成后，请检查元器件有无装错位置，焊点是否脱焊、虚焊、漏焊，所焊元器件有无短路或损坏。发现问题要及时修理、更正。用万用表进行整机工作点、工作电流测量，如检查都满足要求，即可进行收台试听。

各级工作点参考值如下：

V_{cc}=3V

U_{c1}=1.35V　　I_{c1}=0.18～0.22mA

U_{c2}=1.35V　　I_{c2}=0.4～0.8mA

U_{c3}=1.35V　　I_{c3}=1～2mA

U_{c4}=1.4V

U_{c5}=2.4V　　I_{c5}=2～4mA

$U_{c6、7}$=3V　　$I_{c6、7}$=4～10mA

（6）前框准备

① 将电池负极弹簧、正极片安装在塑壳上，如图 2-1-5 所示，同时焊好连接点及黑色、红色引线。

② 将周率板反面的双面胶保护纸去掉，然后贴于前框，注意要安装到位，并撕去周率板正面保护膜。

③ 将扬声器安装于前框，用一字小螺丝批导入压脚，再用烙铁热铆三只固定脚，如图 2-1-6 所示。

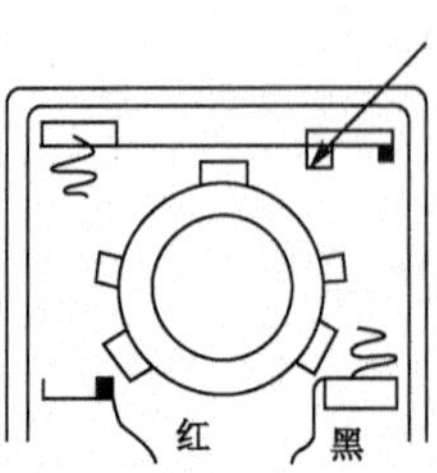

图 2-1-5　电池弹簧片安装示意图

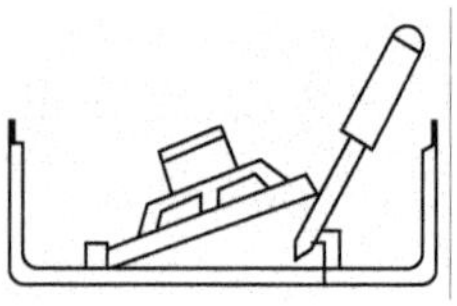

图 2-1-6　扬声器安装示意图

④ 将拎带套在前框内。

⑤ 将调谐盘安装在双联轴上，如图 2-1-7 所示，用 M2.5×5 螺钉固定，注意调谐盘方向。

⑥ 根据装配图，分别将两根白色或黄色导线焊接在扬声器与线路板上。

⑦ 将正极（红）、负极（黑）电源线分别焊在线路板指定位置。

⑧ 将组装完毕的机心按图 2-1-8 所示装入前框，一定要到位。

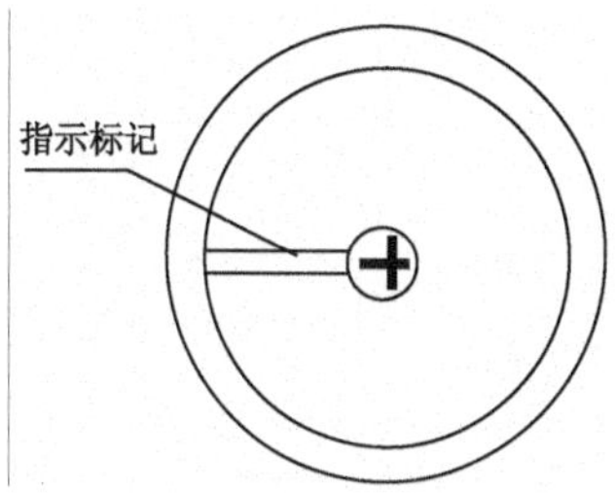

图 2-1-7　调谐盘安装示意图

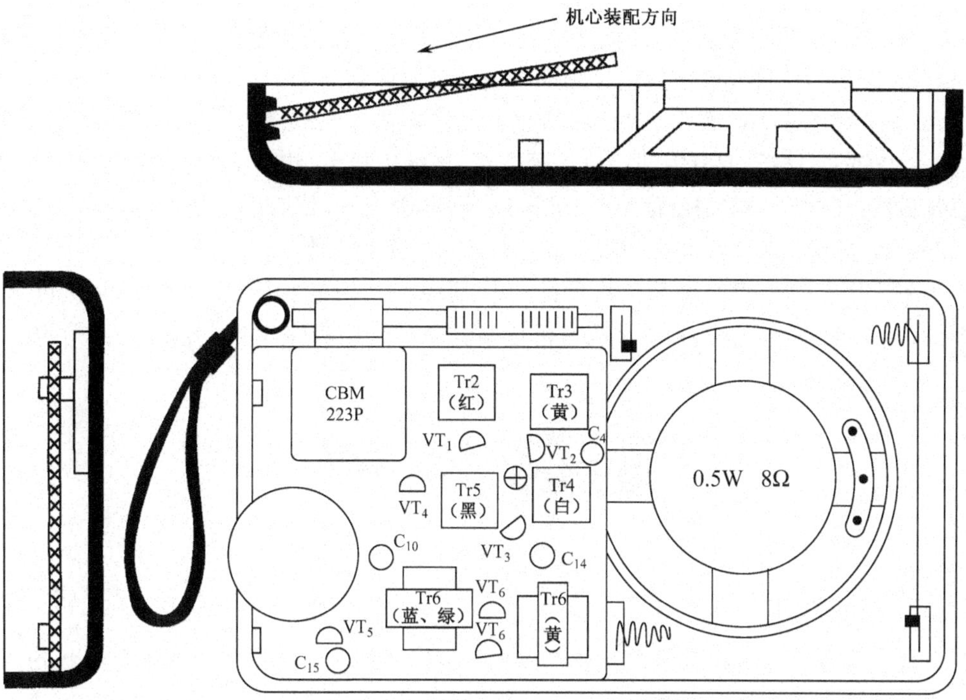

图 2-1-8　机心安装示意

4. 整机调试工艺

（1）仪器设备

常用的仪器设备有稳压电源（200mA、3V）；YB1602 高频信号发生器；示波器（一般示波器即可）；DA−16 毫伏表（或同类仪器）；圆环天线（调 AM 用）；无感应螺丝批。

（2）调试步骤

① 在元器件装配焊接无误及机壳装配好后，将机器接通电源，应在中波段内能收到本地电台后，即可进行调试工作。仪器连接方框图如图 2-1-9 所示。

② 中频调试。首先将双联旋至最低频率点，YB1602 信号发生器置于 465kHz 频率处，输出场强为 10mV/M，调制频率为 1000Hz，调幅度为 30%。收音机收到信号后，示波器应有

1000Hz 信号波形，用无感应螺丝批依次调节黑、白、黄三个中周，且反复调节，使其输出最大，此时，465kHz 中频即调好。

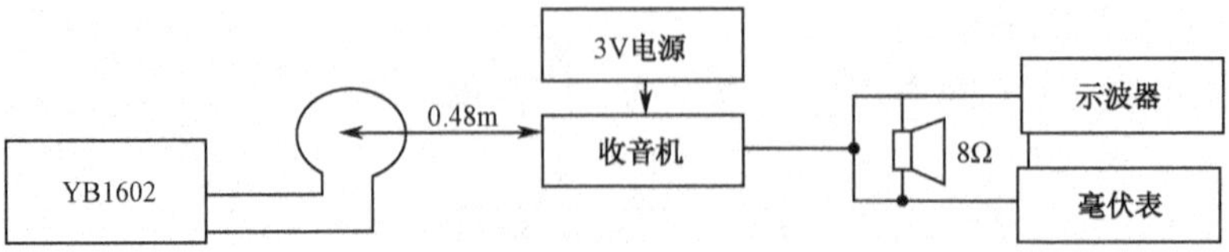

图 2-1-9　仪器连接方框图

③ 频率覆盖。将 YB1602 置于 520kHz 频率，输出场强为 5mV/M，调制频率为 1000kHz，调幅度为 30%。双联调至低端，用无感应螺丝批调节红中周（振荡线圈），收到信号后，再将双联旋至最高端，YB1602 信号发生器置于 1620kHz，调节双联振荡联微调电容 C_{1B}，收到信号后，再重复将双联旋至低端，调红中周，以此类推。高低端反复调整，直至低端频率为 520kHz，高端频率为 1620kHz 为止，频率覆盖调节到此结束。

④ 统调。将 YB1602 置于 600kHz 频率，输出场强为 5mV/M 左右，调节收音机调谐旋钮，收到 600kHz 信号后，调节中波磁棒线圈位置，使输出最大，然后将 YB1602 旋至 1400kHz，调节收音机，直至收到 1400kHz 信号后，调双联微调电容 C_{1A}，使输出为最大，重复调节 600kHz 和 1400kHz 统调点，直至两点均为最大为止，至此统调结束。

在中频、覆盖、统调结束后，机器即可收到高、中、低端电台，且频率与刻度基本相符。至此，放入两节 5 号电池进行试听，在高、中、低端都能收到电台后，即可将后盖盖好。

任务2　振荡电路

任务描述

放大电路在接通电源的瞬间，随着电源电压由零开始的突然增大，电路受到扰动，在放大器的输入端产生一个微弱的扰动电压 u_i，经放大器放大、正反馈，再放大、再反馈……如此反复循环，输出信号的幅度很快增加。这个扰动电压包括从低频到甚高频的各种频率的谐波成分。

学习目标

熟悉振荡电路的起振条件、稳幅条件；反馈的概念、选频的特性。

任务分析

为了能得到所需要频率的正弦波信号，必须增加选频网络，只有在选频网络中心频率上的信号能通过，其他频率的信号被抑制，在输出端才会得到如图 2-2-1 的 *ab* 段所示的起振波形。那么，振荡电路在起振以后，振荡幅度会不会无休止地增长下去了呢？这就需要增加稳幅环节，当振荡电路的输出达到一定幅度后，稳幅环节就会使输出减小，可维持一个相对稳定的稳幅振荡，如图 2-2-1 的 *bc* 段所示。也就是说，在振荡建立的初期，必须使反馈信号大于原输入信号，反馈信号一次比一次大，才能使振荡幅度逐渐增大；当振荡建立后，还必须使反馈信号等于原输入信号，才能使建立的振荡得以维持下去。

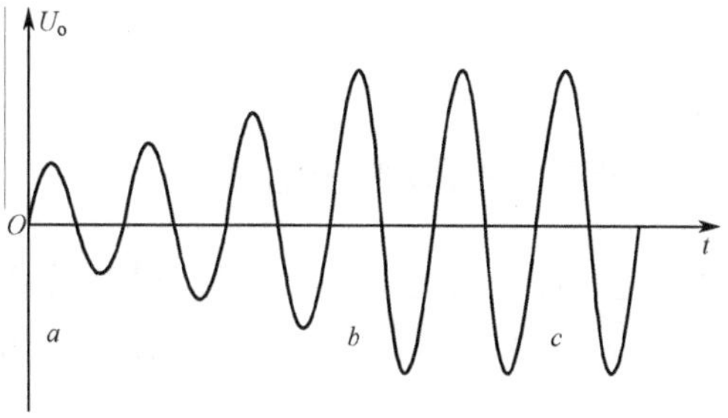

图 2-2-1　自激振荡的起振波形

完成任务/操作步骤

任务准备

一、振荡电路的组成

要形成振荡，电路中必须包含以下组成部分：

① 放大器。

② 正反馈网络。

③ 选频网络。

④ 稳幅环节。

根据选频网络组成元器件的不同，正弦波振荡电路通常分为 RC 振荡电路、LC 振荡电路和石英晶体振荡电路。

二、自激振荡形成的条件

自激振荡形成的基本条件是反馈信号与输入信号大小相等、相位相同。

即

$$\dot{U}_f=\dot{U}_i$$

又因为

$$\dot{U}_f=\dot{A}\dot{F}U_i$$

可得

$$\dot{A}\dot{F}=1$$

这包含着以下两层含义。

① 反馈信号与输入信号大小相等。

② 反馈信号与输入信号相位相同，表示输入信号。

经过放大电路产生的相移ϕA 和反馈网络的相移ϕF 之和为 0，2π，4π，…，2*n*π，即

$$\phi A+\phi F=2n\pi\ (n=0,1,2,3,\cdots)$$

称为相位平衡条件。

完成任务

一、RC 正弦波振荡电路

RC 正弦波振荡电路结构简单、性能可靠，一般用来产生几兆赫兹以下的低频信号，常用的 RC 振荡电路有 RC 桥式振荡电路和移相式振荡电路。下面以 RC 桥式振荡电路为例进行介绍。

RC 桥式振荡电路

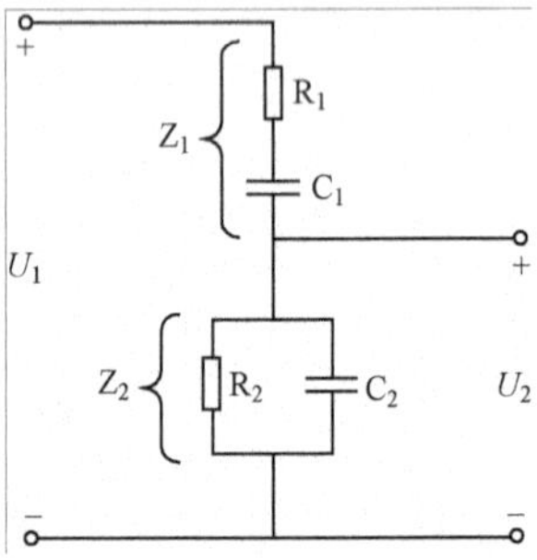

图 2-2-2　RC 串并联网络

① RC 串并联网络的选频特性。

RC 串并联网络是由 R_2 和 C_2 并联后与 R_1 和 C_1 串联组成的，如图 2-2-2 所示。

设 R_1、C_1 的串联阻抗用 Z_1 表示，R_2 和 C_2 的并联阻抗用 Z_2 表示，则

$$Z_1 = R_1 + \frac{1}{j\omega C_1}$$

$$Z_2 = \frac{Z_2}{1 + j\omega C_2 R_2}$$

输出电压 $\dot{U}_2$ 与输入电压 $\dot{U}_1$ 之比为 RC 串并联网络传输系数，即

$$\dot{F} = \frac{\dot{U}_2}{\dot{U}_1} = \frac{Z_2}{Z_1 + Z_2} = \frac{\dfrac{R_2}{1 + j\omega C_2 R_2}}{R_1 + \dfrac{1}{j\omega C_1} + \dfrac{R_2}{1 + j\omega C_2 R_2}}$$

$$= \frac{1}{(1 + \dfrac{R_1}{R_2} + \dfrac{C_2}{C_1}) + j(\omega R_1 C_2 - \dfrac{1}{\omega R_2 C_1})}$$

在实际电路中取 $C_1=C_2=C$，$R_1=R_2=R$，则上式可简化为

其模值

$$\dot{F} = \frac{1}{3 + j(\omega RC - \dfrac{1}{\omega RC})}$$

$$F = \left|\dot{F}\right| = \frac{1}{\sqrt{3^2 (\omega RC - \dfrac{1}{\omega RC})^2}}$$

相角

$$\phi_F=-\arctan\frac{\omega RC-\frac{1}{\omega RC}}{3}$$

由

$$\omega_0=2\pi f_0=\frac{1}{RC}$$

得

$$f_0=\frac{1}{2\pi RC}$$

将 f_0 的表达式代入模值和相角的表达式，并将角频率 ω 变换为由频率 f 表示，则

$$F=\frac{1}{\sqrt{3^2+(\frac{f}{f_0}-\frac{f_0}{f})^2}}$$

$$\phi_F=-\arctan\frac{\frac{f}{f_0}-\frac{f_0}{f}}{3}$$

根据上式可作出 RC 串并联网络频率特性如图 2-2-3 所示。当 $f=f_0$ 时，电压传输系数最大，其值为 F=1/3，相角为零，即 ϕ_F=0。此时，输出电压与输入电压同相位。当 $f\neq f\ 0$ 时，F<1/3，且 $\phi_F\neq 0$，此时输出电压的相位滞后或超前于输入电压。

由以上分析可知：RC 串并联网络只在 $f=f_0$=1/2πRC 时，输出幅度最大，而且输出电压与输入电压同相，即相位移为零，所以，RC 串并联网络具有选频特性。

② RC 桥式振荡电路。 RC 桥式振荡电路如图 2-2-4 所示。

在图 2-2-4 中，集成运放组成一个同相放大器，它的输出电压 u_o 作为 RC 串并联网络的输入电压，而将RC 串并联网络的输出电压作为放大器的输入电压，当 $f=f_0$ 时，RC 串并联网络的相位移为零，放大器是同相放大器，电路的总相位移是零，满足相位平衡条件，而对于其他频率的信号，RC 串并联网络的相位移不为零，不满足相位平衡条件。由于 RC 串并联网络在 $f=f_0$ 时的传输系数 F=1/3，因此要求放大器的总电压增益 A_u 应大于 3，这对于集成运放组成的同相放大器来说是很容易满足的。由 R_1、R_f、VD_1、VD_2 及 R_2 构成负反馈支路，它与集成运放形成了同相输入比例运算放大器。只要适当选择 R_f 与 R_1 的比值，就能实现 A_u>3 的要求。其中，VD_1、VD_2 和 R_2 是实现自动稳幅的限幅电路。

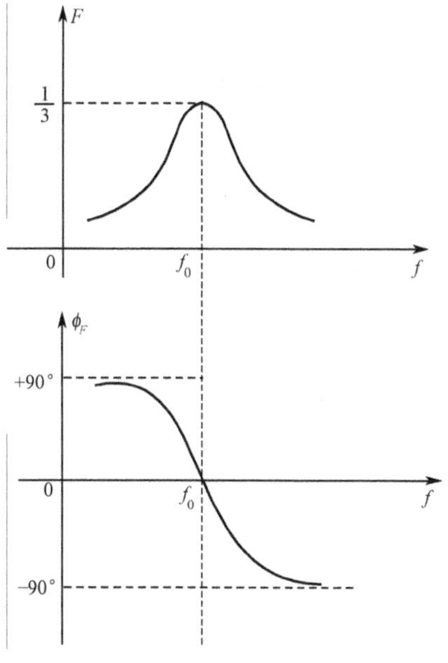

图 2-2-3　RC 串并联网络的频率特性

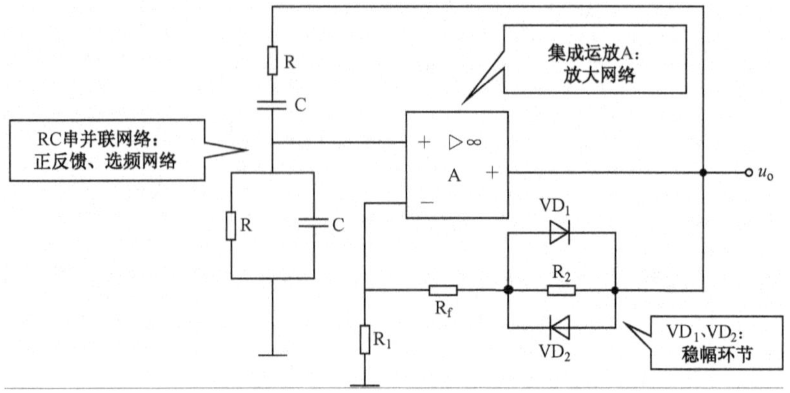

图 2-2-4　RC 桥式正弦波振荡电路

二、震荡电路在报警器中的应用

便尿报警器的设计与制作

1．电路工作原理

如图 2-2-5 所示，当孩子出现尿床时，由于尿液里含有盐类成分使传感器间的绝缘被破坏，而呈一定的阻值。三极管 VT_1 的基极将获得正向偏压而导通，其集电极将放大的信号去激励由 VT_2、VT_3 等元器件组成的音频震荡电路而工作，最后由 VT_3 的集电极所产生的信号去推动扬声器 BL 发出警报声，或发光二极管 LED 闪烁告警信号。

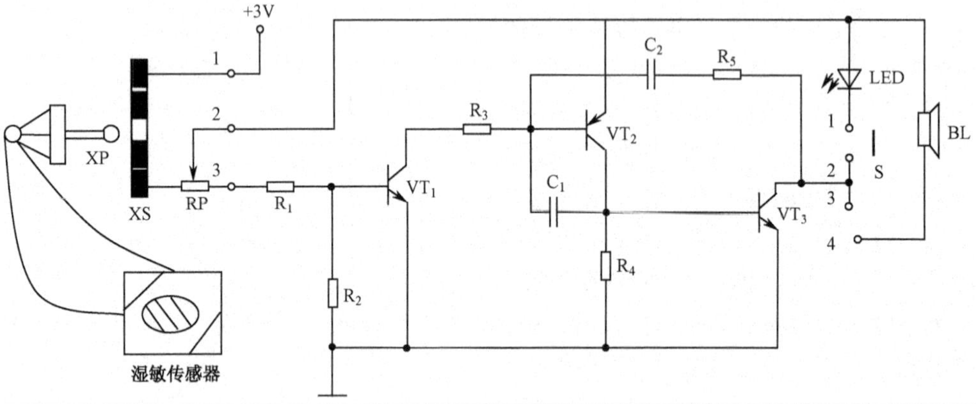

图 2-2-5　便尿报警器电路

2．元器件的选择

VT1、VT_3	三极管	3DG201(β=100～150)×2
VT_2	三极管	3CG21B(β=25～65)
VD	发光二极管	LD768（红色）
C_1	瓷片电容器	0.01μF/63V
C_2	涤纶或聚酯薄膜电容器	0.047μF/63V
BL	扬声器	0.25W/8Ω

R_2	电阻器	10kΩ/0.125W
R_1、R_4	电阻器	4.7kΩ/0.125W×2
R_3	电阻器	75kΩ/0.125W
R_5	电阻器	620Ω/0.125W
RP	电位器	4.7kΩ
	电源	3V（两节干电池）

3. 制作、调试与使用

（1）制作方法

① 湿敏传感器采用单面敷铜板，制作成圆状，面积可根据实际需要自行选择。中间用刀子划去1～2mm宽的铜箔即可，电路如图2-2-5所示。

② 制作好便尿报警器电路的印制电路板。

③ 制作好便尿报警器的外壳。

（2）调试与使用

① 电路安装完毕后，将插头XP插入插座XS中。湿敏传感器放入已经尿湿的尿布下面，适当调节VT_1的偏置电阻R_1，最好串接一只4.7kΩ的电位器，以免电阻调至为零而烧坏三极管VT_1。当调到扬声器发声时即可停止，然后测其电阻值并将其固定。

② 白天为尽量不惊醒孩子的睡眠，将选择开关S置于1、2接点的位置，这样尿湿后就只有发光二极管闪光警告。所以，该便尿报警器也适用于耳聋的父母使用。

③ 如父母不在孩子跟前或临睡之前，则将开关S置于3、4接点上，一旦尿湿，扬声器即可报警。所以，该便尿报警器也可适用于盲人父母使用。

④ 对于尿床的患者，则可根据实际的需要自行选择S开关的挡位。

（3）用万用表测试晶体管

① 估测穿透电流I_{ceo}。

将万用表置于R×1k挡（或者R×10k挡）。如果测PNP管，黑表笔接发射极，红表笔接集电极。(如果测NPN管，将红、黑表笔对调)。此时，对于小功率锗管，测出的阻值在几十千欧以上，而小功率硅管，阻值在几百千欧以上，这表明I_{ceo}不大。若测出的阻值小，则表明I_{ceo}大，三极管的稳定性差。若阻值为零，表明三极管已经击穿。若阻值无穷大，表明三极管内部断路。

注意：有些硅管I_{ceo}很小，万用表指针移动不明显，不要误认为是断路。而一些大功率锗管I_{ceo}较大，测得的阻值约几十欧，不要误认为已被击穿。

② 估测电流放大系数β。

将万用表置于R×1k挡（或者R×10k挡）。如果测PNP管，红表笔接集电极，黑表笔接发射极（如果测NPN管，将红、黑表笔对调），测出其阻值，然后用舌头（或手指）同时接触被测管的基极与集电极，这相当于在两极之间接一电阻，测出其阻值，将两次阻值进行比较，阻值相差越大，表明晶体管的β值越高。

③ 判断引脚与管型。

将万用表置于R×1k挡（或者R×10k挡）。将黑表笔接任意一引脚，用红表笔接另两脚。若两次阻值很大，则表明黑表笔接的是PNP管的基极，反之，则表明黑表笔接的是NPN管的基极。若一个阻值大，一个阻值小，就需换一个引脚重新测试。

待基极确定以后，再进一步判断集电极和发射极。先设定一只引脚为集电极，另一只为发射极，用估测 β 的方法，估测一下 β 值，然后将表笔对调，再估测 β 值，其中 β 值大的那一次假设是对的，集电极与发射极便判断出来了。

④ 判断硅管和锗管。

将万用表置于 R×1k 挡（或者 R×10k），测三极管两个 PN 结的正、反向电阻。一般锗管的正向电阻值大约为 3～10kΩ，反向电阻大于 500kΩ；而锗管的正向电阻值大约为 500～2000Ω，反向电阻值大于 100kΩ。测试时使用的万用表不同，测得的数值也可能不同。也可用已知的锗管和硅管进行比较测试。

任务3 集成运算放大电路

任务描述

图 2-3-1 所示为集成运算放大器的符号。集成运放是一种多级放大电路，性能理想的运放应该具有电压增益高、输入电阻大、输出电阻小、工作点漂移小等特点。与此同时，在电路的选择及构成形式上又要受到集成工艺条件的严格制约。因此，集成运放在电路设计上具有许多特点，主要有以下几个方面。

① 级间采用直接耦合方式。

② 尽可能用有源器件代替无源器件。

③ 利用对称结构改善电路性能。

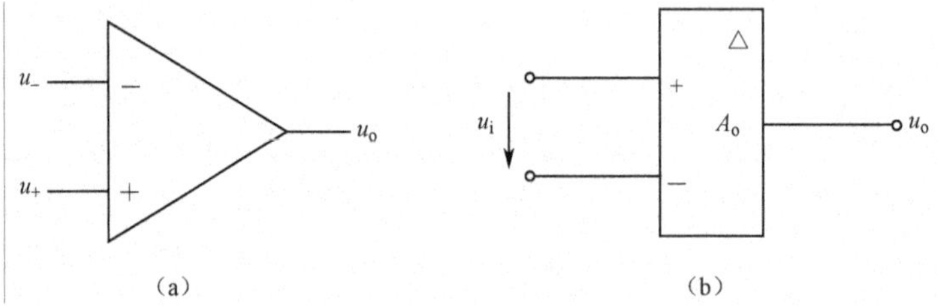

图 2-3-1 集成运算放大器符号

学习目标

1. 熟记各种单运放组成的基本运算电路的电路图及放大倍数公式。
2. 掌握以上基本运算电路的级联组合的计算。
3. 会用“虚开路（i_i=0）”和“虚短路（u_+=u_-）”分析给定运算电路的放大倍数。

任务分析

能够利用“虚短”、“虚断”的概念对集成运算放大器的各种基本应用电路进行分析，掌握反相比例运算放大器、同相比例运算放大器、电压跟随器及差动放大器等基本应用电路的工作原理。

完成任务/操作步骤

任务准备

在对集成运算放大器应用电路进行近似计算时，需要用到以下两个重要的概念：

① 集成运放两个输入端之间的电压通常接近于零，即 $u_i=u_+-u_-\approx 0$，若将它理想化，则有 $u_i=0$，但不是短路，故称“虚短”。

② 集成运放两个输入端几乎不取用电流，即 $i_i\approx 0$，若将它理想化，则有 $i_i=0$，但不是断开，故称“虚断”。

完成任务

在对集成运算放大电路进行分析时，通常将运放视为理想化的运放，即开环差模电压放大倍数 A_d（开环增益）非常大、共模抑制比 CMRR 非常高、输入电阻 r_i 接近无穷大、输出电阻 r_o 接近零。在运放的线性应用中，运放的输出与输入之间加负反馈，使运放工作于线性状态。

一、反相比例运算放大器

图 2-3-2 所示为反相比例运算放大器电路。

从图 2-3-2 所示的电路图可以看出，电路将负反馈信号 u_i 引入到反相输入端，输入信号 u_i 也从反相输入端输入。

1. 电路的放大倍数

由“虚短”、“虚断”的概念可知

$u_+=u_-=0$，$i_1=i_2$

可以推出：

$u_i/R_1=-u_o/R_f$

即

$A_u=u_o/u_i=-R_f/R_1$

2. 电路的输入电阻

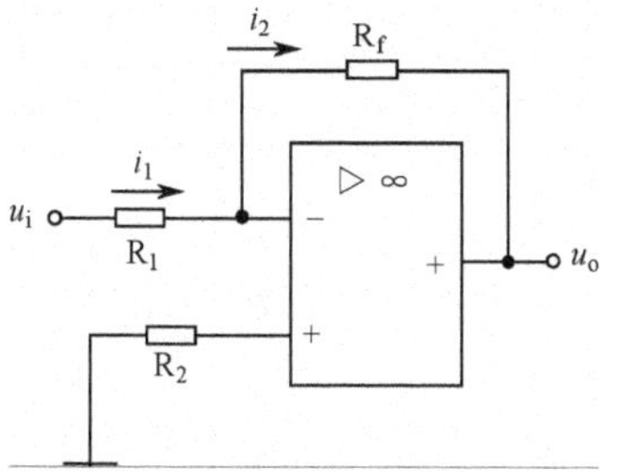

图 2-3-2　反相比例运算放大器

如图 2-3-2 所示，电路的输入电阻为 R_1，即 $r_i=R_1$；R_2 为平衡电阻，它使输入端对地的静态电阻相等，以保证静态时输入级的对称性。

$$R_2=R_1//R_f$$

为保证一定的输入电阻，当放大倍数大时，需增大 R_f，而大电阻的精度差，因此，在放大倍数较大时，该电路结构不再适用。

二、同相比例运算放大器

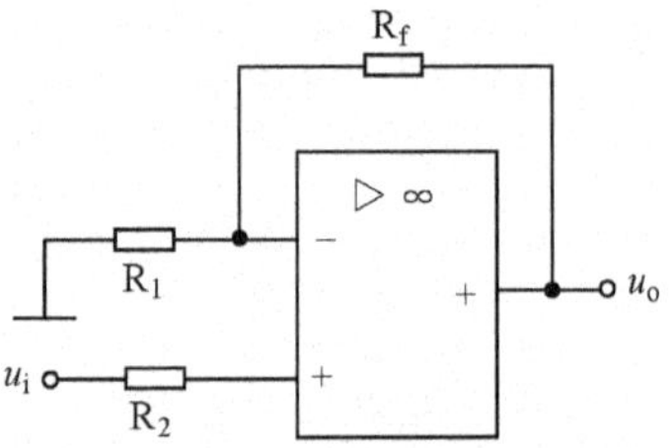

图 2-3-3　同相比例运算放大器

图 2-3-3 所示为同相比例运算放大器电路。

从图 2-3-3 可以看出，电路将负反馈信号引入到反相输入端，输入信号 u_i 从同相输入端输入。

1. 电路的放大倍数

由“虚短”、“虚断”的概念可知

$u_+=u_-=u_i$

可以推出：

$$u_i/R_1=(u_o-u_i)/R_f$$

即 $A_u=u_o/u_i=1+R_f/R_1$

三、电压跟随器

图 2-3-4 所示为电压跟随器电路。

此电路的结构特点是输出电压全部引到反相输入端，信号从同相端输入。电压跟随器是同相比例运算放大器的特例，即

$$u_i=u_+=u_-=u_o$$

电压跟随器是电压并联负反馈电路，输入电阻大，输出电阻小，在电路中作用与分离元件的射极输出器相同，但是它的电压跟随性能比射极输出器更好。

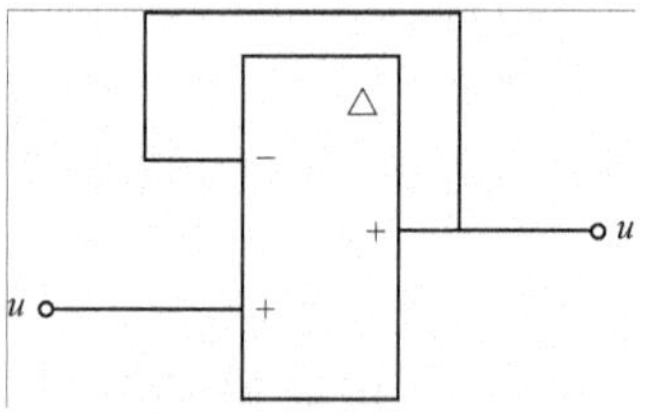

图 2-3-4　电压跟随器

四、积分运算器

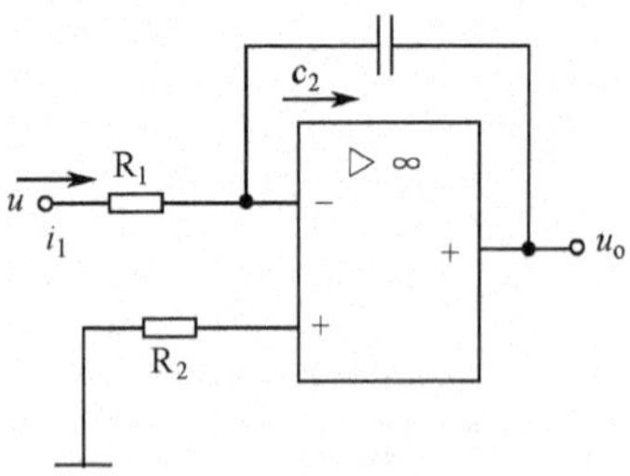

图 2-3-5　积分运算器

图 2-3-5 所示为积分运算器电路。

1. 积分运算器工作原理分析

由“虚短”、“虚断”的概念可知

$$i_1=u_i/R_1 \qquad i_c=-C\frac{\mathrm{d}u_o}{\mathrm{d}t}$$

可以推出：

$$u_o=-\frac{1}{RC}\int u_i\mathrm{d}t$$

2. 积分运算器的应用

积分运算器主要有以下几点用途：

① 在电子开关中用于延迟；

② 波形变换；

③ A/D 转换中将电压量变为时间量；

④ 移相。

如果输入信号波为方波，经积分运算器电路后，则其输出波形变换为三角波，其变换过程如图 2-3-6 所示。

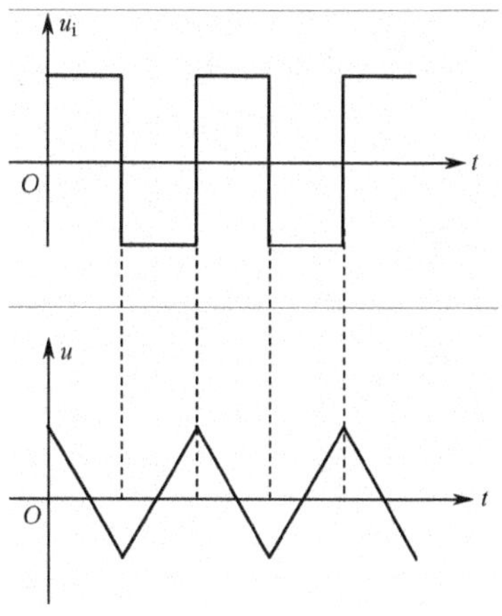

图 2-3-6 积分器输入输出波形

五、集成运放在实际电器电路中的应用

简易音频功率放大器的制作

图 2-3-7 所示为简易音频功率放大器电路。该音频功率放大器可应用于汽车收音机、收录机、报警器及其他功率要求不大的电器上。

1. 电路工作原理

该电路选用了集成双运算放大器 LM385 作为电压放大器，第一级（IC_1A）为前级反相放大器，它将微弱的信号进行电压放大。第二级（IC_1B）构成缓冲隔离放大器，其输入阻抗高、输出阻抗低，从而提高了前级运放带负载的能力，有效地隔离了后级负载的波动对前级放大器的影响。输出级采用了音频功率放大集成电路 LM386（IC_2），由该集成电路对 LM358 送来的信号进行功率放大，经耦合电容器 C_5，推动扬声器 BL 发出声音。

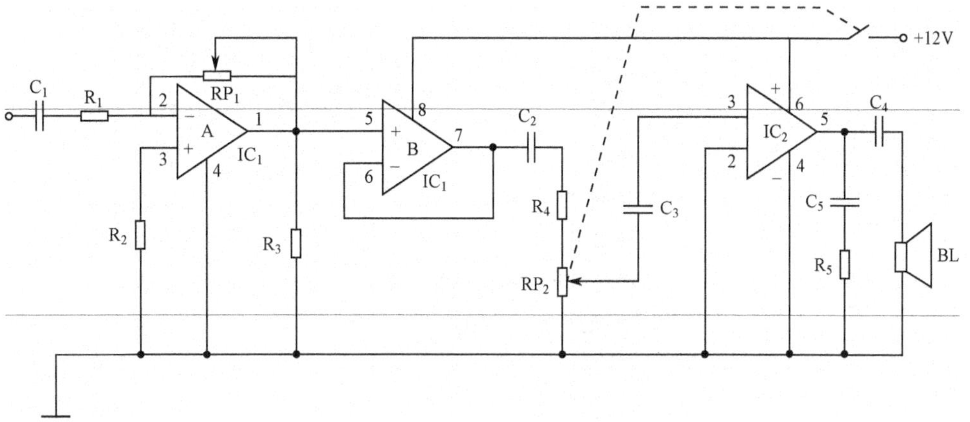

图 2-3-7 简易音频功率放大器电路

其中电位器 RP_1 为负反馈电阻，调节 RP_1 的阻值，可改变第一级的电压放大倍数；调节电位器 RP_2，可以改变 IC_2 输入信号的大小，达到调节输出音量的目的；电阻器 R_5、C_4 构成高频校正网络，以防止放大器出现自激；输出电容 C_5 不仅起到隔直作用，同时还影响着低频端频响的好坏。

2. 元器件的选择

集成器件 LM386（IC_2）是一种音频集成功放，具有自身功耗低、电压增益可调整、电源电压范围大、外接元件少和总谐波失真小等优点，广泛应用于录音机和收音机之中。这种元器件主要应用于低电压消费类产品。为使外围元件最少，电压增益内置为 20。但在 1 脚和 8 脚之间增加一只外接电阻和电容，便可将电压增益调为任意值，直至 200。输入端以地位参考，同时输出端被自动偏置到电源电压的一半，在 6V 电源电压下，它的静态功耗仅为 24mW，使得 LM386 特别适用于电池供电的场合。LM386 的封装形式有塑封 8 引线双列直插式和贴片式。图 2-3-8 所示为 LM386 的引脚封装图。集成器件 LM358（IC_1）里面包括两个高增益、独立的、内部频率补偿的双运放，适用于电压范围很宽的单电源，而且也适用于双电源工作方式，它的应用范围包括传感放大器、直流增益模块和其他所有可用单电源供电的使用运放的地方。图 2-3-9 所示为 LM358 的引脚图。一般只要元器件选择无误、安装正确，不用调试便可使用。

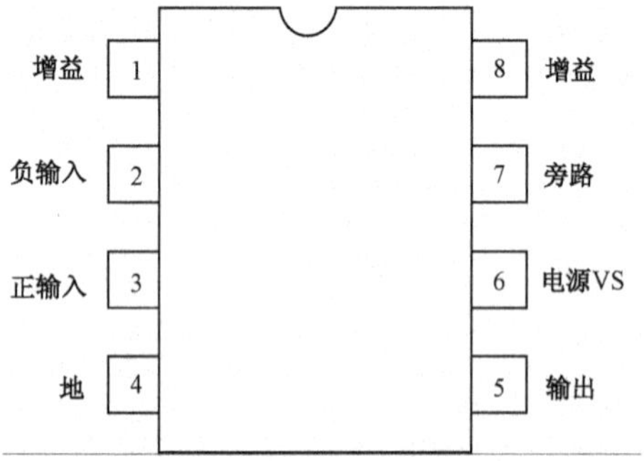

图 2-3-8　LM386 引脚封装图

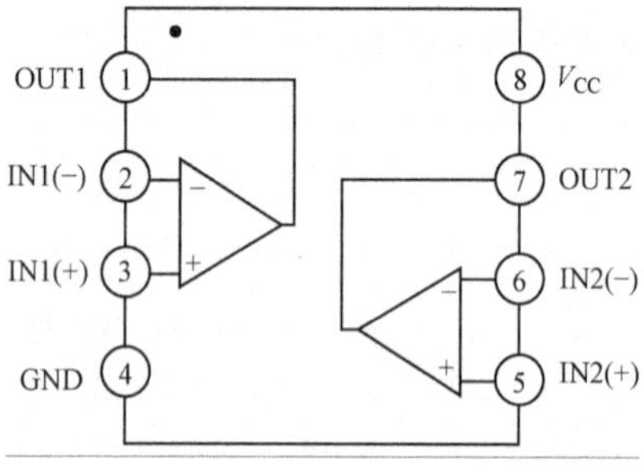

图 2-3-9　LM358 引脚图

电路元器件清单如下：

R_1、R_2	电阻	620Ω×2
R_3	电阻	2.7kΩ
R_4	电阻	8.2kΩ
R_5	电阻	10Ω
RP_1	电位器	120kΩ
RP_2	电位器	10 kΩ
IC_1	集成双运算放大器	LM358
IC_2	音频功率放大器	LM386
BL	扬声器	0.25～2W/8Ω
C_1	电解电容器	10μF/25V
C_2、C_3	电解电容器	100μF/25V×2
C_4	电容器	0.0047μF/25V
C_5	电解电容器	330μF/25V
	电源	DC12V

工艺技巧/操作技巧

从以上电路的分析过程中可知以下几个方面。

① 它们都引入电压负反馈，因此输出电阻都比较小。

② 关于输入电阻：反相输入的输入电阻小，同相输入的输入电阻高。

③ 以上放大器均可级联，级联时放大倍数分别独立计算。

知识链接

一、差动放大器

在高速电路设计中，经常会使用到差分线，即将一个信号一分为二，其信号频率、强度等都一致，仅仅是相位相差 180°，这样可以增加抗干扰能力；差动放大器也是如此，将一个信号分成两个相位相反的信号分别进行放大，在接收端再混合；这样一是增强抗干扰能力，二是若放大器本身引入了失真，也会因为相位相反在混合后互相抵消。图 2-3-10 所示为差动放大器电路。差动放大器又称推挽放大。差动放大器的特点是静态工作点稳定，对共模信号有很强的抑制能力，它只对输入信号的差（差模信号）作出响应，这些特点在电子设备中应用很广。集成运算放大器几乎都采用差动放大器作为输入级。这种对称的电压放大器有两个输入端和两个输出端，电路使用正、负对称的电源。根据电路的结构可分为双端输入双端输出、双端输入单端输出、单端输入双端输出及单端输入单端输出四种接法。凡双端输出，差模电压增益与单管共发放大器相同；而单端输出时，差模电压增益为双端输出的一半，另外，若电路参数完全对称，则双端输出时的共模放大倍数为 0，其实测的共模抑制比将是一个较大的数值，越大，说明电路抑制共模信号的能力越强。

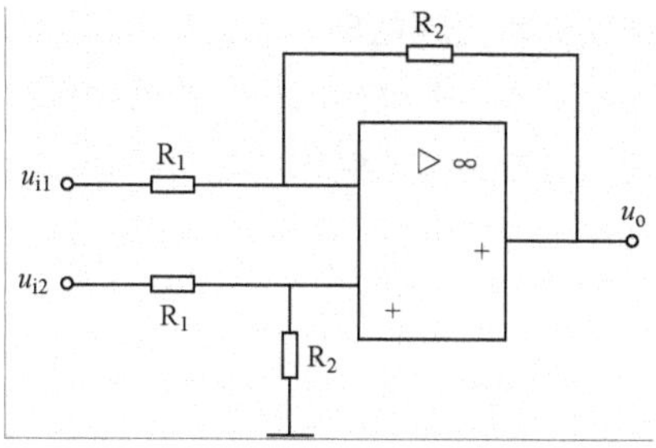

图 2-3-10　差动放大器电路

思考与训练

1. 已知电路如图 2-3-11 所示，R_1=10kΩ，R_2=20kΩ，u_i=2V，求输出电压 u_o，并说明输入级的作用。

2. 已知电路如图 2-3-12 所示，R_1=10kΩ，R_2=10kΩ，R_f=20kΩ，R_3=20kΩ，u_i=1V，求输出电压 u_o。

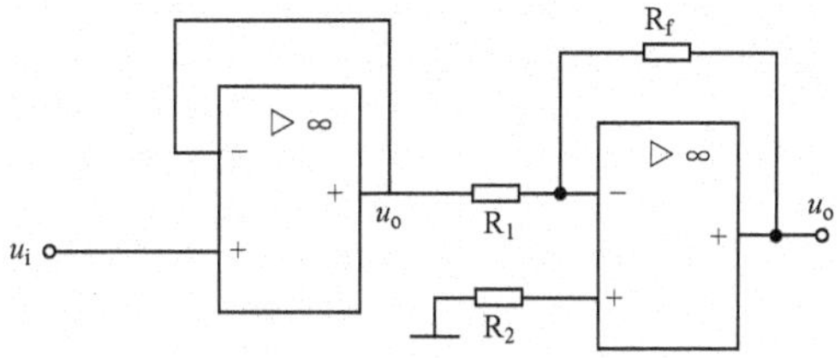

图 2-3-11　电路图

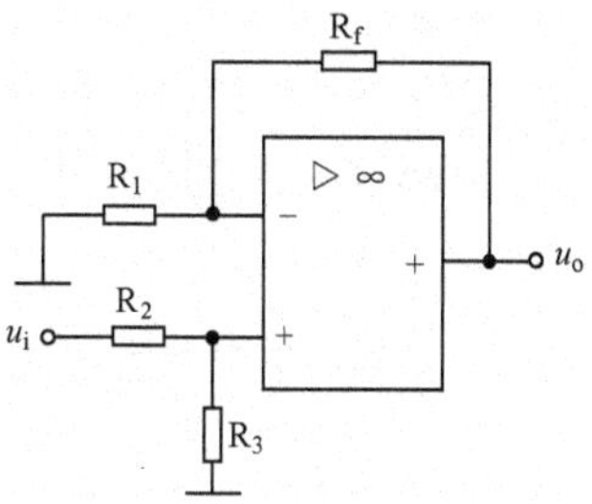

图 2-3-12　电路图

任务4 直流稳压电路

任务描述

在实际生活中，常用的电源一般都是交流电，而在电子电路的设计过程中，时常要用到不同数值大小的直流电压。为了满足需要，这就需要想办法将交流电转化为直流电。其中图 2-4-1 就是描述直流稳压电路组成的一种结构框图。如图 2-4-1 所示，直流稳压电路主要是由变压电路、整流电路、滤波电路及稳压电路四部分组成的。通过此电路可将交流电转化为不同数值大小的直流电，如+24V、+12V、+9V、+5V 等直流电压源，从而满足不同电子电路对直流电源的各种需求。

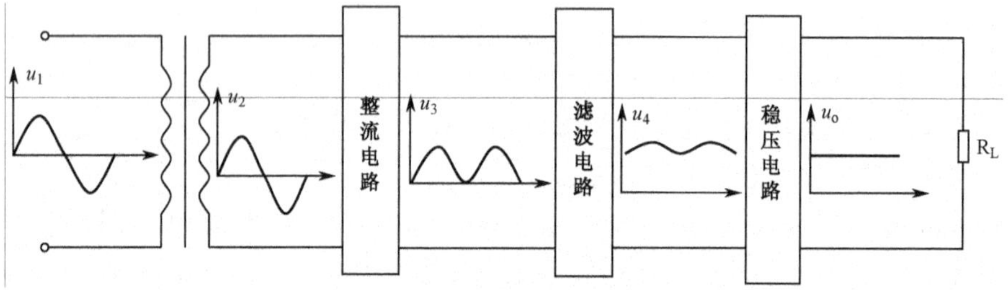

图 2-4-1　直流稳压电路的组成

学习目标

能够根据前面所学的分立元器件（二极管、电容、电阻）的特性，分析理解直流稳压电路中各部分电路的工作原理，进而能够在实际生活中选择适当参数的分立元器件设计制作出不同数值大小的高性能的电压源，以满足不同电子电路对直流电源的需求。

任务分析

任务要求为对图 2-4-1 所示的直流稳压电路中各个部分的电路都能进行充分理解。整流电路由哪些元器件组成，各个元器件的作用是什么样的，整流的过程是怎么样的，图中从 u_2 到 u_3 的波形图又是怎么来的，滤波电路的作用，稳压电路的组成及作用等。

完成任务/操作步骤

任务准备

一、相关概念的定义

如图 2-4-1 所示，电路将交流转变为稳定直流经历了四个过程，每个过程都有其特定的功能，都牵涉到相关概念的定义。

① 变压：在电工学的术语中，也存在电力变压。电站将发电机输出的低压电经过高压输电网络升高至数十千伏至数百千伏特的高压进行远距离输电。这种电压的高低转换称为变压。

② 整流：在电力电子方面，将交流电变换为直流电称为 AC/DC 变换，这种变换的功率流向是由电源传向负载，称为整流。

③ 滤波电路尽可能减小脉动的直流电压中的交流成分，保留其直流成分，使输出电纹波系数降低，波形变得比较平滑。

④ 在输入电压、负载、环境温度、电路参数等发生变化时仍能保持输出电压恒定的路。这种电路能提供稳定的直流电源，广为各种电子设备所采用。

完成任务

一、变压电路

如图 2-4-2 所示，变压电路主要是由电源变压器组成的。其功能主要是将交流电网电压 u_1 变为合适的交流电压 u_2。

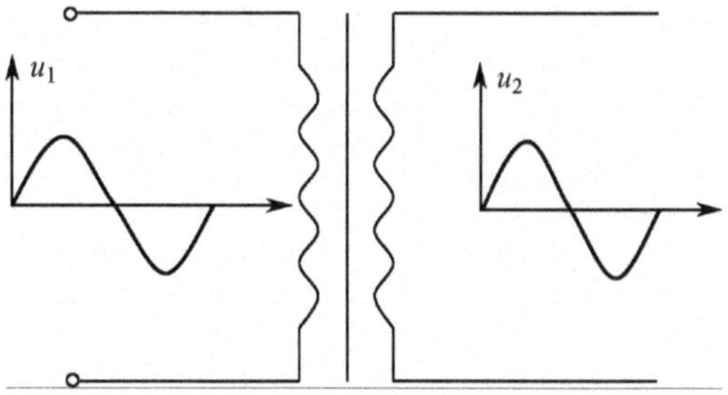

图 2-4-2　变压电路

二、整流电路

图 2-4-3 所示为四个二极管组成的桥式整流电路，其另外的一种表示法如图 2-4-4 所示。

1. 整流电路工作原理

整流电路是利用二极管的单向导电性将正负变化的交流电压变为单向脉动电压的电路。在交流电源的作用下，整流二极管周期性地导通和截止，使负载得到脉动直流电。如图 2-4-3 所示，在电源的正半周，二极管 VD_1、VD_4 导通，VD_2、VD_3 截止，电路中的电流通路为①虚线所示，使得负载上的电流与电压波形形状完全相同；在电源电压的负半周，二极管 VD_1、VD_4 处于反向截止状态，承受电源负半周电压，电路中的电流通路为虚线②所示，负载电压几乎为零。

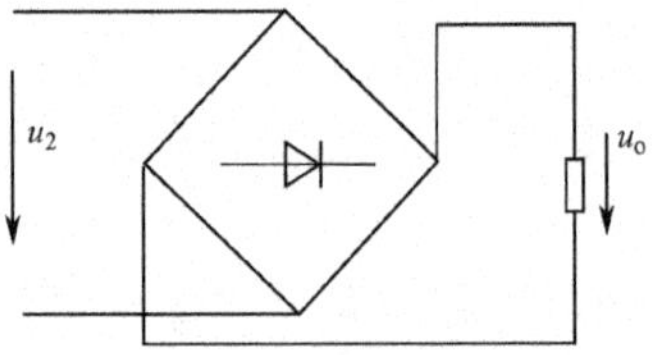

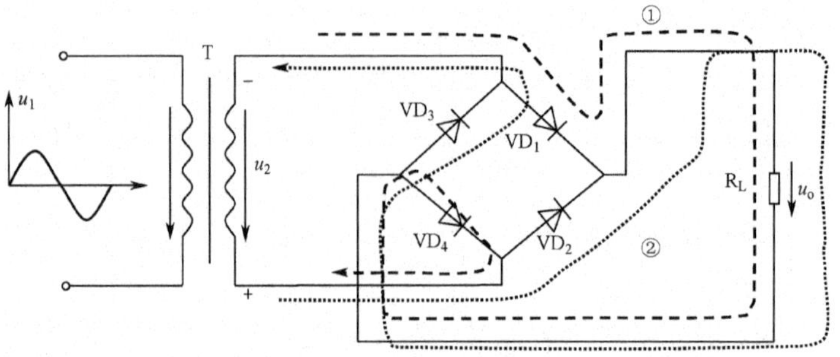

图 2-4-4　桥式整流电路　　　　图 2-4-3　桥式整流电路

2. 整流电路中的数据关系

单相桥式整流电路输出波形及二极管上电压波形如图 2-4-5 所示，由图可以看出，经过单相桥式整流电路后电路的输出波形由原来的交流电压变为单相脉动电压。

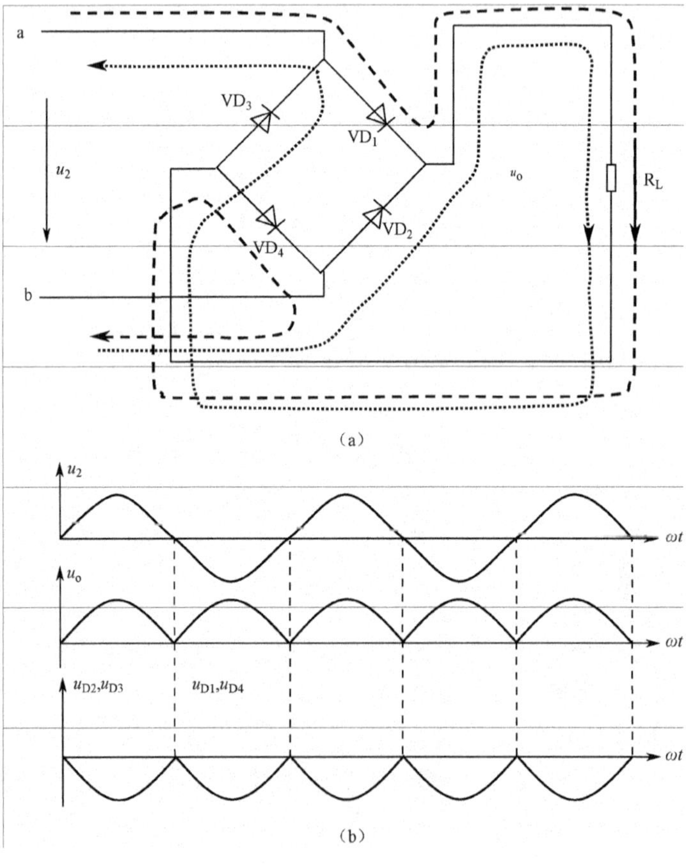

图 2-4-5　单相桥式整流电路输出波形

如图 2-4-5 所示，其中，

整流输出电压平均值为

$$U_o=0.9U_2$$

负载电流平均值

$$I_o=U_o/R_L=0.9U_2/R_L$$

二极管平均电流

$$I_D=I_O\sqrt{2}$$

二极管最大反向电压

$$U_{DRM}=2\sqrt{2}U_2$$

三、滤波电路

滤波电路常用于滤去整流输出电压中的纹波，一般由电抗元器件组成，例如，在负载电阻两端并联电容器 C，或与负载串联电感器 L，以及由电容、电感组成的各种复式滤波电路。滤波是将信号中特定波段频率滤除的操作，是抑制和防止干扰的一项重要措施。以单向桥式整流电容滤波为例进行分析，其电路如图 2-4-6 所示。

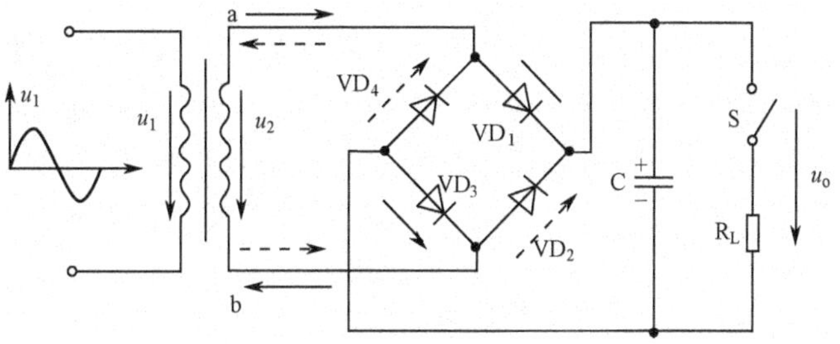

图 2-4-6　桥式整流电容滤波电路

1. 桥式整流电容滤波电路的分析

（1）开关 S 未闭合（负载 R_L 未接入电路）

如图 2-4-7 所示，当负载 R_L 未接入电路时，在忽略整流电路内阻的情况下，电容 C 两端的电压波形为比较标准的脉动波形，和单相桥式整流电路的输出波形一致。

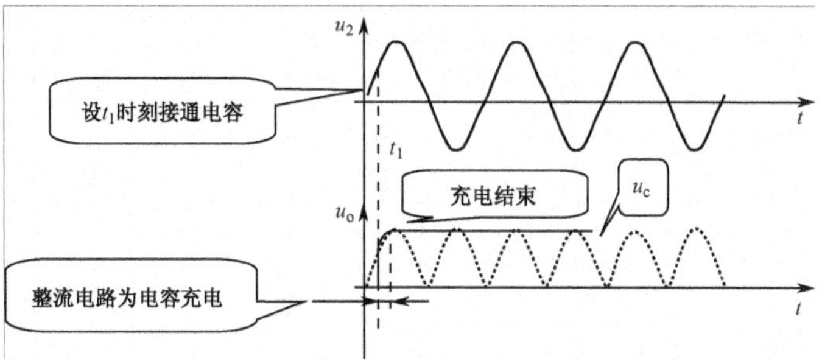

图 2-4-7　R_L 未接入电路时 u_o 的波形

（2）开关 S 闭合（负载 R_L 接入电路）

负载 R_L 接入电路且 R_LC 较大时，u_o 的输出波形如图 2-4-8 中实线所示。其中虚线表示 R_LC 电路不作用时电路的输出波形；实线表示 R_LC 电路起作用后电路的输出波形。

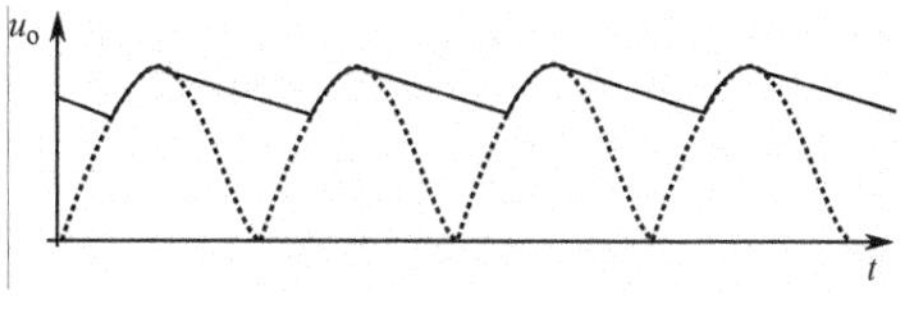

图 2-4-8　R_L 接入电路后 u_o 的波形

2. 电容滤波电路的特点

（1）输出电压平均值 U_o 与时间常数 R_LC 有关 R_LC 越大→电容器放电越慢→U_o（平均值）越大。一般取 $\tau=R_LC\geqslant(3\sim5)T$

T 为电源电压的周期

近似估算

$$U_o=1.2U_2 \qquad I_o=U_o/R_L$$

（2）流过二极管瞬时电流很大

R_LC 越大→U_o 越高→负载电流的平均值越大；整流管导电时间越短→i_D 的峰值电流越大

（3）二极管承受的最高反向电压

$$U_{RM}=\sqrt{2}U_2$$

四、稳压电路

稳压是整个直流稳压电路的最后一道“工序”。为了确保最后能够得到稳定的直流电压，电路中必须要有稳压电路的设计。稳压电路的功能是将经滤波电路滤波后输出的有波纹的直流电压转换成没有波纹的直流电压。稳压电路有多种设计方法，如图 2-4-9 所示为硅稳压二极管稳压电路。

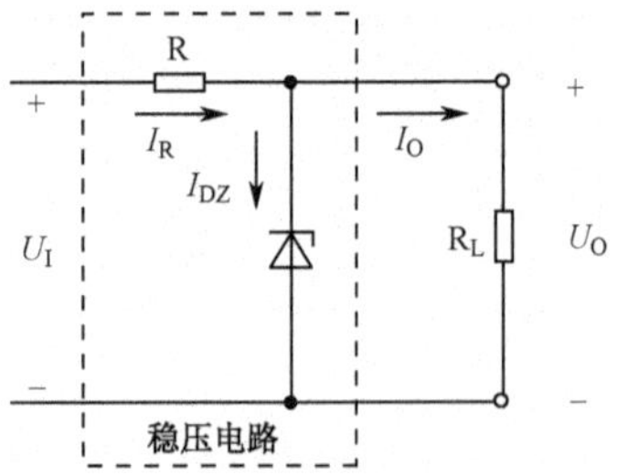

图 2-4-9 硅稳压二极管稳压电路

1. 稳压原理

利用稳压二极管的反向击穿特性。由于反向特性陡直，所以较大的电流变化，只会引起较小的电压变化。

（1）输入电压变化时的稳压过程

由图 2-4-9 可知

$$U_o=U_z=U_I-U_R=U_I-I_RR$$

$$I_R=I_L+I_z$$

输入电压 U_I 的增加，必然引起 U_O 的增加，即 U_Z 增加，从而使 I_Z 增加，I_R 增加，使 U_R 增加，从而使输出电压 U_O 减小。这里 U_O 减小应理解为，由于输入电压 U_I 的增加，在稳压二极管的调节下，使 U_O 的增加没有那么大而已。U_O 还是要增加一点的，这是一个有差调节系统。稳压过程可以概括如下：

$$U_I\uparrow\rightarrow U_O\uparrow\rightarrow U_Z\uparrow\rightarrow I_Z\uparrow\rightarrow I_R\uparrow\rightarrow U_R\uparrow\rightarrow U_O\downarrow$$

（2）负载电流变化时的稳压过程

负载电流 I_L 的增加，必然引起 I_R 的增加，即 U_R 增加，从而使 $U_Z=U_O$ 减小，I_Z 减小。I_Z 的减小必然使 I_R 减小，U_R 减小，从而使输出电压 U_O 增加。

$$I_L\uparrow\rightarrow I_R\uparrow\rightarrow U_R\uparrow\rightarrow U_Z\downarrow\ (U_O\downarrow)\rightarrow I_Z\downarrow\rightarrow I_R\downarrow\rightarrow U_R\downarrow\rightarrow U_O\uparrow$$

2. 稳压电阻的计算

稳压二极管稳压电路的稳压性能与稳压二极管击穿特性的动态电阻有关，与稳压电阻 R 的阻值大小有关。稳压二极管的动态电阻越小，稳压电阻 R 越大，稳压性能越好。稳压二极管在使用时一定要串入限流电阻，不能使它的功耗超过规定值，否则会造成损坏。

将稳压二极管电流的变化转换为电压的变化，从而起到调节作用，同时 R 也是限流电阻。

显然 R 的数值越大，较小 I_Z 的变化就可引起足够大的 U_R 变化，就可达到足够的稳压效果。但 R 的数值越大，就需要较大的输入电压 U_I 值，损耗就要加大。

当输入电压最小\负载电流最大时，流过稳压二极管的电流最小。此时 I_Z 不应小于 I_{Zmin}，由此可计算出稳压电阻的最大值，实际选用的稳压电阻应小于最大值。

$$R_{max}=\frac{U_{Imin}-U_Z}{I_{Zmin}+I_{Lmax}}$$

当输入电压最大\负载电流最小时，流过稳压二极管的电流最大。此时 I_Z 不应超过 I_{Zmax}，由此可计算出稳压电阻的最小值。

$$R_{min}=\frac{U_{Imax}-U_Z}{I_{Zmax}+I_{Lmin}}$$

综上所述，稳压电阻的范围为

$$R_{min}<R<R_{max}$$

五、6～12V 稳压电源的设计与制作

（一）工作原理

图 2-4-10 所示为稳压电源电路，该稳压电源可在 6～12V 范围内调节，额定输出电流为 500mA。当电网交流电压在 220V±10%变化时，输出电压额定度小于 1.5%，当负载电流从 0 升至 500mA 时，稳压电源内阻小于 0.5Ω；当负载电流大于 700mA 时，保护电路动作，自动限制输出电流。

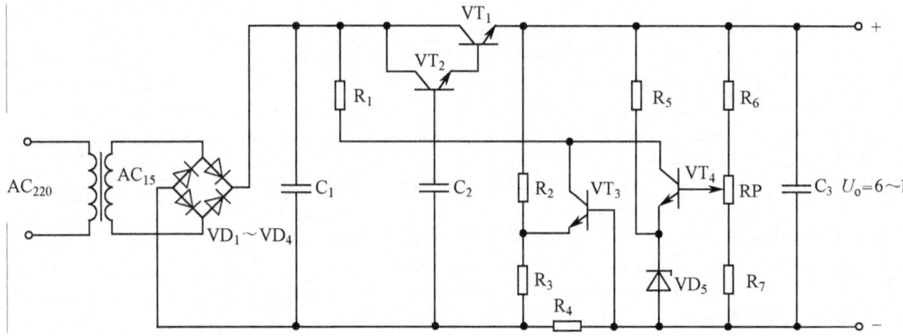

图 2-4-10　稳压电源电路

（二）元器件选择

R_1	电阻	3kΩ
R_2、R_5	电阻	1kΩ×2
R_3	电阻	75Ω
R_4	电阻	5Ω
R_6	电阻	100Ω
R_7	电阻	300Ω
RP	电位器	470Ω

VD_1～VD_4	整流二极管	2CZ53×4
VT_1	三极管	3DD15
VT_2	三极管	3DG12
VT_3、VT_4	三极管	9013×2
C_1、C_3	电解电容器	1000μF/25V×2
C_2	瓷片电容器	0.047μF/63V
VD_5	稳压二极管	2CW11
	电源	AC 220V

（三）制作与调试

1. 稳压电源的制作

根据图 2-4-10 所示的电路，可制作成相应的印制电路板，然后进行单独元器件的焊接；也可直接在带孔的万能板上进行焊接。一般情况下，只要元器件参数选择正确\焊接无误，稳压电源即可在 6～12V 内调节。

2. 稳压电源的调试

调试电路如图 2-4-11 所示。

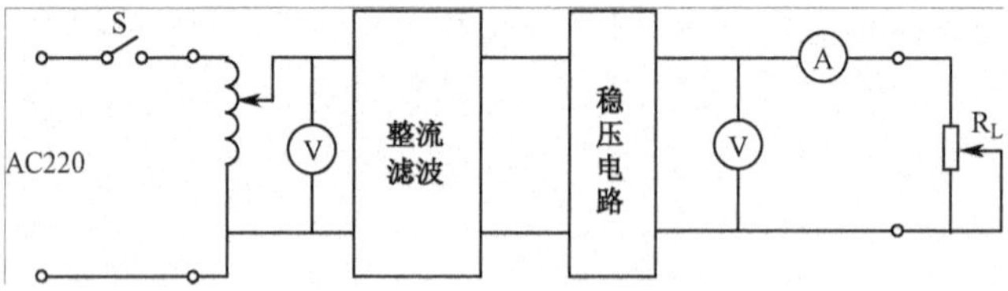

图 2-4-11　稳压电源调试电路

（1）整流滤波环节调试

调试电路如图 2-4-11 所示，断开与稳压部分的连线，单独测试整流滤波电路性能。将自耦变压器自零位逐步升压，若无异常，则可调至 220V 输出，并检查以下两个方面。

① 空载直流输出电压 U_o≈1.414V；U_2=1.414×15V=21V。

② 当负载电流 I_z=500mA 时，应有 U_o≈1.1～1.2V；U_2=17～18V。

常见的故障：二极管有一只开路或者损坏；滤波电容 C_1 开路或者失效，使输出电压下降。

（2）稳压电压空载调试

断开负载 R_L，将稳压部分与整流部分连接，过流保护管 VT_3 也暂时断开（可将 VT_3 发射极断开）。按图 2-4-12 将变压器自零位逐步升压，若空载电流小于 25mA，则可升至 220V，并检查以下两个方面。

① 调节电位器 RP，输出电压应可调且输出电压可以在 6～12V 范围内发生变化；

② 将交流电压增加 10%，调至 242V，此时调整管 VT_1 的管压降 $U_{ce}<\beta U_{ceo}$。

常见的故障：取样分压电位器开路，调整管饱和 U_o 上升，输出不能调压；复合管 VT_2 基极或者发射极开路，调整管 VT_1 截止，U_o=0 或者很小；基准稳压管反接或者开路，输出异常。

（3）稳压电源负载调试

在图 2-4-12 中，将负载 R_L 接入输出端，由大到小调节，并检查以下几个方面。

① 带负载输出功率 $P_o=U_o\times I_L$，U_o 取 10V，I_L 调至 500mA.

② 带负载调压范围 U_o=6～12V。

③ 调整管的安全管耗 $P_{cm}=U_{ce}\times I_L$ 应小于允许值 50W，式中 U_{ce} 取交流升压值 242V，直流 U_o=10V 时的最大管压降；I_L 取最大可能值 700mA。

常见的故障：调压范围过小（取样电阻 R_1 和 R_2 取值不妥，基准值 U_{VD_5} 不正常等引起)；R_1 取值不当，引起输出 U_o 过高或者过低。

（4）调整过电流保护

将已经断开的保护管 VT3 接入电路，在 U_o=10V 和 I_L 大于 500mA 的情况下，观察负载电流是否上升至 600～700mA 后，输出电压 U_o 下降，并且 I_L 不再随 R_L 的下降而增大，则保护电路动作正常，否则应改变保护电路分压电阻 R_2 与 R_3 的比值，或者更换过流检测电阻 R_4 的阻值。

工艺技巧/操作技巧

在分析直流稳压电路中各个单元电路时，必须充分掌握每个单元电路中每个分立元器件的工作原理及其在本电路中的参数、作用和使用条件。

知识链接

一、三端集成稳压器

随着科技的发展、集成电路的普及，越来越多的电路都使用集成块来代替相应的分立元器件，使电路的性能得到很大提升。在直流稳压电路中，在稳压部分也常采用三端集成稳压器来稳压。图 2-4-12 所示为三端集成稳压器。它有三个端子：输入端、输出端和接地端。

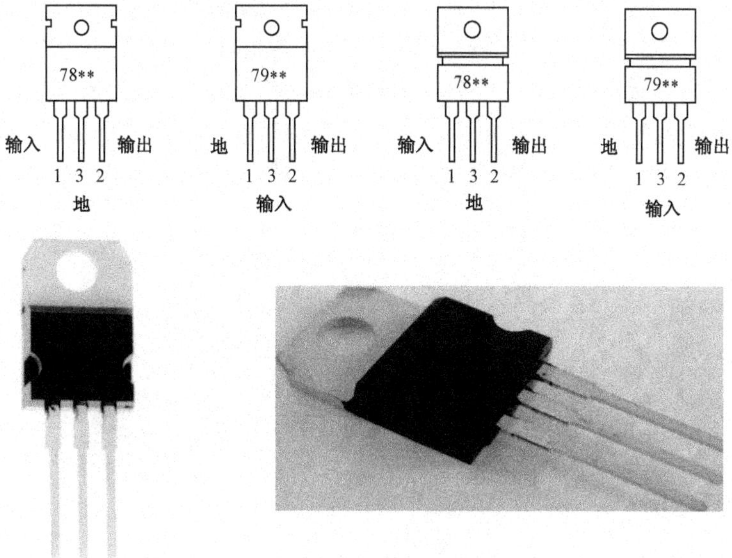

图 2-4-12　三端集成稳压器

1. 常用的三端集成稳压器（见表 2-4-1）

表 2-4-1 三端集成稳压器

W7800 系列——稳定正电压		W7900 系列——稳定负电压	
W7805	输出+5V	W7905	输出-5V
W7809	输出+9V	W7909	输出-9V
W7812	输出+12V	W7912	输出-12V
W7815	输出+15V	W7915	输出-15V

2. 三端集成稳压器典型电路图（见图 2-4-13）

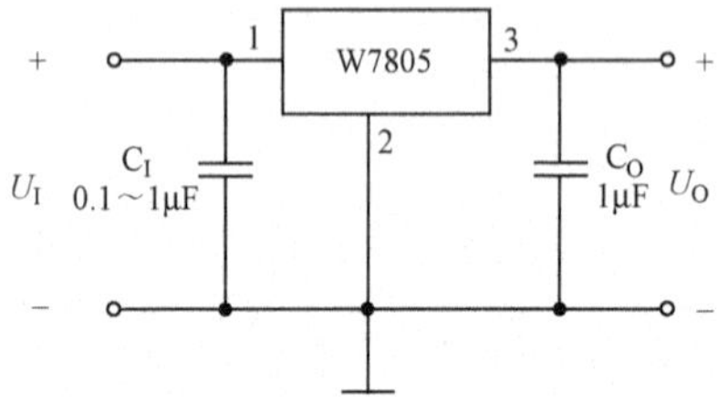

图 2-4-13 三端集成稳压器电路图

任务5 可控硅电路

任务描述

可控硅是可控硅整流元件的简称，是一种具有三个 PN 结的四层结构的大功率半导体器件，也称晶闸管，如图 2-5-1 所示。其具有体积小、结构相对简单、功能强等特点，是比较常用的半导体器件之一。该器件被广泛应用于各种电子设备和电子产品中，多用来作可控整流、逆变、变频、调压、无触点开关等。家用电器中的调光灯、调速风扇、空调机、电视机、电冰箱、洗衣机、照相机、声光电路、无线电遥控、摄像机及工业控制等都大量使用了晶闸管器件。

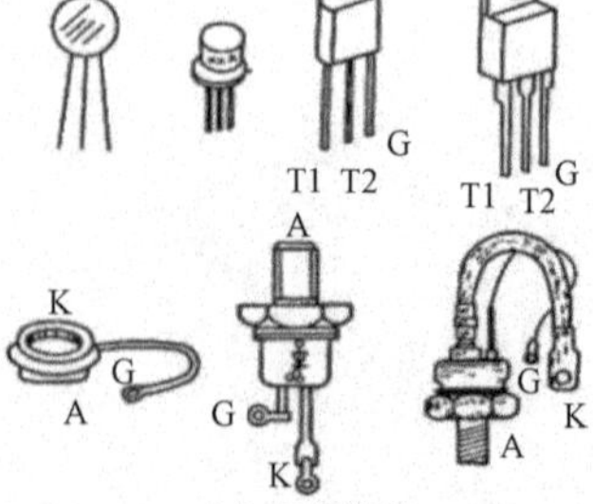

（a）晶闸管外

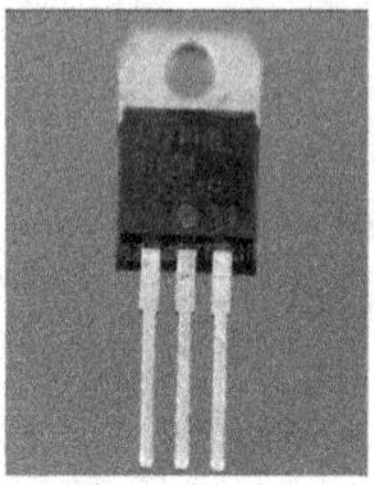

（b）晶闸管实

图 2-5-1 晶闸管

任务分析

深入了解晶闸管的通断特性在电路中的应用。

完成任务/操作步骤

任务准备

晶闸管（Silicon Controlled Rectifier，SCR），自从20世纪50年代问世以来已经发展成了一个大的家族，它的主要成员有单向晶闸管、双向晶闸管、光控晶闸管、逆导晶闸管、可关断晶闸管、快速晶闸管等。

完成任务

一、单向晶闸管及其应用

1. 单向晶闸管的结构

现在使用的是单向晶闸管，也就是常说的普通晶闸管，它是由四层半导体材料组成的，有三个PN结（J_1、J_2、J_3），对外有三个电极如图2-5-2（a）所示：第一层P型半导体引出的电极称为阳极A，第三层P型半导体引出的电极称为控制极G，第四层N型半导体引出的电极称为阴极K。晶闸管的电路符号如图2-5-2（b）所示，由图可以看到，它和二极管一样是一种单方向导电的器件，关键是多了一个控制极G，这就使它具有与二极管完全不同的工作特性。

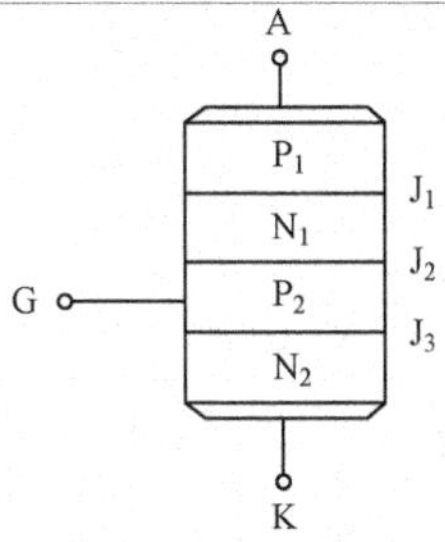

（a）晶闸管结构

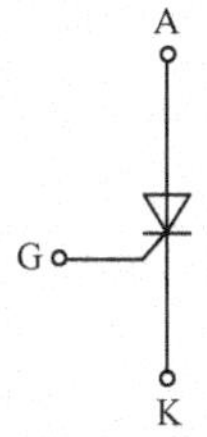

（b）晶闸管符号

图2-5-2　晶闸管结构及符号

2. 单向晶闸管的工作原理

要使晶闸管导通必须满足以下两个条件：一是晶闸管的阳极A与阴极K之间外加正向电压；二是在晶闸管的控制极G与阴极K之间输入一个正向触发电压。晶闸管导通后，即使去掉触发电压，它仍然能够维持导通状态。

晶闸管的特点是“一触即发”。但是，如果阳极或控制极外加的是反向电压，晶闸管就不能导通。控制极的作用是通过外加正向触发脉冲使晶闸管导通，却不能使它关断。那么，用什么方法才能使导通的晶闸管关断呢？使导通的晶闸管关断，可以断开阳极电源或使阳极电流小于维持导通的最小值（称为维持电流 IH）。如果晶闸管阳极和阴极之间外加的是交流电压或脉动直流电压，那么，在电压过零时，晶闸管会自行关断。晶闸管的参数见表 2-5-1。

表 2-5-1　晶闸管的主要参数

主 要 参 数	定　义
额定正向平均电流 IF	在规定的环境温度和散热条件下，允许通过阳极和阴极之间电流的平均值
维持电流 IH	在规定的环境温度和控制极断开的条件下，保持晶闸管处于导通状态所需要的最小正向电流
控制极触发电压 VGT 与电流 IGT	在规定的环境温度及一定的正向电压条件下，使晶闸管到导通控制极所需要的最小电压和电流
正向阻断峰值电压 VPF	控制极断开加正向电压，晶闸管截止的状态称为正向阻断，此时加到晶闸管上的最大正向电压
反向阻断峰值电压 VPR	控制极断开，晶闸管加反向电压的状态，称为反向阻断，此时允许加到晶闸管上的最大反向电压

3. 单向晶闸管的应用

在性能上，晶闸管不仅具有单向导电性，而且还具有比硅整流元件（俗称“死硅”）更为可贵的可控性：它只有导通和关断两种状态。它可以应用在多个场合（如整流、调速、调光等）。

图 2-5-3 所示为单相桥式整流电路，其中 SCR 为晶闸管、T 为变压器、VD_1～VD_4 为整流二极管。图 2-5-4 所示为单相桥式整流电路各个环节的输出电压波形。

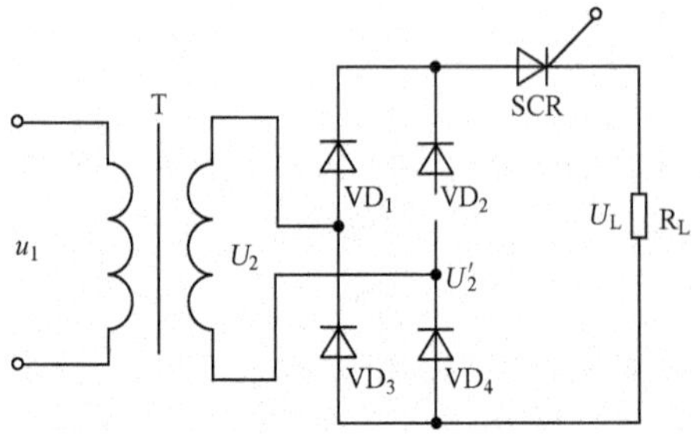

图 2-5-3　单相桥式整流电路

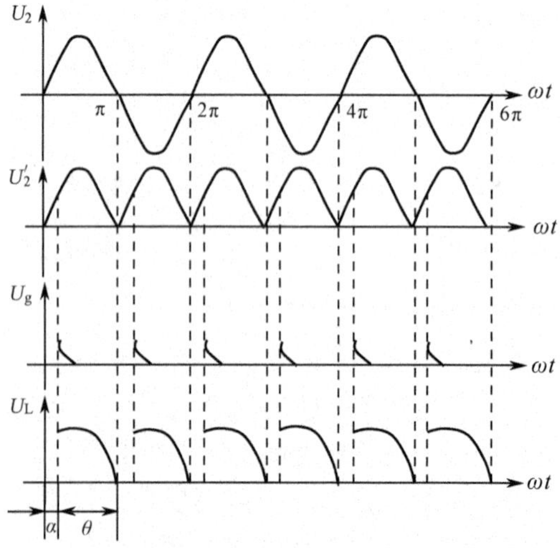

图 2-5-4　单相桥式整流电路输出波形

桥式流输出电压 u'_2 对晶闸管 SCR 来说是正向电压，因此只要合适的触发电压 u_g 到来，SCR 即可导通。如果忽略它的正向压降，则负载电压 u_L 将与 u'_2 对应部分相等。

当 u'_2 经过零值时，晶闸管 SCR 自行关断，在 u'_2 的第二半周中，电路将重现第一个半周的情况。此电路通过调整触发信号出现的时间来改变晶闸管的控制角 α 和导通角 θ，实现控制输出电压平均值的目的。

4. 晶闸管三个极的鉴别

根据 PN 结的原理，只要用万用表测量一下三个极之间的电阻值就可以对其进行鉴别。

阳极与阴极之间的正向和反向电阻在几百千欧以上，阳极和控制极之间的正向和反向电阻在几百千欧以上（它们之间有两个 PN 结，而且方向相反，因此阳极和控制极正反向都不通）。

控制极与阴极之间是一个 PN 结，因此它的正向电阻大约在几欧至几百欧，反向电阻比正向电阻要大。可是控制极二极管特性是不太理想的，反向不是完全呈阻断状态的，可以有比较大的电流通过，因此，有时测得控制极反向电阻比较小，并不能说明控制极特性不好。另外，在测量控制极正反向电阻时，万用表应放在 R×10 挡或 R×1 挡，防止电压过高控制极反向击穿。

若测得元器件阴阳极正反向已短路，或阳极与控制极短路，或控制极与阴极反向短路，或控制极与阴极断路，则说明元器件已损坏。

二、双向晶闸管及其应用

1. 双向可控硅的结构及工作原理

图 2-5-5 所示为双向晶闸管结构原理：双向晶闸管具有两个方向轮流导通、关断的特性。双向晶闸管实质上是两个反并联的单向晶闸管，如图 2-5-5（a）所示，它是由 NPNPN 五层半导体形成四个 PN 结构成的有三个电极的半导体器件。由于主电极的构造是对称的（都从 N 层引出），所以它的电极不像单向晶闸管那样分别称为阳极和阴极，而是把与控制极相近的称为第一电极 T_1，另一个称为第二电极 T_2。双向晶闸管的主要缺点是承受电压上升率的能力较低。这是因为双向晶闸管在一个方向导通结束时，硅片在各层中的载流子还没有来得及回到截止状态的位置，具有一定的延迟性，所以在电路中必须采取相应的保护措施。双向晶闸管元件主要用于交流控制电路，例如，温度控制、灯光控制、防爆交流开关，以及直流电机调速和换向等电路。

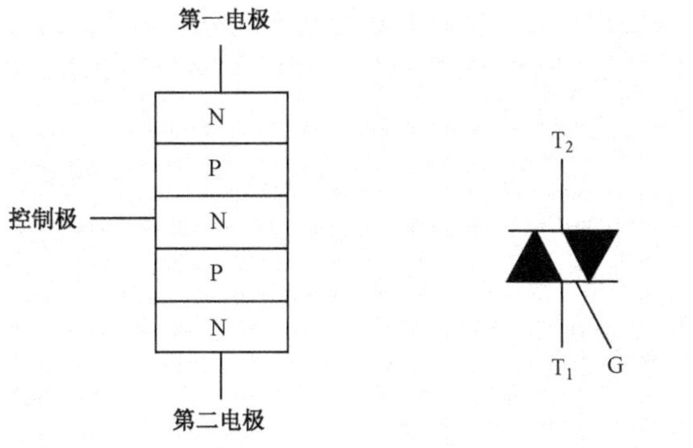

（a）双向的结构　（b）双向的符号

图 2-5-5　双向晶闸管

2. 双向晶闸管在智能型即热式电热膜热水器中的应用

电热水器，特别是即热式电热水器以其安全、出热水快、节水节能、体积小、价格实惠等特点赢得了广大家庭的青睐，已逐渐成为家庭生活新时尚。即热式电热水器可分为电热管和电热膜两种。由于即热式电热水器即开即热的特性决定了其功率容量大的特点，当功率为6kW/220V时，电流可达27.3A，则三路双向晶闸管控制电路平均每一路流过的电流近10A。所以在选择双向晶闸管时，可选择额定正向平均电流为12A的双向晶闸管。

图2-5-6所示为智能型即热式电热膜热水器控制电路部分的电路图。

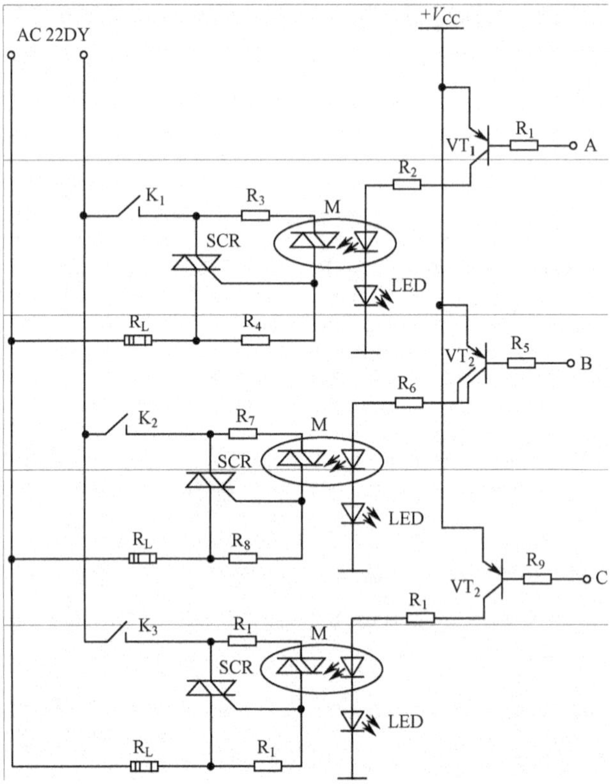

图2-5-6 智能型即热式电热膜热水器控制电路

其中，A、B、C三端分别接智能控制芯片的三个端口。智能芯片通过对A、B、C三端输出控制信号，分别控制2kW电热膜的通断，三路控制电路相同。控制原理如下所述。

当智能芯片向A端输出控制信号“0”时（即向A端输出低电平时），三极管VT_1导通，经MOC3041光耦，自动过零触发SCR_1双向晶闸管导通，从而接通2kW电热膜RL_1的电源对冷水进行加热。其他两路控制电路控制原理相同。用户可根据实际需要使控制芯片接通一路或者两路、三路电热膜以得到不同水温的热水。

控制电路元器件参数选择如下：

R_1、R_5、R_9	电阻	100kΩ×3
R_2、R_6、R_{10}	电阻	20Ω×3
R_3、R_7、R_{11}	电阻	100Ω×3

R_4、R_8、R_{12}	电阻	300Ω×3
SCR_1～SCR_3	双向晶闸管	BCR12AM×3
T_1～T_3	三极管	NPN 管（9014）×3
M	光电耦合器	MOC3041×3
RL_1～RL_3	电热膜	2kW×3
K_1～K_3	继电器保护	
LED_1～LED_3	发光二极管	红色×3
	电源	AC 220V
		V_{CC}（DC5V）

模块三　实训（技师）

实训项目1　ATX开关电源的认识与拆装

ATX 开关电源实物图如图 3-1-1 所示。

图 3-1-1　ATX 开关电源实物图

任务描述

通过对计算机的开关电源(可采用淘汰的机型)的拆装，了解 ATX 开关电源的组成及结构，了解其工作原理，提高钎焊焊接能力与拆焊能力，并能熟练运用各种测量仪器对电子元器件进行测量，养成良好的 5S 能力。

学习目标

1. 知识目标：ATX 开关电源的工作原理。

2. 技能目标：熟悉用热风枪及吸锡器等方法进行拆焊、常用测量工具的使用、信息资料的收集等。

3. 素养目标：自学能力；团队协作能力；5S 现场管理。

任务分析

1. ATX 开关电源电路工作原理分析。
2. 拆焊印制电路板。
3. 元器件的检测。
4. 元器件的焊接与总装。
5. 评估、扩展。

完成任务/操作步骤

任务准备

一、ATX 开关电源电路工作原理分析

1. 交流输入回路

交流输入回路包括输入保护电路和抗干扰电路等。输入保护电路指交流输入回路中的过流、过压保护及限流电路。抗干扰电路有两方面的作用：一是计算机电源对通过电网进入的干扰信号的抑制能力；二是开关电源的振荡高次谐波进入电网对其他设备及显示器的干扰和对计算机本身的干扰。通常要求计算机对通过电网进入的干扰信号抑制能力要强，通过电网对其他计算机等设备的干扰要小。

2. 整流滤波电路

整流滤波电路包括整流和滤波两部分，将交流电源进行整流滤波，为推挽开关电路提供纹波较小的直流电压。

3. 辅助电源

辅助电源本身也是一个完整的开关电源。只要 ATX 电源一上电，辅助电源便开始工作，输出的两路电压，一路为+5VSB 电源，该输出连接到 ATX 主板的“电源监控部件”，作为它的工作电压，使操作系统可以直接对电源进行管理。通过此功能，可实现远程开机，完成计算机唤醒功能；另一路输出电压为保护电路、控制电路等电路供电。

4. 推挽开关电路

推挽开关电路是 ATX 开关电源的主要部分，它把直流电压变换成高频交流电压，并且起着将输出部分与输入电网隔离的作用。推挽开关管是该部分电路的核心元器件，受脉宽调制电路输送的信号作激励驱动信号，当脉宽调制电路因保护电路动作或因本身故障不工作时，推挽开关管因基级无驱动脉冲故不工作，电路处于关闭状态，这种工作方式称他为激工作方式。

5. PWM 脉宽调制电路

PWM（Pulse Width Modulation）脉宽调制电路，其功能是检测输出直流电压，与基准电压比较，进行放大，控制振荡器的脉冲宽度，从而控制推挽开关电路以保持输出电压的稳定，主要由 TL494 及周围元器件组成。

6. PS-ON 控制电路

ATX 电源最主要的特点就是不采用传统的市电开关来控制电源是否工作，而是采用“+5VSB、PS-ON”的组合来实现电源的开启和关闭，只要控制 PS-ON 信号电平的变化，就能控制电源的开启和关闭。电源中的 PS-ON 控制电路接受 PS-ON 信号的控制，当 PS-ON 小于 1V 时开启电源，大于 4.5V 时关闭电源。主机箱面上的触发按钮开关（非锁定开关）控制主板的“电源监控部件”的输出状态，同时也可用程序来控制“电源监控件”的输出，如在 Win9X 平台下，发出关机指令，使 PS-ON 变为+5V，ATX 电源就自动关闭。

7. 保护电路

为了保证安全工作，ATX 电源中设置了各种各样的保护电路，当开关电源发生过电压、

过电流故障时，保护电路启动，开关电源停止工作以保护负载和电源本身。

8. 输出电路

输入整流滤波电路将交流电源进行整流滤波，为主变换电路提供纹波较小的直流电压。接插到主板上的排线包含了电源输出的各路电压及控制信号，ATX 电源输出排线各脚定义见表 3-1-1

表 3-1-1 ATX 电源输出排线各脚定义

橘 黄	黑 色	红 色	灰 色	紫 色	黄 色
+3.2V 电源	地线	+5V	Power OK 电源正常工作	+5V Stand by 电源，供电源启动电路用	+12V 电源

9. PW-OK 信号的形成

PW-OK 信号（在 AT 电源中及部分电源板上称为 P.G 信号）为计算机开机自检启动信号，为了防止开机时各路输出电路时序不定，CPU 或各部件未进入初始化状态造成工作错误及突然停电时，硬盘磁头来不及移至着陆区造成盘片划伤，计算机电源中均设置了 PW-OK 信号。

10. ＋3.3V 电压二次稳压电路

输出到主板上的+3.3V 电压一般为 CPU 等配件供电，因此，ATX 电源在总体自动控制稳压的基础上，在 T1 的次级+3.3V 电压的输出负载网络增设了二次自动稳压控制电路，以使+3.3V 输出电压更精确稳定。

综上所述，接通电源后，220V 交流电压经整流滤波电路，输出＋300V 直流高压。此电压同时加到推挽开关电路和辅助电源上，因推挽开关电路的开关功率管没有激励脉冲而处于待机状态。辅助电源一经得到工作电压便开始工作，送出脉宽调制电路、PS-ON 控制电路、保护电路的工作电压，以及主板的+5VSB 待机电压，但因此时没有得到 PS-ON 主机的控制信号，PS-ON 控制电路输出高电平锁住 PWM 脉宽调制电路使其不起振，此时电源处于待机状态。按下面板的开机触发开关，PS-ON 控制电路得到控制信号，解除对脉宽调制电路的锁定，PWM 电路开始工作，输出受控的脉宽可变的交流脉冲推动推挽开关电路中的推挽功率管，并时刻根据输出电压的脉动来调整脉冲宽度，以保证输出电压的稳定。推挽开关电路中，推挽功率管依次开关，产生的脉动交变电压被开关变压器感应到副级，经输出电路整流滤波，形成主机所需各路电压。保护电路则监视各路输出电压，当发生过压、欠压故障时及时启动，使 PWM 电路停止工作，以保证电路及主机的安全。

ATX 电源一般不设市电开关，而采用 TL494 脉宽控制芯片和 LM339 比较放大器作为其控制的核心。其特点是，引用 TL494 第 4 脚的死区控制功能，当辅助电源工作时，一路输出+5V 到主板，另一路输出+12V 供给 TL494 电源，经过该芯片内部稳压电路，由 14 脚输出+5V，并和 13、15 脚相接，再经分压电路到 LM339 电压比较器的反向端，其反向端电压约为 4.5V。当 PS-ON 为+5V 时，LM339 输出为高电平 5V，TL494 的 8、11 脚无输出脉冲，主变换电路截止，电源处于休眠状态。当 PS-ON 为 0V 时，输出为 0V，TL494 的 8、11 脚有输出脉冲，主变换电路开始工作。因此，我们不仅可以手动按下主机上的触发按钮开关使 PS-ON 为低电平启动电源，还可以通过程序或键盘等其他方式使 PS-ON 为低电平启动电源，从而使 ATX 电源具有远程控制功能。LW2005 型 ATX 开关电源电路图如图 3-1-2 所示。

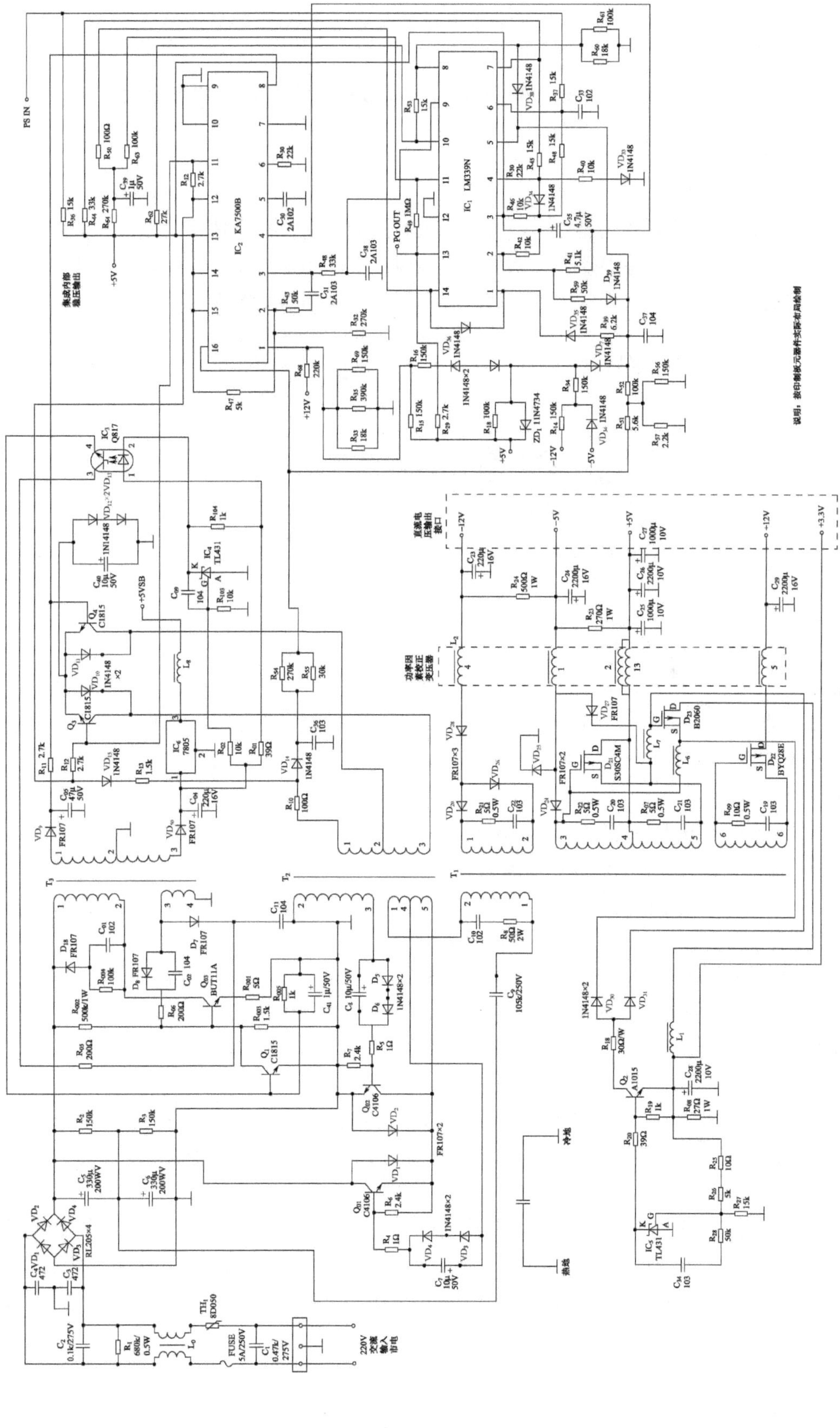

图3-1-2　LWT2005型ATX开关电源电路图

完成任务

二、用吸锡器、吸锡铜网、热风枪等工具对印制电路板进行拆焊

使用方法如下所述。

1. 吸锡器的使用

用吸锡器与电烙铁拆卸元器件时，首先把汽筒内的活塞杆按下使弹簧压紧，再将吸锡电烙铁头置于焊点上加热，待焊点完全熔化后，快速按下控制开关使弹簧杆突然弹开，靠腔内负压将焊点处的锡水吸入储锡盒内，以达到吸锡目的。吸锡器如图 3-1-3 所示。

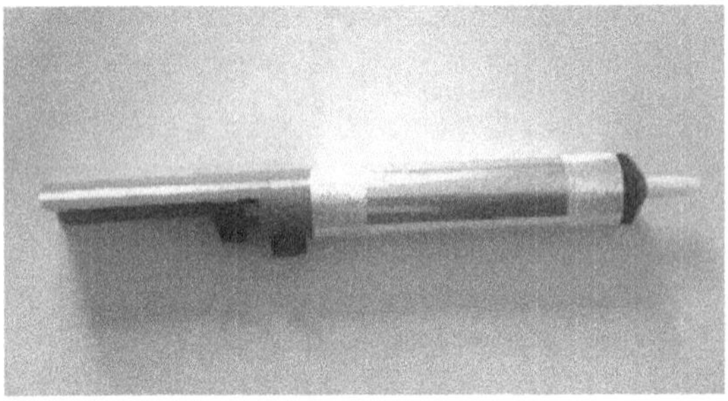

图 3-1-3 吸锡器

2. 用铜编织线进行拆焊

将铜编织线吃上松香焊剂，然后放在要拆焊的焊点上，再把电烙铁放在铜编织线上加热焊点。等焊点上焊锡熔化后，铜编织线就会对焊锡进行吸附，重复以上工作，直到全部吸完为止。当铜编织线吸满焊料后，剪去不再用。如没有铜编织线可用音频线或多股导线。

3. 热风枪的使用及注意事项

① 插入电源打开电源开关。调节温度选钮在 3～4 挡（350° 左右）使发热丝预热；调节风速选钮在 1～2。刚打开电源时，先调大热量，调小风量，等热量达到时再开大风量使用。在吹焊较小元器件时，调好热量和风量，枪口距报纸或其他纸张 2cm 左右，吹 3s 左右纸发黄为温度适当，不发黄是温度低，发黑是温度高。

② 吹焊贴片元器件时，先涂上松香或松香水，一般左手拿风枪，右手拿镊子，慢慢的加热元件的周围，枪口距元件 2cm 左右旋转吹焊，目的有两个：一是松香渗透到贴片元器件下面加速锡的熔化；二是印制电路板和贴片元器件受热均匀，防止印制电路板起泡和贴片元器件损坏。

③ 吹焊小元器件时，调小热量和风量；吹较大元器件或芯片时，适当调大热量和风量（也可调整枪口和元器件的距离来改变热量和风量）。吹焊时枪口不要停在一个地方以防止温度过高损坏元器件。

④ 吹焊带胶芯片时，先吹下芯片周围小元器件按顺序放好，手术刀除去芯片上面和周围的胶，放上松香，适当调大热量和风量旋转吹焊芯片边沿部分，等芯片冒烟过后（松香烟），芯片下面的胶已经开始发软（锡已熔化），用镊子轻压芯片的四角，可以看到有熔化的锡珠被挤压流出，这时可用两种方法取下芯片：

a. 手术刀尖向上斜从芯片的一个角慢慢插入，不停地吹焊，缓慢地用刀尖向上挑下芯片。

b. 镊子夹住芯片上面对称的两边，试图左右旋转，开始的时候可能芯片不动，继续吹焊继续旋转，就会看见芯片左右活动越来越大直到芯片脱离主板。

吹下芯片后，滴上松香水，加热主板和芯片上的余胶，慢慢用刀片或烙铁拉吸锡线除去余胶。热风枪如图 3-1-4 所示。

图 3-1-4　热风枪

三、操作步骤

对所有元器件用相机拍照，记录详细位置及位号，如图 3-1-5 所示。

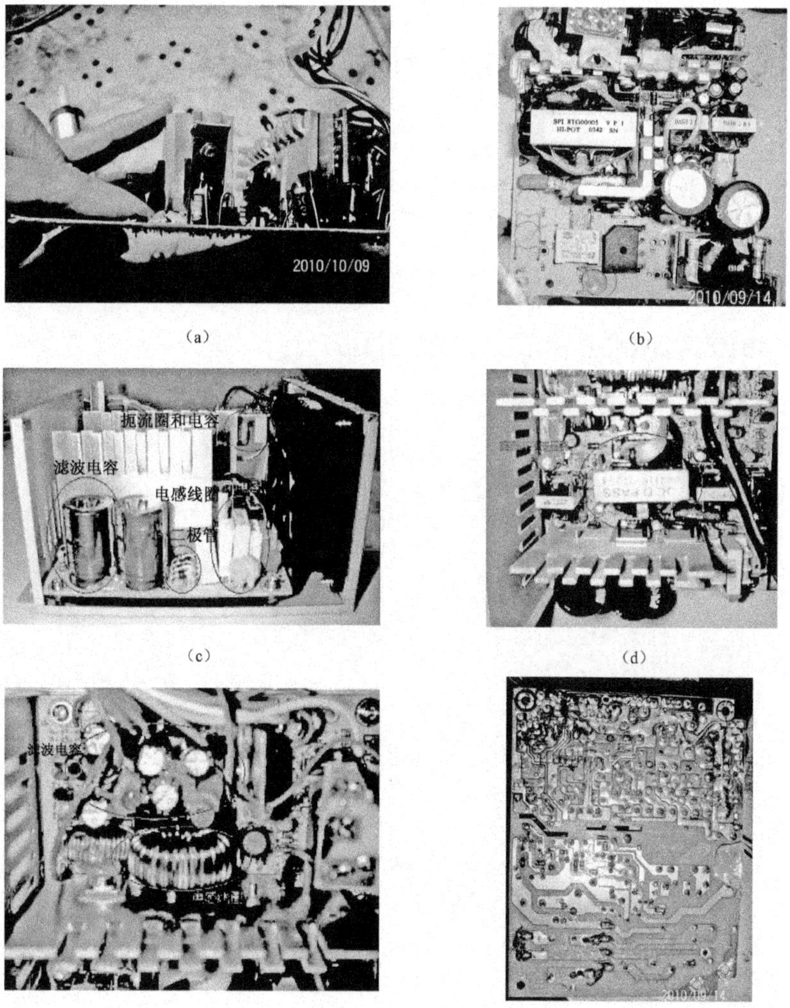

（a）　（b）　（c）　（d）　（e）　（f）

图 3-1-5　ATX 电源的内部元器件图与印制电路板图

四、用万用表、数字电桥、晶体管测试仪、集成电路测试仪等工具测量所用不同方法拆下来的元器件，并记录测量结果

记录表格见表 3-1-2。

表 3-1-2　记录表格

序　号	元 件 位 号	元 件 名 称	测 量 仪 器	测 量 数 据

五、对所拆下的元器件按照原来的位置再进行焊接安装，再对整机进行总装

知识链接

晶体管测试仪的使用

（一）DF4810 晶体管特性图示仪（见图 3-1-6）

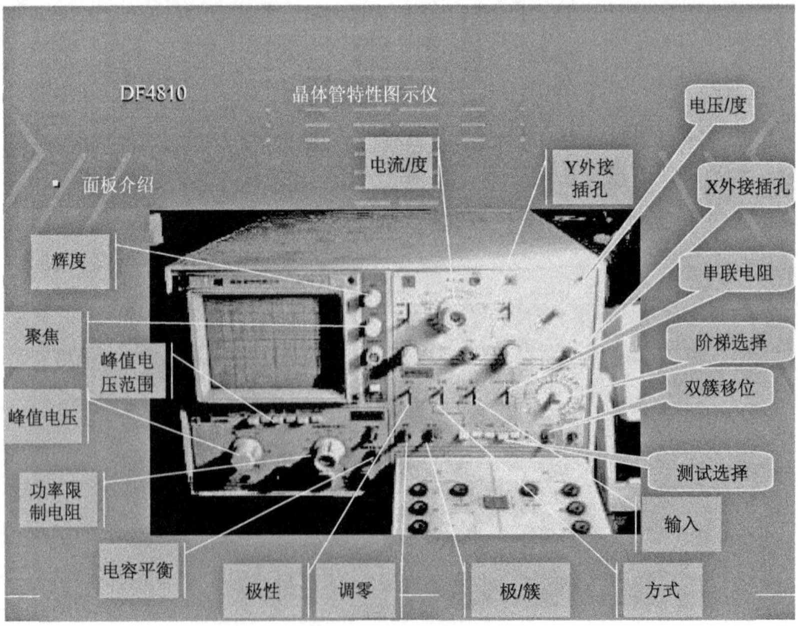

图 3-1-6　DF4810 晶体管特性图示仪

（二）面板功能的介绍与使用

① Y轴作用：电流/度开关是一种具有 22 挡，四种偏转作用的开关。集电极电流 I_c、二极管漏电流、基极电流、外接输入。

② X轴作用：电压/度开关，同样是一种具有 22 档，四种偏转作用的开关。集电极电压、基极电压 u_{be}、基极电流或基极源电压、外接输入。

③ 峰值电压范围：通过自耦变压器调节和集电极电源变压器、高压变压器次级各组电压整流后分出 0～10V、0～50V、0～100V、0～500V、0～5kV、0～500V（AC）六挡。观察晶体管的特性时，必须先将峰值电压调到 0 值，再按需要调节输出电压，以避免损坏被测晶体管。0～500V（AC）挡的设置专为二极管或其他测试提供双向扫描，能方便地同时显示二极管的正反向特性曲线。0～5kV 挡，可对二极管 0～5kV 内进行反向耐压测试。

④ 峰值电压：通过调节峰值电压，可以使输出电压的峰值在 0～5V、0～50V、0～100V、0～500V、0～5kV 之间变化。面板上的标称值只作近似值所用，精确的读数应由 X 轴偏转灵敏度读测。

⑤ 极性开关：可以转换集电极电压的正、负极性，以便 NPN、PNP 型晶体管测试。

⑥ 功耗限制电阻：它串接在被测管的集电极电路上限制超过功耗，也可作为被测半导体管集电极的负载电阻，通过图示仪的特性曲线的斜率，可选择合适的负载电阻阻值。

⑦ 电容平衡：针对集电极电流输出端对地的各种杂散电容的存在，将形成电容性电流，因而在取样电阻上产生电压降，造成测量误差。可通过此调节，使用容性电流减至最小状态。

⑧ 阶梯信号：级/簇开关可用来调节阶梯信号的级数，在 1～10 级内连续可调；极性取决于被测半导体器件需要；调零未测试前，应先调整阶梯信号起始级零电位的位置。当荧光屏上已显示基极阶梯信号后，将方式开关置于“零电压”，观察光点停留在荧光屏上的位置，复位后调节“调零”电位器，使阶梯信号的起始级光点仍在该处，这样阶梯信号的“零电位”即被准确校准。

⑨ 阶梯选择开关：共 22 挡，其中基极电流有 17 挡。其作用是，通过改变开关的不同挡级的电阻值，使基极电流按 0.5～100mA/级各挡级内的电流通过被测晶体管。其中基极电压源 5 挡其作用是通过不同反馈电压相应输出 0.05～1V/级的电压。

⑩ 重复、关、单次：使阶梯信号重复出现，作正常测试。“关”的位置是阶梯信号处于待触发状态。“单次”的按动是使预先调整好的电压（电流）/级，一出现一次阶梯信号就回到等待触发位置。可利用它的瞬间作用特性来观察被测管的各种极限特性。

⑪ 串联电阻：当阶梯选择开关置电压/级位置时，串联电阻将串联接在被测管的输入电路中。

⑫ 测试选择开关：可任意测试左、右两个被测管的各种特性。当置“双簇”时即通过电子开关自动交替显示双簇特性曲线。当为异型晶体管时，左为 PNP，右为 NPN 测试。双簇测试时阶梯电流以 10～50mA/级为宜。

（三）测试方法

① NPN 型晶体管的特性曲线测试见表 3-1-3。

② NPN 型晶体管的 HFE 测试见表 3-1-4。

表 3-1-3　NPN 型晶体管的特性曲线测试

峰值电压范围	0～10V
极性	正（+）
功耗电阻	250 Ω
X 轴集电极电压	0.5V/度
Y 轴集电极电流	1mA/度
阶梯信号	重复
极性	正（+）
阶梯选择	20μA/级

表 3-1-4　NPN 型晶体管的 HFE 测试

峰值电压范围	0～10V
极性	正（+）
功耗电阻	250 Ω
X 轴基极电流	阶梯
Y 轴集电极电流	1mA/度
阶梯信号	重复
极性	正（+）
阶梯选择	20μA/级

③ 硅整流二极管 1N4007 的特性曲线测试见表 3-1-5。

表 3-1-5　硅整流二极管 1N4007 的特性曲线测试

峰值电压范围	0～10V
极性	正（+）
功耗电阻	250Ω
X 轴集电极电压	0.1V/度
Y 轴集电极电流	10mA/度

思考与训练

针对计算机的 ATX 开关电源，其工作原理大致相同，采用信息收集相关的资料绘制工作原理图。

实训项目2　足球小音箱电路的设计与制作

音箱功放实物图如图 3-2-1 所示。

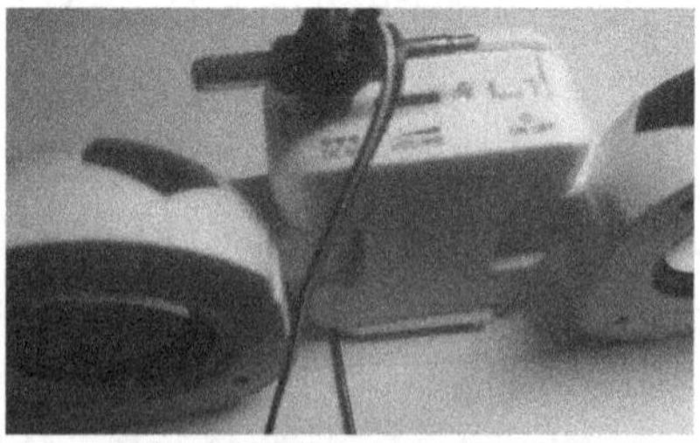

图 3-2-1　音箱功放实物图

任务描述

通过对足球小音箱的制作，加深对功放电路工作原理的了解与熟悉，了解电子产品的生产、设计的工作过程，同时会使用电子软件进行设计开发。

学习目标

1. 知识目标：音箱功放电路的工作原理。

2. 技能目标：熟悉用 Protel 电子软件进行电路设计、电子产品的组装技术、信息资料的收集等。

3. 素养目标：自学能力；团队协作能力；5S 现场管理。

任务分析

1. 音箱功放电路工作原理分析。
2. 用 Protel 电子软件进行电路设计。
3. 元器件的检测。
4. 元器件的焊接与总装、调试与维修。
5. 评估、扩展。

完成任务/操作步骤

任务准备

一、ZX2039 型多功能防盗报警器电路原理分析

1. TDA2822M 集成电路

TDA2822M 集成电路具有静态电流小、交叉失真小等特点，可组成双声道 BTL 电路。适用于便携式、微小型收录机、计算机音响中作功率放大。

TDA2822M 集成块的内电路方框如图 3-2-2 所示。

2. TDA2822 典型应用电路

TDA2822 与 TDA2822M 集成块的典型应用电路基本相同，如图 3-2-3 所示。

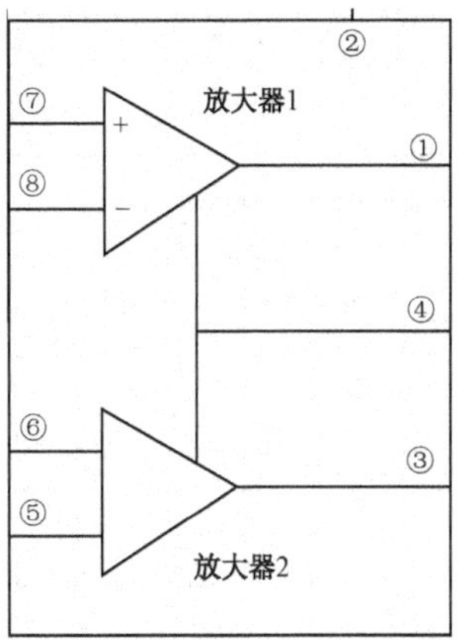

图 3-2-2　TDA2822M 集成块的内电路方框

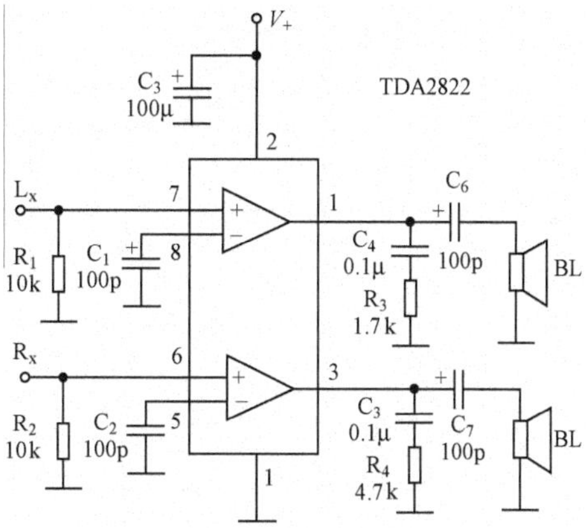

图 3-2-3　TDA2822 集成块电路图

3. TDA2822 主要参数见表 3-2-2

表 3-2-2　TDA2822 主要参数

引　脚	功　能	电压/V	在路电阻/kΩ		开路电阻/kΩ	
			红笔测量 黑笔接地	黑笔测量 红笔接地	红笔测量 黑笔接地	黑笔测量 红笔接地
①	功放电路 1 信号输出端	2.6	1.15	6.5	28	5.2
②	电源电压输入端	3.4	1	1.65	7	5
③	功放电路 2 信号输出端	2.3	1.15	6.5	28	5.2
④	接地线	0	0	0	0	0
⑤	功放电路 2 负反馈端	0.45	1.45	80	120	6.2
⑥	功率电路 2 信号输入端	0	1.5	19	∞	6.5
⑦	功放电路 1 信号输入端	0	1.5	19	∞	6.5
⑧	功放电路 1 负反馈端	0.45	1.45	80	120	6.2

4. 信号流程

信号从 TDA2822M 的⑥、⑦脚进入 IC 内，经功率放大后从①、③脚输出，去推动扬声器或耳机发声。在这部分电路中，C_5，R_6 与 R_3，C_3 组成了左、右声道功放电路的“茹贝尔”网络。

5. 故障检修提示

如果故障属左、右声道均无声，且检查 TDA2822M②脚与地间的供电均无问题的话，则故障多为 TDA2822M 本身损坏引起的。

完成任务

二、完成采用 Protel99 软件进行电路设计工作任务

① 采用 Protel99 软件进行电路 sch 原理图设计，工作原理如图 3-3-4 所示。

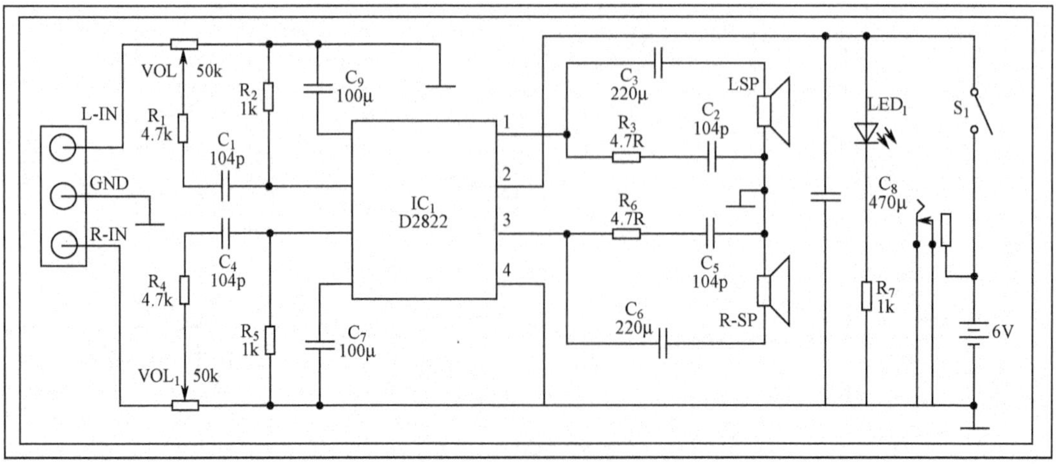

图 3-2-4　工作原理图

② 采用 Protel99 软件进行 PCB 电路设计，如图 3-2-5 所示。

③ 采用 Protel99 软件进行丝印层设计，如图 3-2-6 所示。

图 3-2-5　PCB 图

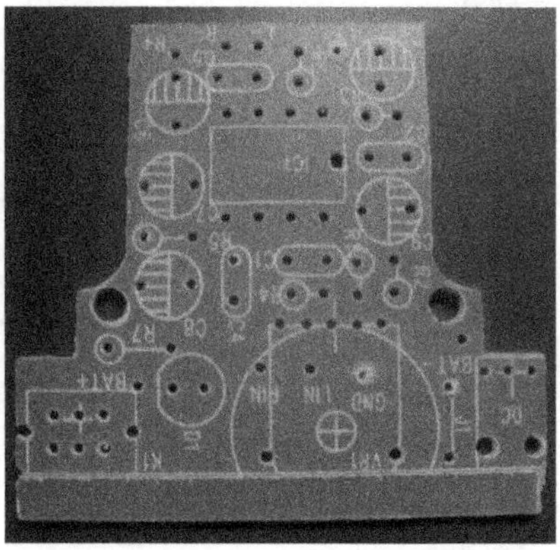

图 3-2-6　丝印层图

三、完成组装焊接及装配任务

1. 准备工作

对电路元器件进行焊接前应检查，并对印制电路板及所有相关器件进行检查，并记录于表 3-2-3 中。

表 3-2-3　元器件清单表

元器件清单						
序　号	名　称	型号规格	位　号	数　量	检测数据	质　量
1						
2						
3						
4						
5						
6						
7						
8						
9						
10						
11						

2. 焊接

元器件的装插焊接应遵循先小后大、先轻后重、先低后高、先里后外的原则，这样有利于装配顺利进行。

3. 总装、调试

在印制电路板元器件焊接完成任务后，另外要焊接好电池引线及音频信号输入线，还要对扬声器进行固定，可用热熔胶固定。由于此功放电路小巧、输出功率较大，因此发热较大，功放集成电路 TDA4822 很容易烧坏。所以最好采用集成引脚座，还要考虑加装散热片等因素进行散热。

此功放电路采用无源音箱，需要外接直流电源 DC6V，或是采用 4 粒 7 号 1.5V 电池供电。此电路采用功放集成电路 TDA4822，无外接可调器件，只需外加音频信号。音频信号可取自计算机的音频软件输出。记录测量数据于表 3-2-4 中。

表 3-2-4　测量数据

引脚序号	对地电压	红表笔对地测量电阻	黑表笔对地测量电阻
1			
2			
3			
4			
5			
6			
7			
8			

知识链接

功放后级电路的分类（OTL，OCL，BTL）特点介绍

功放前级关心的是增益，后级关心的则是带负载能力。通常的扬声器阻抗都是 8Ω，若要产生 10W 的输出，后级的电流输出能力就必须大于 1A。就这一点，集成运算放大器就不能胜任，所以必须加接电流放大级。这些电流放大级的电压增益甚至不到 1，一般都是使用射级跟随器。功放后级的输出方式有变压器输出、OTL（Output TransformerLess，无输出变压器）、OCL（Output Capacitor Less，无输出电容）、BTL（Bridged Transformer Less）桥式，等几种。变压器输出一般用于电子管后级很少用于晶体管电路，后三种在晶体管和集成电路后级中广泛采用，如表 3-2-6 所示。

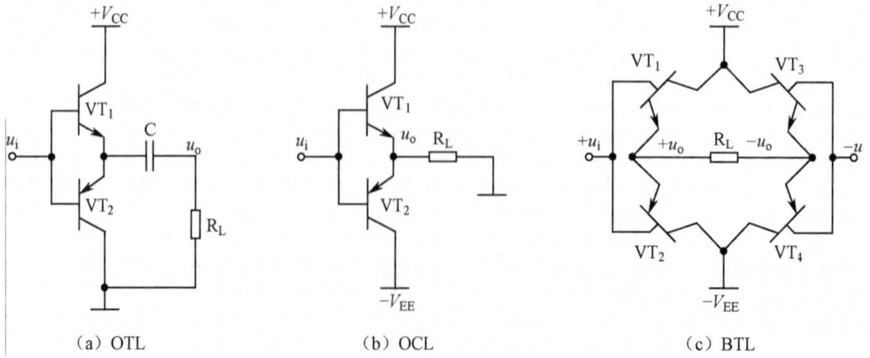

图 3-2-7　OTL、OCL、BTL 输出方式

OTL 电路采用单电源即可工作，所以在便携式功放中很常用，如果不加输出电容，则稳态时输出电压为 $0.5V_{cc}$，所以输出电容不可省去。但是输出电容也影响了电路的低频响应。为了提高低频响应，OCL 电路使用对称双电源供电，使稳态输出为 0V，省去输出电容。这时，加在负载上的最大电压为 V_{cc}。这样电源电压利用率偏低，因为整个电源电压为 $2V_{cc}$。提高利用率的方式是使用 BTL 电路，负载接在电桥中，两端的最大电压可达 $2V_{cc}$，相同供电电压下输出功率是 OCL 的 4 倍，但是元器件数量翻倍。图 3-2-8 所示为 BTL 电路的原理。每次都是电桥对侧桥臂上的管子同时导通和截止。由于负载中点电压始终在 0V，我们可以把 BTL 电路看成两个等效负载为 $0.5R_L$ 的 OCL 电路。

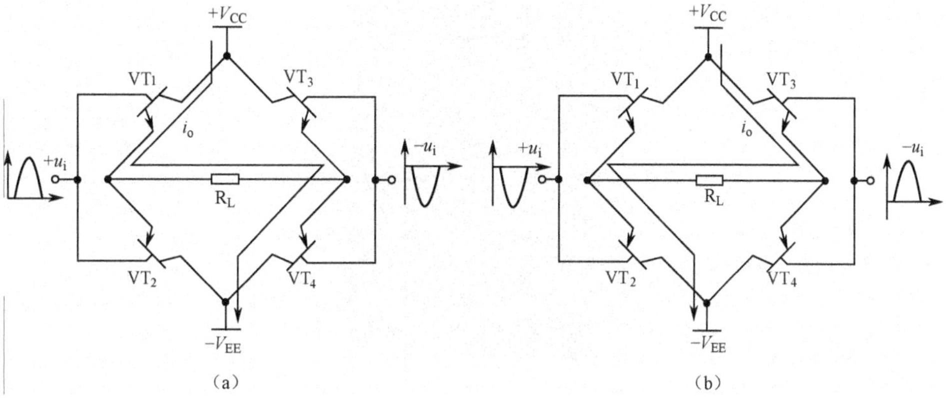

图 3-2-8　BTL 电路原理

现在一般不会用分立元器件组装 BTL 后级，因为与其消耗多 1 倍的元器件搭建电路，不如把电源电压提高 1 倍来提高输出功率成本低廉。但是，集成电路工艺限制了集成功放芯片供电电压的提升。LM4780 的极限工作电压为±42V，通常工作在±35V，这时的输出功率在 50W（8Ω 负载）。要想获得 100W 以上的输出功率，只有考虑 BTL 电路了。现在的便携式设备如果有扬声器，也偏向于使用 BTL，因为电池电压低，要提高功率，使用 BTL 是上策，因为在集成电路里多做一个放大器成本也增加不了多少。用集成放大器实现 BTL 的方法有如图 3-2-9 所示的两种。

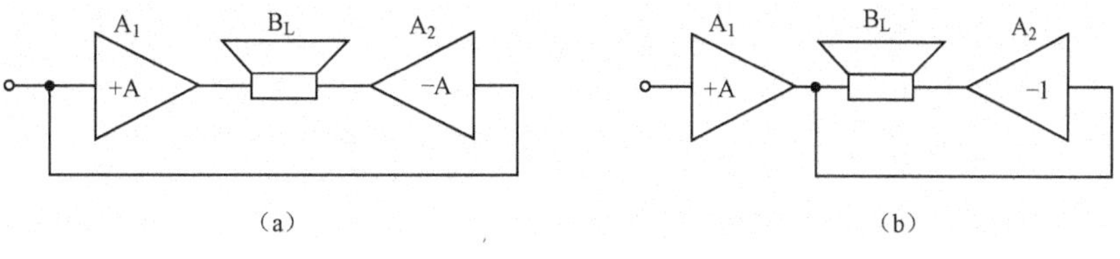

图 3-2-9　用集成放大器实现 BTL 的方法

图 3-2-9（a）是比较直接的想法，两个增益互为相反数的功放推动一个负载。但是这样做有一个缺点，我们知道功放接成反相放大器（A_2）时输入阻抗很低，这就会对电子管前级造成比较重的负载从而引起失真，如果前级是功放就没有问题。因而我们用图 3-2-9（b）所示电路，A_1 在放大的同时起到缓冲的作用，另外用一个增益为−1 的缓冲器产生一个反相输出信号驱动负载，可达到同样的效果。

思考与训练

利用信息技术收集电子产品外观模型的设计资料。

实训项目3　ZX2039型多功能防盗报警器的设计与制作

ZX2039 型多功能防盗报警器实物图如图 3-3-1 所示。

图 3-3-1　实物图

任务描述

通过多功能防盗报警器的制作，加深对 555 时基电路工作原理的了解与熟悉，同时了解电子产品的生产、设计工作过程。加深使用电子软件进行电子产品设计开发。

学习目标

1. 知识目标：ZX2039 型多功能防盗报警器电路的工作原理。

2. 技能目标：熟悉用 Protel 电子软件进行电路设计、电子产品的组装技术、信息资料的收集等。

3. 素养目标：自学能力；团队协作能力；5S 现场管理。

任务分析

1. ZX2039 型多功能防盗报警器电路工作原理的分析。
2. 用 Protel 电子软件进行电路设计。
3. 元器件的检测。
4. 元器件的焊接与总装、调试与维修。
5. 评估、扩展。

完成任务/操作步骤

任务准备

一、ZX2039 型多功能防盗报警器电路原理分析

本电路的核心元器件是 IC_1（NE555）和 IC_2（GL9561），当按下电源开关 S_1 时整个电路的电源接通，假设这时水银开关 S_2 处于断开状态，IC_1 的 2 脚处于高电平，3 脚处于低电平，无电压供给 IC_2 使得执行机构扬声器不能发出声音，当振动或使水银开关 S_2 接通时（然后断开），IC_1 的 2 脚接地处于低电平，IC_1 的 3 脚处于高电平。也就是直接将电源电压提供给 IC_2 工作，通过 IC_2 内部集成电路的处理后发出报警信号，这个报警信号很微弱，不足以推动扬声器发出声音，这个微弱的信号送给三极管 VT 进而功率放大才能使扬声器发出响亮的报警声，通过调节 R_3 的阻值使声音的音调有所变化，直达满意的效果。经过实验该电阻 R_3 取在 100～270kΩ 比较好，这里电阻 R_2 和 C_1 起到延时断开 IC_1 第 3 脚的电压作用，使得报警器响一段时间后自动停止报警，这里水银开关的安装角度决定报警器的安装灵敏度，当未振动时，S_2 是开路的，当振动时 S_2 触发接通使报警器发出声音，然后马上断开，这样报警一段时间（由 C_1 和 R_2 决定）后便自动停止报警，这里 C_3 是报警器的电源滤波电容，C_2 和 IC_1 是旁路电容，R_1 提供 IC_1 的信号工作点，IC_1 的 4、8 脚为电源电压输入端，1 脚接地。

1. 555 集成电路的框图及工作原理

555 集成电路开始是作定时器应用的，所以称为 555 定时器或 555 时基电路。但后来经过开发，它除了作定时延时控制外，还可用于调光、调温、调压、调速等多种控制及计量检测。此外，还可以组成脉冲振荡、单稳、双稳和脉冲调制电路，用于交流信号源、电源变换、频率变换、脉冲调制等。由于其工作可靠、使用方便、价格低廉，目前被广泛用于各种电子产品中，555 集成电路内部有几十个元器件，如分压器、比较器、基本 R-S 触发器、放电管及缓冲器等，电路比较复杂，是模拟电路和数字电路的混合体。

2. 555 芯片引脚介绍

555 集成电路是 8 脚封装，双列直插型，如图 3-3-2（a）所示，按输入输出的排列可看成如图 3-3-2（b）所示的电路。其中 6 脚称为阈值端（TH），是上比较器的输入；2 脚称为触发端（TR），是下比较器的输入；3 脚是输出端（V_o），它有 0 和 1 两种状态，由输入端所加的电平决定；7 脚是放电端（DIS），它是内部放电管的输出，有悬空和接地两种状态，也由输入端的状态决定；4 脚是复位端（MR），加上低电平时可使输出为低电平；5 脚是控制电压端（V_c），可用它改变上下触发电平值；8 脚是电源端；1 脚是地端。

也可以把 555 电路等效成一个带放电开关的 R-S 触发器，如图 3-3-3（a）所示，这个特殊的触发器有两个输入端：阈值端（TH）可看成置零端 R，要求高电平；触发端（TR）可看成置位端 S，要求低电平，有一个输出端 V_o，V_o 可等效成触发器的 Q 端，放电端（DIS）可看成由内部放电开关控制的一个接点，由触发器的 Q 端控制：Q=1 时 DIS 端接地；Q=0 时 DIS 端悬空。另外还有复位端 MR，控制电压端 V_c，电源端 V_{DD} 和地端 GND。这个特殊

的触发器有以下两个特点。

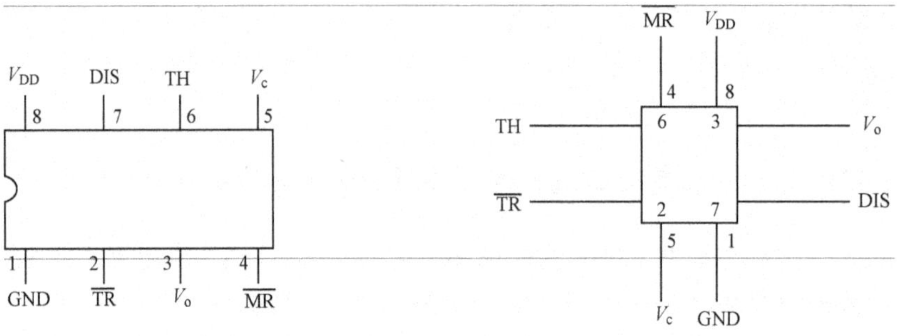

（a） （b）

图 3-3-2 555 集成电路封装图

① 两个输入端的触发电平要求一高一低，置零端 R 即阈值端（TH）要求高电平，而置位端 S 即触发端（TR）则要求低电平；

② 两个输入端的触发电平使输出发生翻转的阈值电压值也不同，当 V_c 端不接控制电压时，对 TH（R）端来讲，>2/3V_{DD} 是高电平 1，<2/3V_{DD} 是低电平 0：而对 TR（S）端来讲，>1/3V_{DD} 是高电平 1，<1/3V_{DD} 是低电平 0。如果在控制端（V_c）上控制电压 V_c 时，这时上触发电平就变成 V_c 值，下触发电平就变成 1/2V_c 值，可见改变控制端的控制电压值就可以改变上下触发电平值。它的功能表如图 3-3-3（b）所示。

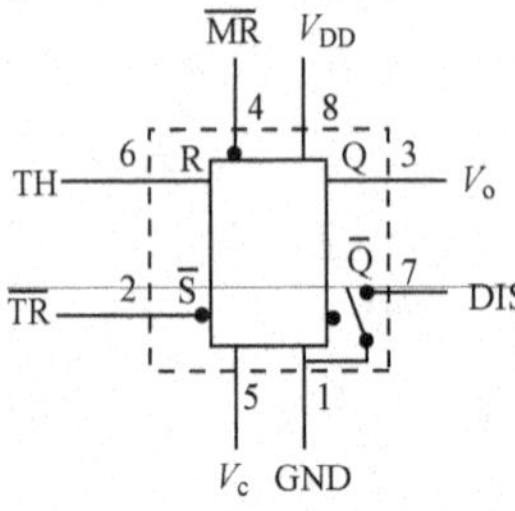

（a）

$\overline{MR}$	R	$\overline{S}$	V_o	DIS
	1	1	0	接地
1	0	1	Q_n	保持
	★	0	1	开路
0	★	★	0	接地

（b）

图 3-3-3 555 电路等效 R-S 触发器

555 集成电路有双极型和 CMOS 型两种。CMOS 型的优点是功耗低、电源电压低、输入阻抗高，但输出功率较小，输出驱动电流只有几毫安。双极型的优点是输出功率大，驱动电流达 200mA，其他指标则不如 CMOS 型。

3. 利用 NE555 组成脉冲启动型电路

将 555 电路的 6、7 脚并接起来接在定时电容 CT 上，用 2 脚作输入就成为脉冲启动型单稳电路，如图 3-3-4（a）所示，电路的 2 脚平时接高电平，当输入接低电平或输入负脉冲时才启动电路，用等效触发器替代 555 后如图 3-3-4（b）所示，下面分析它的工作原理。

① 稳态：接上电源后，R=1，S=1，输出 V_o=0，DIS 端接地，C_T 上的电压为 0 即 R=0，输出仍保持 V_o=0，这是它的稳态。

② 暂稳态：输入负脉冲后，输入 S=0，输出立即翻转成 V_o=1，DIS 端开路，电源通过

R_T向C_T充电，暂稳态开始。经过时间TD后，C_T上电压上升到>2/3V_{DD}时，输入又成为R=1，S=1，这时负脉冲已经消失，输出又翻转成V_o=0，暂稳态结束。这时内部放电开关接通，DIS端接地，C_T上电荷很快放到零，为下一次定时控制作准备。电路的定时时间$TD=1.1R_TC_T$。

这两种单稳电路常用做定时延时控制。

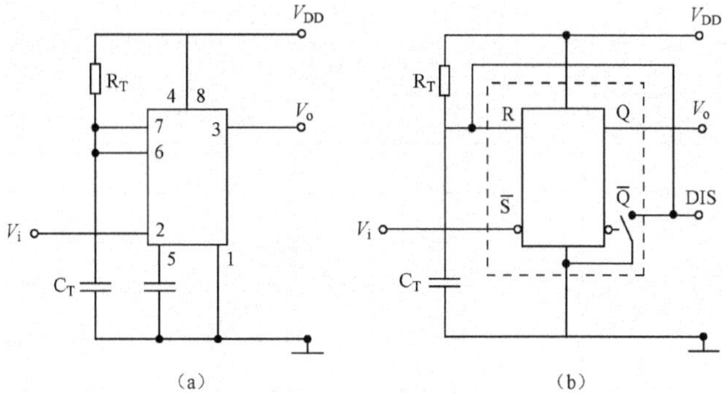

图3-3-4　脉冲启动型单稳电路

完成任务

二、完成采用Protel99软件进行电路设计工作任务

1．采用Protel99软件进行电路sch原理图设计，工作原理图如图3-3-5所示。

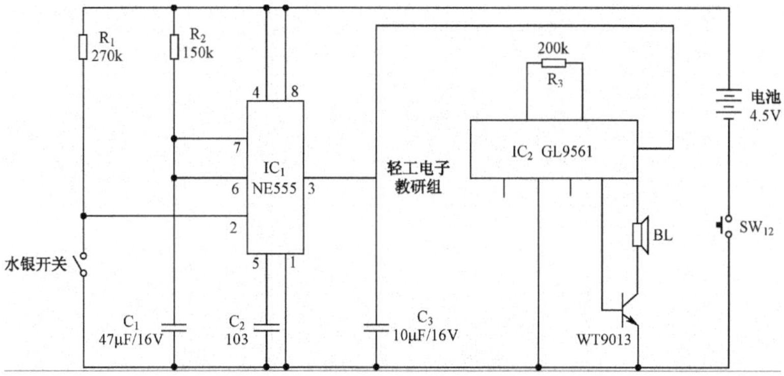

图3-1-5　工作原理图

2．采用Protel99软件进行PCB电路设计，如图3-3-6所示。

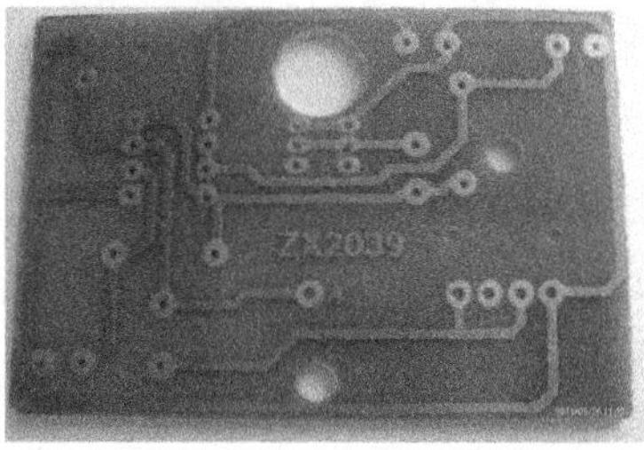

图3-3-6　PCB图

三、完成组装焊接及装配任务

1. 准备工作

对电路元器件进行焊接前应检查，并对电路板及所有相关器件进行检查，并记录于表3-3-1。

表3-3-1 元器件清单表

元器件清单						
序号	名称	型号规格	位号	数量	检测数据	质量
1	集成电路	NE555	IC_1	1块		
2	音乐报警片	GL9561	IC_2	1片		
3	三极管	9013	VT	1个		
4	扬声器	$\phi 58$	BL	1个		
5	电阻	150k	R_2	1个		
6	电阻	200k	R_3	1个		
7	电阻	270k	R_1	1个		
8	瓷片电容	103	C_2	1只		
9	电解电容	47μ	C_1	1只		
10	电解电容	10μ	C_3	1只		
11	电路板	40mm×60mm		1块		
12	电路开关	7×7	S_1	1个		
13	水银开关		S_2	1个		
14	集成电路插座		8脚	1个		
15	导线			4根		
16	正负极簧片			各1片		
17	左右连体片			各1片		
18	前、后盖			各1个		
19	电池盖			1个		
20	塑料按钮			1个		
21	自攻螺丝	$\phi 3\times8$		1粒		
22	自攻螺丝	$\phi 3\times10$		1粒		
23	自攻螺丝	$\phi 3\times6$		2粒		
24	扬声器压板			2个		

2. 总装、调试

对电源、扬声器及机壳进行总装，调试好水银开关的安放位置，使机器在垂直放置时，轻微触动就能发出报警声，并且持续一段时间后能进行结束报警。电路总装与调试完后要对电源线及扬声器线用热熔胶固定好。

3. 检测与维修

555集成电路引脚测试数据填入表3-3-2中。

表 3-3-2　555 集成电路引脚测试数据

引脚序号	对地电压	红表笔对地测量电阻	黑表笔对地测量电阻
1			
2			
3			
4			
5			
6			
7			
8			

知识链接

（一）焊接知识

采用恒温电烙铁进行焊接，有条件的话进行无铅焊接，对 C_1、C_3 和水银开关要进行卧式安装。

印制电路板的装配是整机质量的关键，装配质量的好坏对门铃的性能有很大的影响。因此印制电路板装配总的要求是，元器件装插正确，不能有插错，漏插；焊点要光滑、无虚焊、假焊和连焊。在装插元器件时，要执行工艺指导卡及装配样板的规定，遵循元器件的装插原则。

① 元器件的装插焊接应遵循先小后大、先轻后重、先低后高、先里后外的原则，这样有利于装配顺利进行。

② 在瓷介电容、电解电容及三极管等元器件立式安装时，引线不能太长，否则会降低元器件的稳定性；但也不能过短，以免焊接时因过热而损坏元器件。一般要求距离印制电路板面 2mm，并且要注意电解电容的正负极性，不能插错。

操作步骤如下所述。

安装前对电阻再次进行检测，确认无误后，对引脚、焊接部位的氧化层进行去污处理，用断锯条制成小刀，刮去金属引线表面的氧化层，使引脚露出金属光泽。可用镊子或废钢锯片进行去污，去污后再对电阻弯脚整形，根据元器件在印制电路板上的位置和元器件引脚之间的距离，适当的对元器件进行弯脚。弯脚时力度要适中，角度为直角，一次定位，不能反复折弯，否则容易引起元器件引脚断裂确保电阻安装正确，安装方法如图 3-3-7 所示。

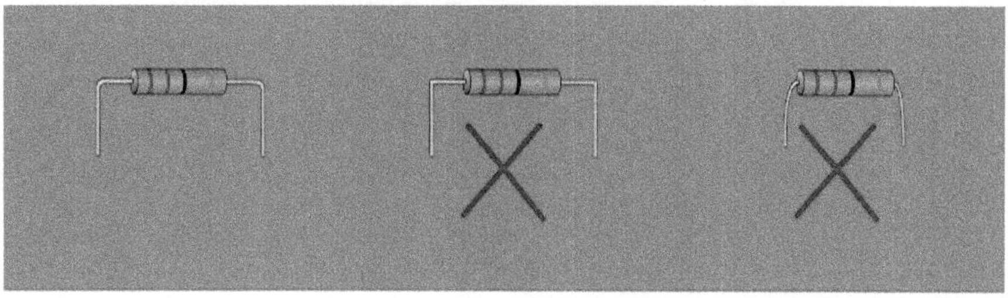

图 3-3-7　安装方法

把弯脚的电阻插在印制电路板的正确位置上，要注意电阻的色环顺序，安装的电阻色环顺序要符合从左至右、从上到下的原则。电阻体要贴紧印制电路板安装。

（二）焊接要领

① 焊接时不要将烙铁头在焊点上来回磨动，应将烙铁头搪锡面紧贴焊点，等到焊锡全部熔化，并因表面张力收缩而使表面光滑后，迅速将烙铁头从斜面上方约 45° 角的方向移开。这时焊锡不会立即凝固，一定不要使被焊件移动，否则焊锡会凝成砂粒状或造成焊接不牢固而形成虚焊。焊点如图 3-3-8 所示。

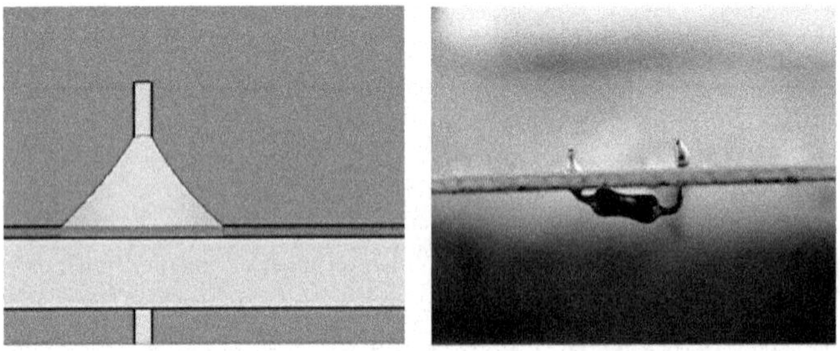

（a）合格焊点　　（b）不合格焊点

图 3-3-8　焊点

② IC 集成电路 NE555 的焊接安装，由于此集成电路是采用 CMOS 电路，必须注意防止静电击穿，故必须带好防静电手环，NE555 为双列 8 脚直插式封装，在焊接时，首先要弄清引脚的排列顺序，并与线路板上的焊盘引脚对准，核对无误后，先焊接 1、5 脚用于固定 IC，然后重复检查，确认后再焊接其余脚位。由于 IC 引脚较密，焊接完后要检查有无虚焊，连焊等现象，以确保焊接质量。

③ 用镊子转动引脚，确认不松动后，用斜口钳剪去多余的部分，如图 3-3-9 所示，留脚长度为距焊点尖 0.5mm。

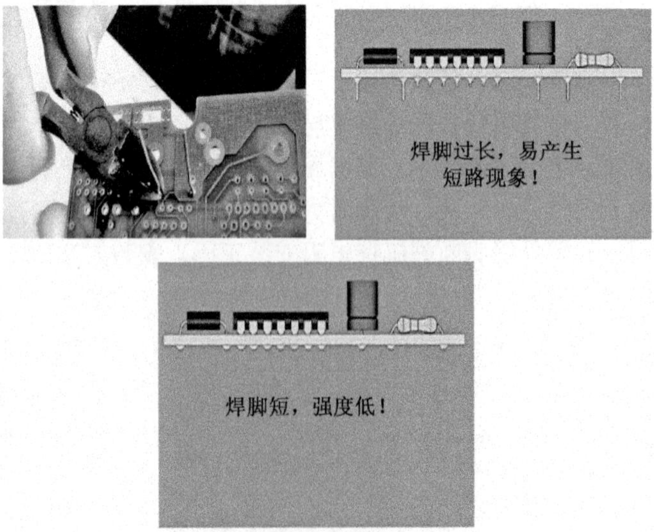

图 3-3-9　剪脚

思考与训练

1．对自己的产品进行推销演讲。

2．结合电路，对电路进行热红外线报警及光控报警，并采取监控、短信提醒方式进行报警设计，还可以进行外观设计。

实训项目4　采用CXA1191M/AM/FM收音机的安装与调试

任务描述

如图 3-4-1 所示，要求用正确的安装工艺及焊接工艺，完成以 CXA1191M 作为核心的调频调幅收音机的组装与调试任务。若需要批量生产，则需掌握波峰焊接流程及生产工艺，要制订严格的工艺路线和合理划分加工阶段，才能达到任务所给出的要求。

基本要求

1．会检测元器件并判别其质量。

2．独立完成各测试点的测量与整机安装。

3．会排除在调试与装配过程中可能出现的问题与故障。

4．所制作的产品电器性能指标应能满足三级机水平（国标），具体如下：

接收频率范围：	AM	525～1605kHz	FM	72～108MHz
接收灵敏度：	AM	达国家 C 类标准	FM	优于 μV 级
输出功率：		大于 100mW		
供电电源：		DC	3V	

立体声耳机输出阻抗：32Ω

图 3-4-1　实物图

学习目标

1. 学习收音机的调试与装配。

2. 提高读整机电路图及电路板图的能力。

3. 掌握收音机生产工艺流程，提高电路调试能力。

任务分析

1. 收音机电路原理分析。
2. 掌握印制电路板的组装及焊接工艺。
3. 进行 AM、FM 中频及统调覆盖的调试和整机测试。
4. 故障判断及排除。

完成任务

一、完成组装焊接及装配任务

印制电路板的装配是整机质量的关键，装配质量的好坏对收音机的性能有很大的影响。因此印制电路板装配总的要求是，元器件装插正确，不能有插错，漏插；焊点要光滑、无虚焊、假焊和连焊。在装插元器件时，要执行工艺指导卡及装配样板的规定，遵循元器件的装插原则。

① 元器件的装插焊接应遵循先小后大、先轻后重、先低后高、先里后外的原则，这样有利于装配顺利进行。

② 在瓷介电容、电解电容及三极管等元器件立式安装时，引线不能太长，否则会降低元器件的稳定性；但也不能过短，以免焊接时因过热损坏元器件。一般要求距离印制电路板面 2mm，并且要注意电解电容的正负极性，不能插错。

③ 可调电容器（四联）装插，四脚应插到位，焊接时，先用少量焊锡固定任意 1 脚，（此时用一手指按住可调电容器，使其紧贴线路板），然后同时焊接其余三个脚，最后重新补焊四个脚一次。

④ 音量电位器的安装，首先用铜铆钉固定两边开关脚，然后进行焊接。使电位器与线路板平行，在焊电阻器的三个焊接片时，应在短时间内完成，否则易焊坏电阻器动片，从而造成音量电位器不起作用或接触不良。

⑤ 集成电路的焊接：CXA1191 为双列 28 脚扁平式封装，在焊接时，首先要弄清引脚的排列顺序，并与线路板上的焊盘引脚对准，核对无误后，先焊接 1、19 脚用于固定 IC，然后重复检查，确认后再焊接其余脚位。由于 IC 引脚较密，焊接完后要检查有无虚焊、连焊等现象，以确保焊接质量。

二、完成收音机电路板的调整任务

（一）收音机电路板的调整原理

收音机的调整是收音机实训中的一个重要内容，有些同学一焊接完，就以为大功告成，特别是有些同学还能收到一两个电台，就忽视了后面的实训，这是非常错误的思想。我们一定要重视收音机的调试部分的实训。

在调试前必须确保收音机能接收到沙沙的电流声或电台，若听不到电流声或电台，应先检查电路的焊接有无错误、元器件有无损坏，直到能听到声音才可做以下的调整实验。

超外差收音机的调整有以下三种形式。

1. 调中频——即调中频调谐回路

中放电路是决定收音电路的灵敏度和选择性的关键所在，它的性能优劣决定了整机性能的好坏。调整中频变压器，使之谐振在 AM/465kHz（或 FM/10.7MHz）频率，这是中放电路调整的任务。

2. 调覆盖——即调本振谐振回路

超外差收音机电路接收信号的频率范围与机壳刻度上的频率标志应一致，所以，要进行校准调整，也称调覆盖。

在超外差收音机中，决定接收频率的是本机振荡频率与中频频率的差值，而不是输入回路的频率，因此，调覆盖实质是调本振频率和中频频率之差。因此调覆盖即调整本振回路，使它比收音机频率刻度盘的指示频率高 AM/465kHz（或 FM/10.7MHz）。在本振电路中，改变振荡线圈的电感值（即调节磁芯）可以较为明显地改变低频端的振荡频率（但对高频端也有影响）。改变振荡微调电容的电容量，可以明显地改变高频端的振荡频率。

3. 统调——即调输入回路

统调又称调整灵敏度，本振频率与中频频率确定了接收的外来信号频率，输入回路与外来信号的频率的谐振与否，决定超外差收音机的灵敏度和选择性（即选台功能），因此，调整输入回路使它与外来信号频率谐振，可以使收音机灵敏度高，选择性较好。调整输入回路的选择性也称调补偿或调跟踪，但是在外差式收音电路中，调整输入谐振回路的选择性会影响灵敏度，因此，调整谐振回路的谐振频率主要是调整灵敏度，使整机各波段的调谐点一致。

调整时，低端调输入回路线圈在磁棒上的位置，高端调天线的微调电容。

（二）收音机电路板的调整实验

1. 调幅部分的调整

（1）中频放大电路的调整——调 AM 中周

用调幅高频信号发生器进行调整的方法如图 3-4-2 所示。

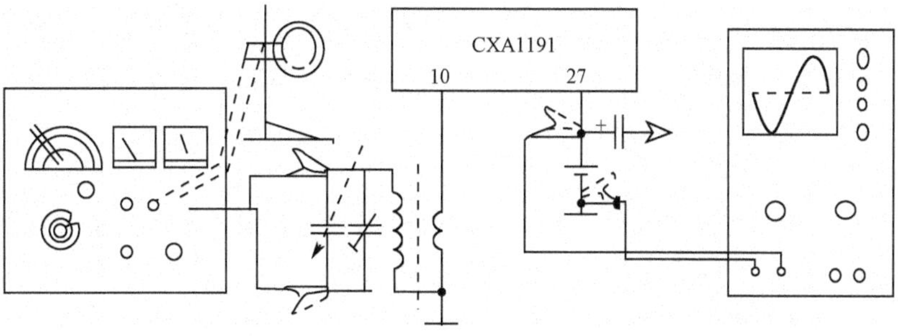

图 3-4-2　中频变压器调整仪器连接示意图

调整时，整机置中波 AM 收音位置，调整前按图 3-4-2 配置仪表和接线或直接听收音机的扬声器输出声音。将音量电位器置于最大位置，将收音机调谐到无电台广播又无其他干扰的地方（或者将可调电容调到最大，即接收低频端），必要时可将振荡线圈初级或次级短路，使之停振。

使高频信号发生器的输出载波频率为465kHz，载波的输出电平为99dB，调制信号的频率为1000Hz，调制度为30%的调幅信号接入IC的“14”脚或通过圆环天线发射，由磁性天线接收作为调整的输入信号。

用无感螺丝刀微微旋转中频变压器（黄色中周）的磁帽向上或向下调整，使示波器显示的波形幅度最大，若波形出现平顶，应减小信号发生器的输出，同时再细调一次。在调整中频变压器时也可以用扬声器监听，当扬声器里能听到1000Hz的音频信号且声音最大、音色纯正时，此时可认为中频变压器已调整到最佳状态。

提示：若中频放大器的谐振频率偏离465kHz较大时，示波器可能没有输出或幅度极小，这时可左右偏调输入调幅信号的频率，使示波器有输出，待找到谐振点后，再把调幅高频信号发生器的频率逐步向465kHz靠拢，同时调整中频变压器，直到把频率调整在465kHz。

在调整过程中，必须注意当整机输出信号逐步增大后，应尽可能减小输入信号电平。这是因为收音部分的自动增益控制是通过改变直流工作点来控制晶体管增益的，而直流工作点的变化又会引起晶体管极间电容的变化，从而引起回路谐振频率的偏离，因此必须把输入信号电平尽可能降低。

（2）调整接收范围（频率覆盖）——调AM的电感和电容

按国标规定中波段的接收频率范围规定为525～1605kHz，实际调整时留有一定的余量，一般为515～1625kHz。对515kHz的调整称为低端频率调整，对1625kHz的调整称为高端频率调整。用高频信号发生器调整频率接收范围的方法如下所述。

调整时，整机置中波AM收音位置，调整前按图3-4-2配置仪表和接线或直接听收音机的扬声器输出声音。将音量电位器置于最大位置。

低端频率调整：

将可变电容器（调谐双联）旋到容量最大处，即机壳指针对准频率刻度的最低频端，将收音机调谐到无电台广播又无其他干扰的地方。使高频信号发生器的输出频率为515kHz，载波的输出电平为99dB，调制信号的频率为1000Hz，调制度为30%的高频调幅信号接入收音机的AM磁性天线输入端（即IC的“10”脚），作为调整的输入信号。

用无感螺丝刀调整中波振荡线圈的磁芯（红色中周），以改变线圈的电感量，使示波器出现1000Hz波形，并使波形最大，或直接鉴听收音机的声音，使收音机发出的声音最响、最清晰。

高端频率调整：

将整机的可变电容器置容量最小处，这时机壳指针应对准频率刻度的最高频端。使高频信号发生器的输出频率为1625kHz，载波的输出电平为99dB，调制信号的频率为1000Hz，调制度为30%的高频调幅信号接入收音机的AM磁性天线输入端（即IC的“10”脚），作为调整的输入信号。

调节并联在振荡线圈上的$C_{1\text{-}4b}$补偿电容器，如图3-4-3所示，使示波器的波形最大（或扬声器声音最响）。

这样接收电路的频率覆盖就达到 515～1625kHz 的要求了，但因为高低频端的谐振频率的调整相互牵制，所以必须反复调节多次，直到整机的接收频率范围符合要求为止。

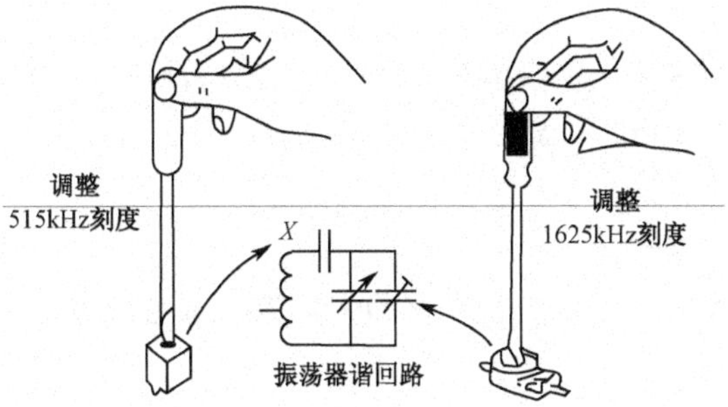

图 3-4-3 调整频率接收范围

（3）统调

中波段的统调点为 630kHZ、1000kHz、1400kHz。

调整时，整机置中波 AM 收音位置，调整前按图 3-4-2 配置仪表和接线或直接听收音机的扬声器输出声音。将音量电位器置于最大位置。

先统调低频率 630kHz 端。

由调幅高频信号发生器通过圆环天线送出频率为 630kHz ，电平为 99dB，调制信号的频率为 1000Hz，调制度为 30%的高频调幅信号作为调整的输入信号（或接入收音机的 AM 磁性天线输入端，即 IC 的“10”脚）。将接收机调谐到该 630kHz 频率上，然后调整磁性天线线圈在磁棒上的位置，如图 3-4-4 所示，使整机输出波形幅度最大（或听到的收音机的声音最响、最清晰）。

接着统调高频端频率点，由调幅高频信号发生 1400kHz 的信号，将整机调谐到该频率上，然后用无感螺刀调节磁性天线回路的 C_{1-1b} 补偿电容，如图 3-4-4 所示，使整机输出波形最大（或听到的收音机的声音最响、最清晰）。

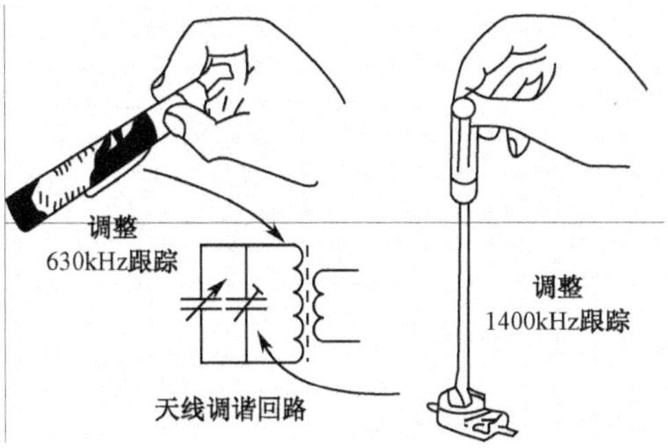

图 3-4-4 中波统调

提示：统调结果正确与否，可以用铜、铁棒来鉴别。当统调正确时，用铜铁棒的两头分别靠近磁性天线线圈后，整机输出都会下降（即收音机的声音变小），这种现象称为“铜降”和“铁降”，否则称为“铜升”和“铁升”。若“铁升”，则说明电感量不足，应增加电感量，将线圈往磁棒中心移动；若“铜升”，则反之。在高频端，若“铁升”应增加电容量；

若“铜升”，则应减小电容量。按上述方法反复进行调整，直至高频端和低频端都完全统调好为止，在一般情况下，低频端和高频端统调好后，中频端 1000kHz 的失谐不会太大，至此，三点频率跟踪已完成。

要注意的是，在统调时输入的调幅信号不宜太大，否则不易调到峰点。另外磁棒线圈统调正确后应用蜡加以固封，以免松动，影响统调效果。

2. 调频部分的调整

（1）中频放大电路的调整

与调幅收音电路相类似，调频收音电路的中频放大级也要进行调整。用调频高频信号发生器调整的方法如下所述。

调整时，整机置 FM 收音位置，调整前按图 3-4-5 配置仪表和接线或直接听收音机的扬声器输出声音。将音量电位器置于最大位置，将收音机调谐到无电台广播又无其他干扰的地方。

高频信号发生器输出频率为 10.7MHz，电平为 99dB，调制频率为 1000Hz，频偏为±22.5kHz 的调频信号。对于分立元器件组成的调谐器，10.7MHz 信号经中频输入电路引出，用夹子夹在混频管的塑料壳上，由电路中的分布电容耦合到电路中去，对于集成电路组成的调谐器，10.7MHz 的中频调频信号可直接加到调频天线连接的信号输入端。

然后由小至大调节信号发生器的输出信号的幅值，直至示波器在收音机的输出端能看到 1kHz 的音频信号，此时用无感螺刀反复调整中周（粉红色），使输出为最大，而且波形不失真，同时，注意当整机输出信号增大时，适当减小输入信号电平，再进行调整，最后将信号发生器的调制方式. 由调频转向调幅，调制频率仍为 1kHz，调制度为 30%，调节粉红色中周，使输出最小，这样反复进行调整，使整机在接收 10.7MHz 中频调频信号时的输出最大，而在接收 10.7MHz 调幅信号时输出最小，即两点重合。在调整中频变压器时也可以用扬声器监听，当扬声器里能听到 1000Hz 的音频信号且声音最大、音色纯正时，此时可认为中频变压器已调整到最佳状态。

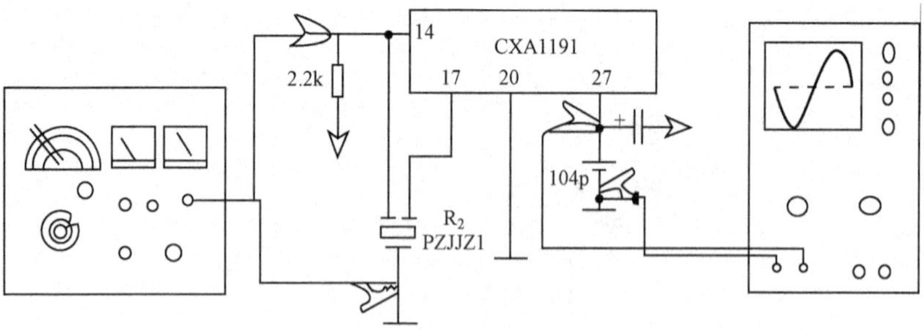

图 3-4-5　用调频高频信号发生器调整中频放大级

（2）调整调频段的接收范围（频率覆盖）——调 FM 的电感和电容

调频广播的接收范围规定为 87～108MHz，实际调整时一般为 86.2～108.5MHz。这里介绍用信号发生器进行调整的方法。

调整时，整机置中波 FM 收音位置，将音量电位器置于最大位置，调整前按图 3-4-5 配置仪表和接线或直接听收音机的扬声器输出声音。

低端频率调整：

将可变电容器（调谐双联）旋到容量最大处，即机壳指针对准频率刻度的最低频端，将收音机调谐到无电台广播又无其他干扰的地方。

使调频高频信号发生器送出调制频率为1000Hz，频偏为22.5kHz，电平为30dB（20μv）左右，频率为86.2MHz的调频信号。该信号经调频单信号标准模拟天线加到整机拉杆天线的输入端。

在频率低频端调节L_3振荡线圈，以改变线圈的电感量，使示波器出现1000Hz波形，并使波形最大，或直接鉴听收音机的声音，使收音机发出的声音最响、最清晰。

高端频率调整：

将可变电容器（调谐双联）旋到容量最小处，即机壳指针对准频率刻度的最高频端，将收音机调谐到无电台广播又无其他干扰的地方。

使调频高频信号发生器送出调制频率为1000Hz，频偏为22.5kHz，电平为30dB（20μv）左右，频率为108.5MHz的调频信号。该信号经调频单信号标准模拟天线加到整机拉杆天线的输入端。

在频率高端，调节$C_{1\text{-}3b}$振荡回路的补偿电容。使示波器出现1000Hz波形，并使波形最大，或直接鉴听收音机的声音，使收音机发出的声音最响、最清晰。

由于高低频端的谐振频率的调整相互牵制较大，所以必须反复调节多次，直到整机的接收频率范围符合要求为止。

提示：调频振荡线圈一般为空心线圈，欲减小线圈的电感量，可将线圈拨得疏松些；欲增加线圈的电感量，可将线圈拨得紧密些。

这样接收电路的频率覆盖就达到87～108MHz的要求了，但因为高低频端的谐振频率的调整相互牵制，所以必须反复调节多次，直到整机的接收频率范围符合要求为止。

（3）统调灵敏度——调节的天线线圈L_2电感量和回路补偿电容$C_{1\text{-}2b}$的容量

调频波段的统调频率为89MHz、98MHz、106MHz，但一般统调低频端和高频端两点就可以了。

调整时，整机置中波FM收音位置，调整前按图3-4-6配置仪表和接线或直接听收音机的扬声器输出声音。

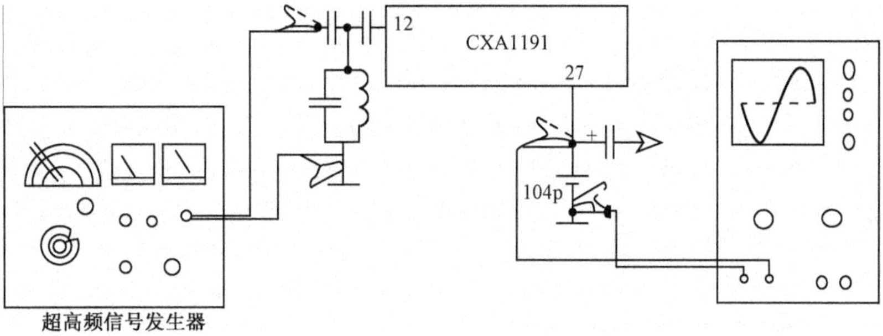

图3-4-6　用调频高频信号发生器调整调频段的接收频率范围

将音量电位器置于最大位置。

先统调低频率89MHz端。

使调频高频信号发生器送出调制频率为 1000Hz，频偏为 22.5kHz，电平为 26dB（20μV）左右，频率为 89MHz 的调频信号。该信号经调频单信号标准模拟天线加到整机拉杆天线的输入端。

调节天线线圈 L_2 的电感量，使示波器显示输出最大，或直接鉴听收音机的声音，使收音机发出的声音最响最清晰。

接着统调高频端频率点，使调频高频信号发生器送出调制频率为 1000Hz，频偏为 22.5kHz，电平为 26dB（20μV）左右，频率为 106MHz 的调频信号。该信号经调频单信号标准模拟天线加到整机拉杆天线的输入端。

调节回路补偿电容 $C_{1\text{-}2b}$ 的容量，使整机输出波形最大（或听到的收音机的声音最响、最清晰）。为了达到较好的效果，要反复地调节。

知识链接

一、掌握收音机的基本工作原理

① 收音机的电路结构种类有很多，早期的多为分立元器件电路，目前基本上都采用了大规模集成电路为核心的电路。集成电路收音机的优点是结构比较简单，性能指标优越，体积小等。AM/FM 型的收音机电路可用图 3-4-7 所示的方框图来表示。收音机通过调谐回路选出所需的电台，送到变频器与本振电路送出的本振信号进行混频，产生中频输出（我国规定的 AM 中频为 465kHz，FM 中频为 10.7MHz），中频信号将检波器检波后输出调制信号，调制信号经低放、功放放大电压和功率，推动扬声器发出声音。

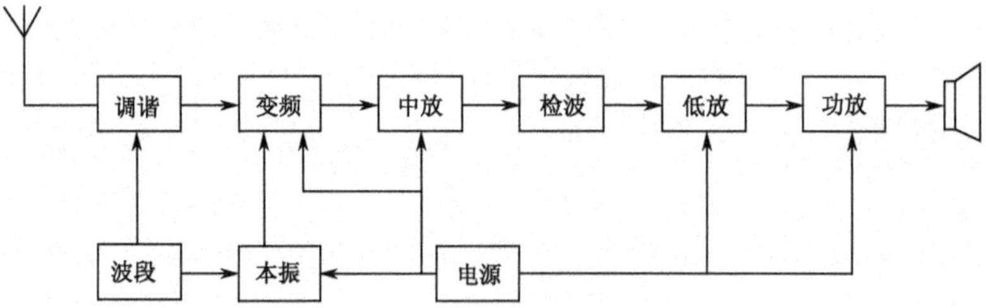

图 3-4-7　AM/FM 型收音机电路方框图

② 本实训中的收音机是一种 XY218 型的 AM/FM 二波段的收音机，收音机电路主要由索尼公司生产的专为 AM/FM 收音机设计的大规模集成电路 CXA1191M/CXC1191P 组成。由于集成电路内部无法制作电感、大电容和大电阻，故外围元器件多以电感、电容和电阻为主，组成各种控制、供电、滤波等电路。XY218 型收音机电路图如图 3-4-8 所示。

CXA1191M/CXC1191P 的内部方框图如图 3-4-9 所示。

二、收音机电路图的功能块电路的作用

（1）调谐（即选台）与变频

由于同一时间内广播电台很多，收音机天线接收到的不仅仅是一个电台的信号。各电台

发射的载波频率均不相同，收音机的选频回路通过调谐，改变自身的振荡频率，当振荡频率与某电台的载波频率相同时，即可选中该电台的无线信号，从而完成选台。

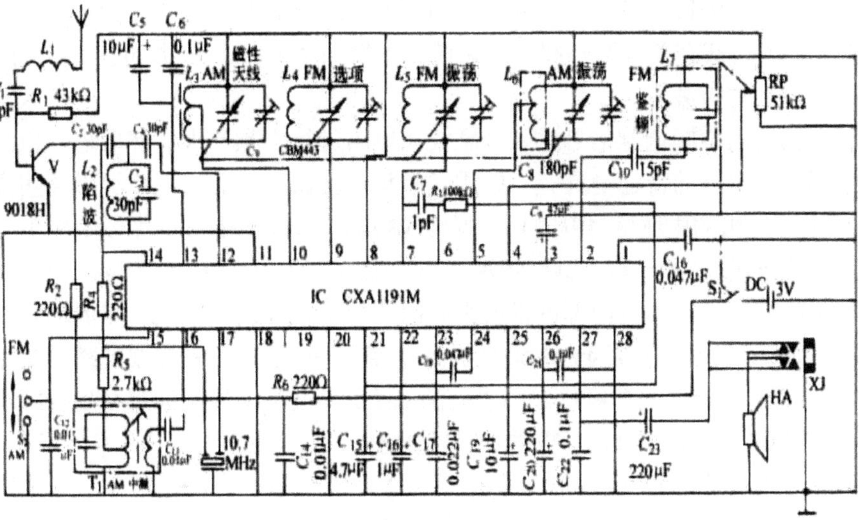

图 3-4-8　XY218 型收音机电路图

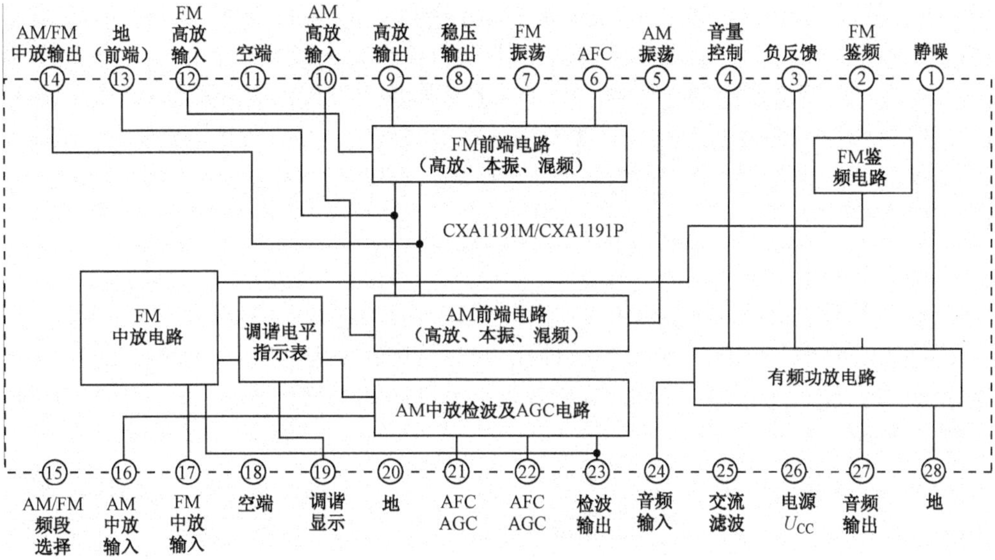

图 3-4-9　CXA1191M/CXC1191P 的内部方框图

选出的信号并不是立即送到检波级，而是要进行频率的变换。利用本机振荡产生的频率与外接收到的信号进行差频，输出固定的中频信号（AM 的中频为 465kHz，FM 的中频为 10.7MHz）。

在收音机的电路中有四个 LC 调谐回路，带箭头用虚线连在一起的为四联可变电容器 $C_{1\text{-}1a、2a、3a、4a}$，其中 1a、2a 分别是调幅和调频波段的输入回路（选台回路），3a、4a 属于其本机振荡回路。$C_{1\text{-}1b、2b、3b、4b}$ 是与它们分别适配的微调电容，用做统调。与 $C_{1\text{-}1a}$ 并联的电感

L_1为 AM（调幅）波段的线圈（绕在中波无线磁棒上），$C_{1\text{-}2a}$、L_2组成调频末级高放的负载选台回路。与 $C_{1\text{-}3a、4a}$并联的 L_3、L_4为振荡电感，与 L_4并联的电容 C_4为垫整电容，以改善低频端的跟踪。S_1是波段开关，与集成电路内部的电子开关配合完成波段转换。以上元器件与集成电路（IC）内部有关电路一起构成调谐和本机振荡电路，变频功能由 IC 内部完成。

（2）中频放大与检波

选台、变频后的中频调制信号送入中频放大电路进行中频放大，然后进行检波，取出调制信号。中频放大电路的特征是具有“中周（中频变压器）”调谐电路和中频陶瓷滤波器。IC 内部变频电路送出的中频信号从“14”脚接线端输出，10.7MHz 的调频中频信号经三端陶瓷滤波器 CF_2选出送 IC 的“17”脚接线端，465kHz 的调幅中频经 T_1中周选出送 IC 的“16”脚接线端。中频信号进入 IC 内部进行放大并检波。鉴频（调频检波）和调幅检波电路都在 IC 内部，检波电路的滤波电容因无法集成到 IC 内部而外接。C_{16}是检波电路中滤除中频载波的滤波电容，IC 的“23、24”脚接线端之间的 C_{15}是检波信号经滤波耦合到音频输入端的耦合电容，“2”脚接线端外接的 T_2是 FM 鉴频中周。

（3）低频放大与功率放大

解调后得到的音频信号经低频放大和功率放大电路放大后送到扬声器或加到耳机，完成电声转换。这部分电路大多数是通过音量电位器的中心抽头作为信号输入。图 3-1-33 所示电路中 IC 的“3”、“4”、“24～28”脚接线端内部都是低频放大电路。“1”脚接线端为静噪滤波，接电容 C_{22}，“3”脚接线端所接 C_8为功率放大电路的负反馈电容，“4”脚接线端为音量控制端，外接音量控制电位器。IC 的“25”脚接线端接的 C_{17}是功率放大电路的自举电容，以提高 OTL 功放电路的输出动态范围。音频信号经“24”脚接线端输入到 IC 中进行电压和功率放大，放大后的音频信号从“27”脚接线端输出，经 C_{21}耦合送到扬声器或耳机发声。

（4）电源及其他电路

本机的电源部分包括电池、去耦滤波电容 C_{18}、C_{19}及由音量电位器连动的电源开关 S_2。“21”脚接线端的 C_{13}、“22”脚接线端的 C_{14}是自动增益控制（AGC）电路滤波电容。此外，为了防止各部分电路的相互干扰，IC 内部各部分的电路都要单独接地，并通过多个接线端与外电路的地相接。

CXA1191M/CXA1191P 内部还设有调谐高放电路，目的是提高灵敏度。拉杆天线收到的调频电磁波经由 C_1、C_2、C_3、L_1组成的选通滤波器进入高放，再进行混频。调幅部分则由天线磁棒接收电磁波，经 L_1的次级线圈进入变频电路。

思考与训练

1．调整中波灵敏度时，信号源的环形天线与收音机的磁棒线圈应成什么角度？灵敏度统调点一般选在哪几点？如何统调灵敏度？

2．在调整收音机灵敏度时，信号源的输出幅度为什么不能太大？

3．如中波收音机低端收台时声小，但将磁棒靠近该台声音变大，试问低端统调好了吗？

此时天线电感是过大还是过小，应怎样调整为正确？

4．收音机为什么要统调？

5．调整 AM/FM 波段的频率覆盖范围，应采取几个步骤？

模块四　数字电路基础

任务1　数字电路基础知识

任务描述

数字电路是用来处理数字信号的，由于数字电路相对于模拟电路有一系列优点，在很多领域正在逐步取代模拟电路，因此，了解和掌握数字电路基础知识能便于更进一步理解和掌握各种逻辑电路的分析。

学习目标

1. 了解数字信号和数字电路及数字电路的特点。
2. 掌握数制和码制，各种数制间转换。
3. 掌握与、或、非逻辑和逻辑代数基础定义。
4. 掌握用代数法和卡诺图法化简和变换逻辑函数，逻辑问题的描述方法有真值表、逻辑表达式、卡诺图和逻辑图。

任务分析

由于数字电路在结构和工作状态、研究内容和分析方法等方面都与模拟电路电路不同，所以必须熟练掌握逻辑代数的三种基本运算，掌握常用的逻辑函数表示方法，掌握逻辑函数的两种表示形式，才能更好地理解各种数字电路的逻辑功能及特性。

完成任务

一、概述

（一）模拟信号和数字信号

电子电路中的信号可以分为模拟信号和数字信号两种。

模拟信号——时间连续、数值也连续的信号。

数字信号——时间上和数值上均是离散的信号（如电子表的秒信号、生产流水线上记录零件个数的计数信号等。这些信号的变化发生在一系列离散的瞬间，其值也是离散的）。

数字信号只有两个离散值，常用数字 0 和 1 来表示。

注意：这里的 0 和 1 没有大小之分，只代表两种对立的状态，称为逻辑 0 和逻辑 1，也称二值数字逻辑。

二、数字电路的特点和分类

传递与处理数字信号的电子电路称为数字电路。

（一）数字电路的特点

数字电路与模拟电路相比主要有下列优点。

① 由于数字电路是以二值数字逻辑为基础的，只有 0 和 1 两个基本数字，所以易于用电路来实现，例如，可用二极管、三极管的导通与截止这两个对立的状态来表示数字信号的逻辑 0 和逻辑 1。

② 由数字电路组成的数字系统工作可靠、精度较高、抗干扰能力强。它可以通过整形很方便地去除叠加于传输信号上的噪声与干扰，还可利用差错控制技术对传输信号进行查错和纠错。

③ 数字电路不仅能完成数值运算，而且能进行逻辑判断和运算，这在控制系统中是不可缺少的。

④ 数字信息便于长期保存，如可将数字信息存入磁盘、光盘等长期保存。

⑤ 数字集成电路产品系列多、通用性强、成本低。

由于具有一系列优点，因此，数字电路在电子设备或电子系统中得到了越来越广泛的应用，计算机、计算器、电视机、音响系统、视频记录设备、光碟、长途电信及卫星系统等，都采用了数字系统。

（二）数字电路的分类

按集成度分类，数字电路可分为小规模（SSI，每片数十器件）、中规模（MSI，每片数百器件）、大规模（LSI，每片数千器件）和超大规模（VLSI，每片器件数目大于一万）数字集成电路。集成电路从应用的角度又可分为通用型和专用型两类。

三、数制与码制

（一）数制

1. 几种常用的计数体制

（1）十进制（Decimal）

数码为 0～9；基数是 10。

运算规律：逢十进一，即 9+1＝10。十进制数的权展开式：

如（29.04）D=2×102+0×101+9×100+0×10-1+4×10-2

（2）二进制（Binary）

数码为 0、1；基数是 2。

运算规律：逢二进一，即 1+1＝10。二进制数的权展开式

如（101.01）B=1×22+0×21+1×20+0×2-1+1×2-2=（5.25）D

（3）八进制（Octal）

数码为 0～7；基数是 8。

运算规律：逢八进一，即 7+1=10。八进制数的权展开式：

如（207.04）O=2×82+0×81+7×80+0×8－1+4 ×8-2=（135.0625）D

（4）十六进制（Hexadecimal）

数码为 0～9、A～F；基数是 16。

运算规律：逢十六进一，即 F+1＝10。十六进制数的权展开式：

如（D8.A）H= 13×161+8×160+10×16-1=（216.625）D

四、不同数制之间的相互转换

1. 二进制转换成十进制

例 1 将二进制数 10011.101 转换成十进制数。

解：将每一位二进制数乘以位权，然后相加，可得

（10011.101）B=1×24+0×23+0×22+1×21+1×20+1×2-1+0×22-2+1×22-3=（19.625）D

2. 十进制转换成二进制

可用“除 2 取余”法将十进制的整数部分转换成二进制。

例 2 将十进制数 23 转换成二进制数。

解： 根据“除 2 取余”法的原理，按如下步骤转换：

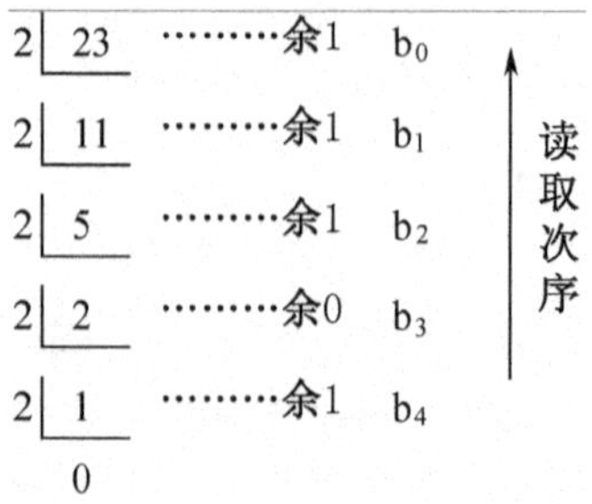

则

（23）D＝（10111）B

可用“乘 2 取整”的方法将任何十进制数的纯小数部分转换成二进制数。

例 3　将十进制数（0.562）D 转换成误差 $\varepsilon \leqslant 2^{-6}$ 的二进制数。

解：用“乘 2 取整”法，按如下步骤转换

取整

$0.562 \times 2 = 1.124$ ……1……b_{-1}

$0.124 \times 2 = 0.248$ ……0……b_{-2}

$0.248 \times 2 = 0.496$ ……0……b_{-3}

$0.496 \times 2 = 0.992$ ……0……b_{-4}

$0.992 \times 2 = 1.984$ ……1……b_{-5}

由于最后的小数 0.984＞0.5，根据“四舍五入”的原则，b_{-6}应为 1。因此

（0.562）D＝（0.100011）B

其误差 $\varepsilon < 2^{-6}$。

3. 二进制转换成十六进制

由于十六进制基数为 16，而 16＝24，因此，4 位二进制数就相当于 1 位十六进制数。因此，可用“4 位分组”法将二进制数化为十六进制数。

例 4　将二进制数 1001101.100111 转换成十六进制数。

解：（1001101.100111）B＝（0100 1101.1001 1100）B＝（4D.9C）H

同理，若将二进制数转换为八进制数 ，可将二进制数分为 3 位一组，再将每组的 3 位二进制数转换成一位 8 进制即可。

4. 十六进制转换成二进制

由于每位十六进制数对应于 4 位二进制数，因此，十六进制数转换成二进制数，只要将每一位变成 4 位二进制数，按位的高低依次排列即可。

例 5　将十六进制数 6E.3A5 转换成二进制数。

解：（6E.3A5）H＝（110　1110．0011　1010　0101）B

同理，若将八进制数转换为二进制数，只需将每一位变成 3 位二进制数，按位的高低依次排列即可。

5. 十六进制转换成十进制

可由“按权相加”法将十六进制数转换为十进制数。

例 6　将十六进制数 7A.58 转换成十进制数。

解：（7A.58）H=7×161+10×160+5×16-1+8×16-2

=112+10+0.3125+0.03125=（122.34375）D

五、码制

二进制代码

由于数字系统是以二值数字逻辑为基础的，因此，数字系统中的信息（包括数值、文字、

控制命令等）都是用一定位数的二进制码表示的，这个二进制码称为代码。

（1）二—十进制码

二进制编码方式有多种，二—十进制码，又称 BCD 码（Binary Coded Decimal），是其中一种常用的码。

（2）BCD 码——用二进制代码来表示十进制的 0～9 十个数

要用二进制代码来表示十进制的 0～9 十个数，至少要用 4 位二进制数。4 位二进制数有 16 种组合，可从这 16 种组合中选择 10 种组合分别来表示十进制的 0～9 十个数。选哪 10 种组合，有多种方案，这就形成了不同的 BCD 码。具有一定规律的常用的 BCD 码见表 4-1-1。

注意：BCD 码用 4 位二进制码表示的只是十进制数的一位。如果是多位十进制数，应先将每一位用 BCD 码表示，然后组合起来。

表 4-1-1　常用 BCD 码

十进制数	8421 码	2421 码	5421 码	余三码
0	0000	0000	0000	0011
1	0001	0001	0001	0100
2	0010	0010	0010	0101
3	0011	0011	0011	0110
4	0100	0100	0100	0111
5	0101	1011	1000	1000
6	0110	1100	1001	1001
7	0111	1101	1010	1010
8	1000	1110	1011	1011
9	1001	1111	1100	1100
位权	8421 $b_3b_2b_1b_0$	2421 $b_3b_2b_1b_0$	5421 $b_3b_2b_1b_0$	无权

例 7　将十进制数 83 分别用 8421 码、2421 码和余 3 码表示。

解：由表 4-1-1 可得

（83）D=（1000 0011）8421

（83）D=（1110 0011）2421

（83）D=（1011 0110）余 3

六、逻辑代数基础

1. 逻辑代数中的三种基本逻辑运算及常见的复合逻辑运算

逻辑变量的基本逻辑运算只有三种：与运算、或运算、非运算。

（1）与运算

与运算的逻辑函数表达式为

$$F=A\cdot B$$

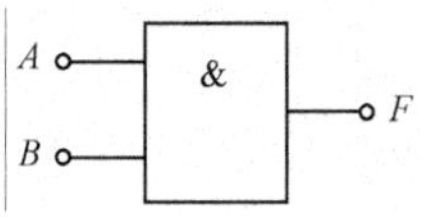

实现与逻辑关系的电路称为与门。

与运算：“有 0 出 0，全 1 出 1”。

（2）或运算

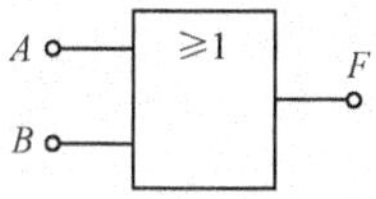

或运算的逻辑函数表达式为

$$F=A+B$$

实现或逻辑关系的电路称为或门。

或运算：有 1 出 1，全 0 出 0。

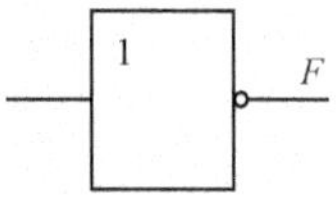

（3）非运算

实现非逻辑关系的电路称为非门。

非运算：“0 的非为 1，1 的非为 0”。

2. 逻辑代数中的基本公式和定理（见表 4-1-2）

表 4-1-2　基本公式、定理

名　称	公 式 1	公 式 2
0-1 律	$A\cdot 1=A$ $A\cdot 0=0$	$A+0=A$ $A+1=1$
互补律	$A\overline{A}=0$	$A+\overline{A}=1$
重叠律	$AA=A$	$A+A=A$
交换律	$AB=BA$	$A+B=B+A$
结合律	$A(BC')=(AB)C'$	$A+(B+C')=(A+B)+C'$
分配律	$A(B+C')=AB+AC$	$A+BC'=(A+B)(A+C')$
反演律	$\overline{AB}=\overline{A}+\overline{B}$	$\overline{A+B}=\overline{A}\overline{B}$
吸收律	$A(A+B)=A$ $A(\overline{A}+B)=AB$ $(A+B)(\overline{A}+C')(B+C')=(A+B)(\overline{A}+C')$	$A+AB=A$ $A+\overline{A}B=A+B$ $AB+\overline{A}C'+BC'=AB+\overline{A}C'$
对合律	$\overline{\overline{A}}=A$	

3. 逻辑函数及其表示方法

逻辑函数有 5 种表示形式：真值表、逻辑表达式、卡诺图、逻辑图、波形图。只要知道其中一种表示形式，就可转换为其他几种表示形式。

（1）真值表

真值表：是由变量的所有可能取值组合及其对应的函数值所构成的表格。

真值表列写方法：每一个变量均有 0、1 两种取值，n 个变量共有 $2i$ 种不同的取值，将这 $2i$ 种不同的取值按顺序（一般按二进制递增规律）排列起来，同时在相应位置上填入函数的值，便可得到逻辑函数的真值表。

（2）逻辑表达式

逻辑表达式是由逻辑变量和“与”、“或”、“非”三种运算符所构成的表达式。

（3）逻辑图

逻辑图是由逻辑符号及它们之间的连线而构成的图形。

（4）波形图

波形图是由输入变量的所有可能取值组合的高、低电平及其对应的输出函数值的高、低电平所构成的图形。

例 8 列出 $L = A \cdot B + \overline{A} + \overline{B}$ 下列函数的真值表。

解：该函数有两个变量，有 4 种取值的可能组合，将它们按顺序排列起来，即得真值表。

例 9 写出如图 4-1-1 所示逻辑图的逻辑表达式。

解：可由输入至输出逐步写出逻辑表达式为

$$L=AB+BC+AC$$

$L = A \cdot B + \overline{A} \cdot \overline{B}$的真值表

A B	L
0 0	1
0 1	0
1 0	0
1 1	1

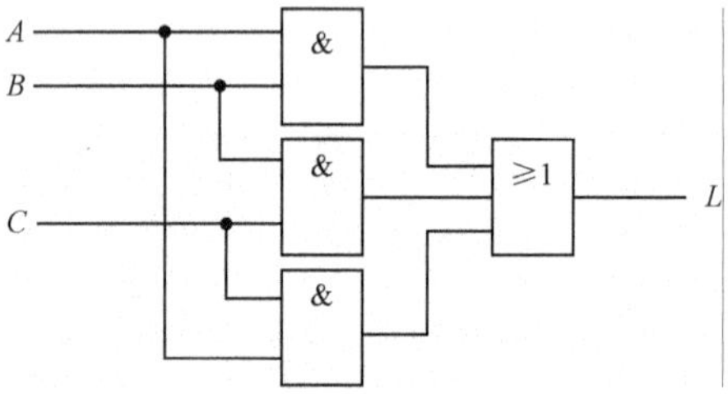

图 4-1-1 逻辑图

4. 逻辑函数的化简方法

逻辑表达式越简单，实现它的电路越简单，电路工作越稳定可靠。

公式法

① 并项法：运用式 $A+\overline{A}=1$，将两项合并为一项，消去一个变量。

② 吸收法：运用吸收律 $A+AB=A$，消去多余的与项。

③ 消去法：运用吸收律 $A+\overline{A}B=A+B$，消去多余的因子。

④ 配项法：先通过乘以 $A+\overline{A}$ 或加上 $A\overline{A}$，增加必要的乘积项，再用以上方法化简。

思考与训练

1. （1011.101）B=__________D

2. 8FA.C6H=__________B

3. （8A）H+（28）D=（166）D=__________B

4. （38）D=__________8421 BCD 码

5. A、B 两个输入变量中只要有一个为“1”，输出就为“1”，当 A、B 均为“0”时输出才为“0”，则该逻辑运算称为__________运算。

6. 布尔代数中有三种最基本运算：__________、__________和__________，在此基础上又派生出五种复合运算，分别为________、________、________和________、________。

7. 只有当决定一件事的几个条件全部不具备时，这件事才不会发生，这种逻辑关系为________。

8. 与运算的法则可概述为有“0”出 0 ，全“1”出 1 ；类似地或运算的法则可概述为________________________。

9．BCD编码中最常用的编码是_______。

10．与模拟信号相比，数字信号的特点是它的________性。一个数字信号只有_____种取值，分别表示____和____ 。

11．数字信号在_______和_______上都是离散的。

12．二值逻辑中，变量的取值不表示__________，而是指____________。

13．在开关电路中，只有“0”和“1”两种状态，通常把高电平看做______状态，把低电平看做_______状态。

14．三极管的输出特性分为三个区域，在交流放大器中三极管一般工作在______区，而在数字电路中三极管一般工作在_____区或_____区。

15．晶体三极管作为电子开关时，其工作状态应为 ______ 状态或 ______ 状态。

16．在数字电路中，稳态时三极管一般工作在_____开关_____状态。

17．门电路及由门电路组合的各种逻辑电路种类很多，应用广泛，但其中最基本的三种门电路是_______门、_______门和_______门。当三态门的控制端_______时，三态门的输出端根据输入的状态可以有高电平和低电平两种状态。

18．三态门具有三种输出状态，它们分别是_______、_______、_______。

19．三态门的第三个状态为______________。

20．对于与非门而言，闲置输入端的处理方式有_______、_____________________。

21．TTL与非门的多余输入端应接_______电平，或者与有用输入端_______。

22．TTL或门的多余输入端应接_______电平，或者与有用输入端_______。

23．图4-1-2（a）电路的输出为_______。

图4-1-2（b）中的CD值为_______。

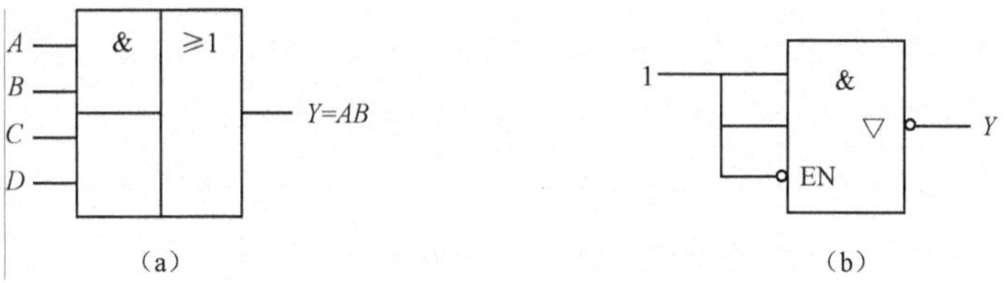

图4-1-2　习题23图

任务2　逻辑门电路

任务描述

逻辑门电路是用以实现基本和常用逻辑运算的电子电路，简称门电路。逻辑门电路的种类繁多，基本和常用的门电路有与门、或门、非门（反相器）、与非门、或非门、与或非门和异或门等。下面简单介绍基本门电路及几种常用的门电路及应用电路。

学习目标

1. 掌握与门、或门、非门、与非门、或非门、异或门、CMOS 传输门、三态门和 OC 门等的逻辑功能。

2. 了解半导体器件开关作用和开关特性，TTL 和 CMOS 电路结构及工作原理等。

完成任务

一、基本概念

逻辑门电路：用以实现基本和常用逻辑运算的电子电路，简称门电路。

基本和常用的门电路有与门、或门、非门（反相器）、与非门、或非门、与或非门和异或门等。

逻辑 0 和 1：电子电路中来表示高、低电平。

获得高、低电平的基本方法：利用半导体开关元件的导通、截止（即开、关）两种工作状态。

1. 二极管与门（见图 4-2-1）

当决定某事件的全部条件同时具备时，结果才会发生，这种因果关系称为与逻辑。

与门表达式：$F=A\cdot B$

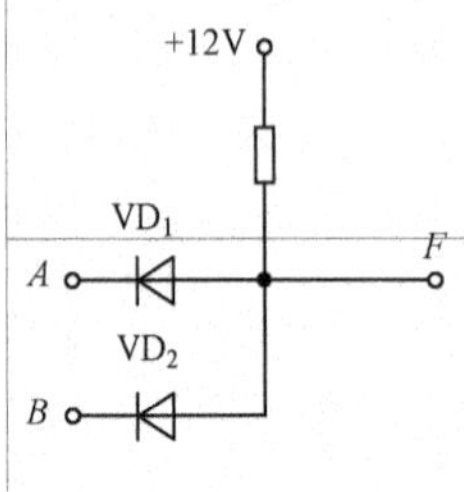

输入		输出
A	B	F
0	0	0
0	1	0
1	0	0
1	1	1

图 4-2-1　二极管与门

2. 二极管或门（见图 4-2-2）

或门表达式：$F=A+B$

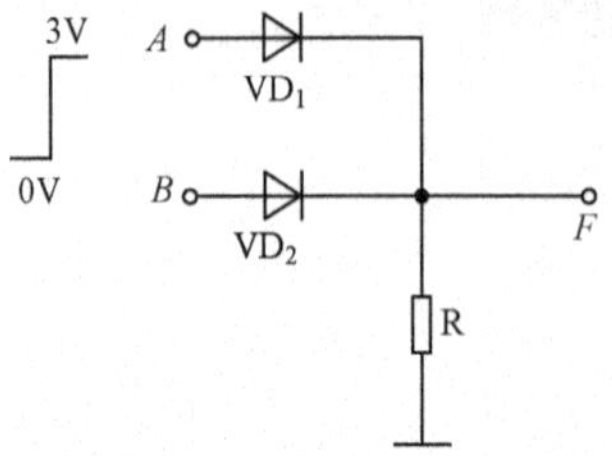

输入		输出
A	B	F
0	0	0
0	1	1
1	0	1
1	1	1

图 4-2-2　二极管或门

3. 三极管反相器（非门）(见图 4-2-3）

非门函数表达式：

$$F=\overline{A}$$

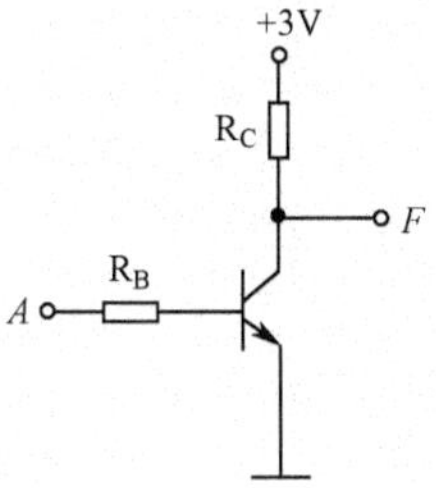

输入	输出
A	F
0	1
1	0

图 4-2-3　非门

知识链接

二、常用逻辑门电路图形符号（见表 4-2-1）

表 4-2-1　常用逻辑门电路图形符号

逻　辑　门	表　达　式	符　　号
与门	$F=AB$	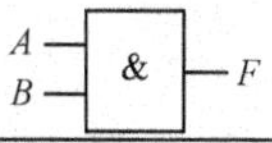
或门	$F=A+B$	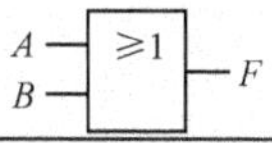
非门	$F=\overline{A}$	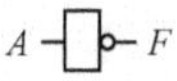
与非门	$F=\overline{AB}$	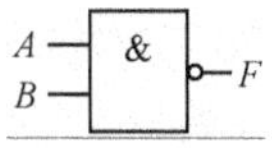
或非门	$F=\overline{A+B}$	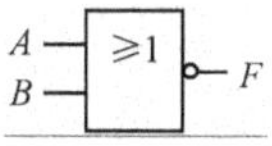
异或门	$F=A\oplus B$	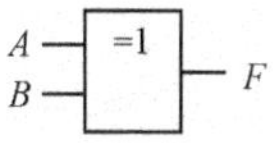
与或非门	$F=\overline{AB+CD}$	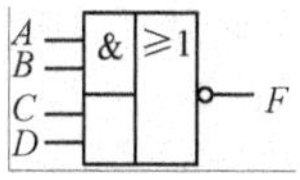
三态门	$EN=1$，$F=\overline{AB}$ $EN=0$，F高阻	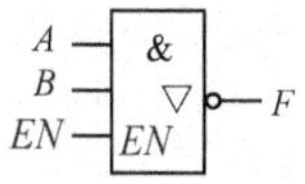

三、TTL 集成门电路

TTL 与非门电路满足与非的逻辑功能，即

$$L=\overline{A\cdot B\cdot C}$$

TTL 与非门电路如图 4-2-4 所示。

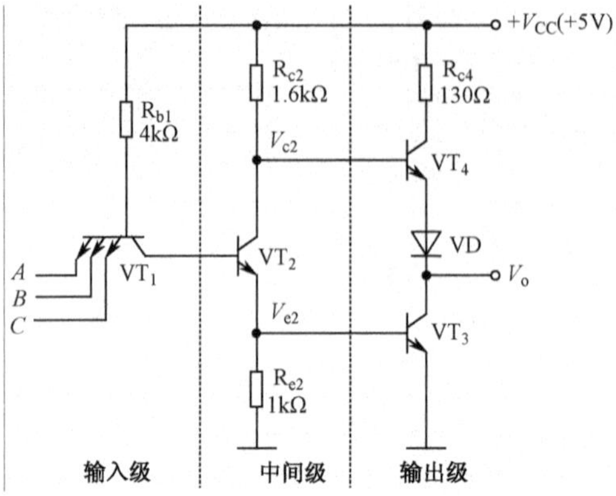

图 4-2-4　TTL 与非门电路

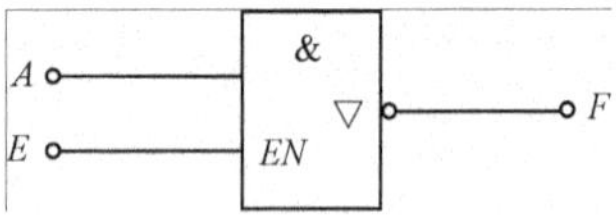

图 4-2-5　三态门逻辑符号

四、TTL 三态门

电路的输出有高阻态、高电平和低电平三种状态。

① $E=0$ 时，输出端开路，电路处于高阻状态。

② $E=1$ 时，电路输出与输入的逻辑关系和一般反相器相同。

五、典型 TTL 集成门电路

74LS00 内含四个两输入端的与非门，电源线及地线公用。74LS00 的引脚 74LS20 内含两个四输入端的与非门，电源线及地线公用，如图 4-2-6 所示。

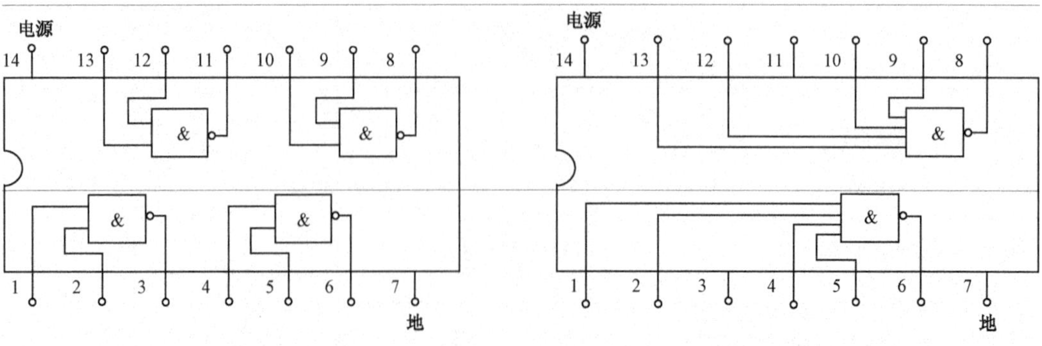

（a）74LS00的引脚排列图　　（b）74LS20的引脚排列图

图 4-2-6　典型 TTL 集成门电路

六、CMOS 集成门电路

1. CMOS 非门

① U_A＝0V 时，VN 截止，VP 导通。输出电压 $u_F = V_{DD}$＝10V。

② U_A＝10V 时，VN 导通，VP 截止。输出电压 uF＝0V。

2. CMOS 门电路

用 CMOS 反相器可以组成 CMOS 与、或、非等系列门电路。CMOS 漏极开路门、电平转换器、三态门、CMOS 传输门等。

3. 与门和与非门

与门和与非门种类繁多，常见的与门有二输入、三输入、四输入与门等；与非门有二输入、三输入、四输入、八输入等。常见的 74LS 系列（74HC 系列）与门和与非门引脚排列图如图 4-2-7 所示。

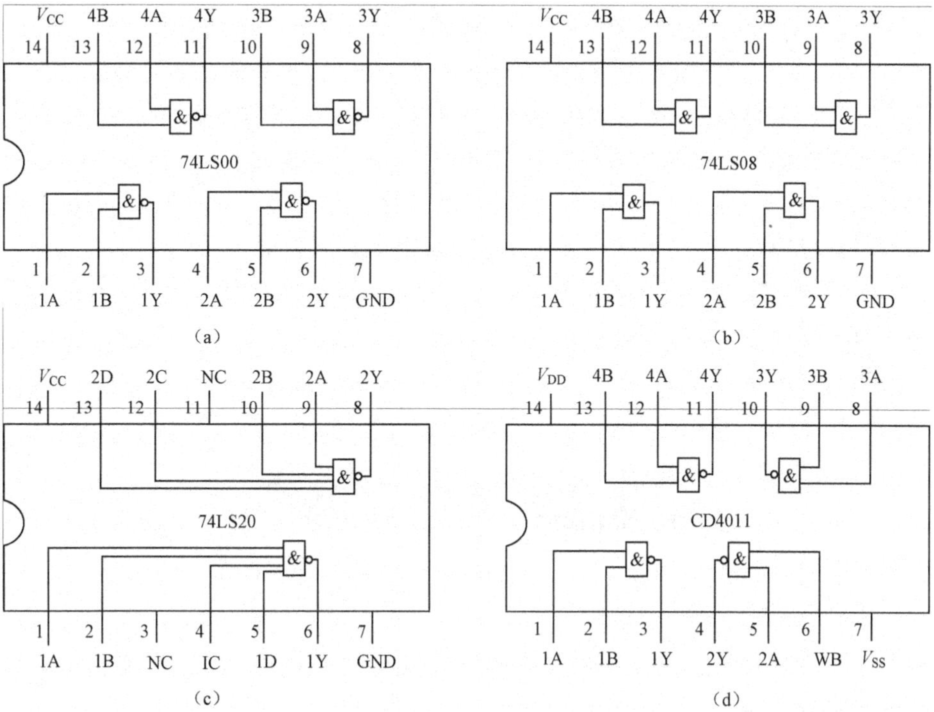

图 4-2-7　常见的 74LS 系列（74HC 系列）与门和与非门引脚排列图

74LS08是四二输入与门，74LS00和CD4011是四二输入与非门，74LS20是双四输入与非门。

思考与训练

1．与门的输入端输入信号为何时，输出端输出“1”。（　　）

A．0　0　　B．0　1　　C．1　0　　D．1　1

2．联合国安理会每个常任理事国都拥有否决权，假设设计一个表决器，常任理事国投反对票时输入“0”，投赞成票时或弃权时输入“1”，提案通过为“1”，通不过为“0”，则这个表决器应具有哪种逻辑关系。（　　）

A．与门　　B．或门　　C．非门　　D．与非门

3．数字信号和模拟信号的不同之处是（　　）。

A．数字信号在大小上不连续，时间上连续，而模拟信号则相反

B．数字信号在大小上连续，时间上不连续，而模拟信号则相反

C．数字信号在大小和时间上均不连续，而模拟信号则相反

D．数字信号在大小和时间上均连续，而模拟信号则相反

4．逻辑电路的信号有两种状态：一种是高位状态，用“1”表示；另一种是低电位状态，用“0”表示。关于这里的“1”和“0”下列说法正确的是（　　）

A．“1”表示电压为 1V，“0”表示电压为 0V

B．“1”表示电压为大于或等于 1V，“0”表示电压一定为 0V

C．“1”和“0”是逻辑关系的两种可能的取值，不表示具体的数字

D．“1”表示该点与电源的正极相连，“0”表示该点与电源的负极相连

5．走廊里有一盏电灯，在走廊两端各有一个开关，我们希望不论哪一个开关接通都能使电灯点亮，那么设计的电路为（　　）

A．与门电路　　B．非门电路

C．或门电路　　D．上述答案都有可能

6．在第 5 题中，若用“0”表示关灯，“1”表示开灯，灯亮为“1”，灯灭为“0”，则下列逻辑式正确的是（　　）

A．0+1=0　　B．1+1=1

C．0+0=0　　D．1+0=0

任务3　组合逻辑电路

任务描述

在数字系统中使用的编码器和译码器是最常用的组合逻辑电路，应了解其工作原理，掌握其功能和使用方法。

学习目标

1．掌握组合逻辑电路功能的分析方法、设计方法。

2．熟悉各种组合电路工作原理。

任务分析

1．用二进制代码表示特定对象的过程称为编码；实现编码操作的电路称为编码器。编码器分为二进制编码器和十进制编码器两种，各种译码器的工作原理类似，设计方法也相同。

集成二进制编码器和集成十进制编码器均采用优先编码方案。

2. 把代码状态的特定含义翻译出的过程称为译码，实现译码操作的电路称为译码器。译码器分为二进制译码器、十进制译码器及字符显示译码器三种，各种译码器的工作原理类似，设计方法也相同。

组合逻辑电路是数字电路中最简单的一类逻辑电路，其特点是功能上无记忆，结构上无反馈。即电路任一时刻的输出状态只决定于该时刻各输入状态的组合，而与电路的原状态无关。组合逻辑电路的分析方法如下。

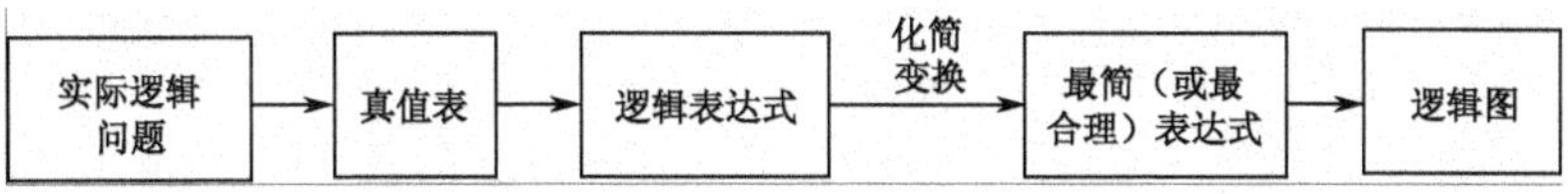

组合逻辑电路的设计一般应以电路简单、所用器件最少为目标，并尽量减少所用集成器件的种类，因此，在设计过程中要用到前面介绍的代数法和卡诺图法来化简或转换逻辑函数。

完成任务

任务：设计一个电话机信号控制电路。电路有 I_0（火警）、I_1（盗警）和 I_2（日常业务）三种输入信号，通过排队电路分别从 L_0、L_1、L_2 输出，在同一时间只能有一个信号通过。如果同时有两个以上信号出现时，应首先接通火警信号，其次为盗警信号，最后是日常业务信号。试按照上述轻重缓急设计该信号控制电路，要求用集成门电路 7400（每片含四个二输入端与非门）实现。

① 列真值表。

对于输入，设有信号为逻辑“1”；没信号为逻辑“0”。

对于输出，设允许通过为逻辑“1”；设不允许通过为逻辑“0”。

② 由真值表写出各输出的逻辑表达式：

$L_0 = I_0$　　$L_1 = \overline{I_0} I_1$　　$L_2 = \overline{I_0}\,\overline{I_1} I_2$

这三个表达式已是最简，不需化简。但需要用非门和与门实现，且 L_2 需用三输入端与门才能实现，故不符合设计要求。

③ 根据要求，将上式转换为与非表达式：

$$L_0 = I_0 \qquad L_1 = \overline{\overline{\overline{I_0} I_1}} \qquad L_2 = \overline{\overline{\overline{I_0}\,\overline{I_1} I_2}} = \overline{\overline{\overline{\overline{\overline{I_0}\,\overline{I_1}}} \cdot I_2}}$$

真值表见表 4-3-1。

④ 画出逻辑图如图 4-3-1 所示，可用两片集成与非门 7400 来实现。

可见，在实际设计逻辑电路时，有时并不是表达式最简单，就能满足设计要求，还应考虑所使用集成器件的种类，将表达式转换为能用所要求的集成器件实现的形式，并尽量使所用集成器件最少，这就是设计步骤框图中所说的“最合理表达式”。

表 4-3-1 真值表

输入			输出		
I_0	I_1	I_2	L_0	L_1	L_2
0	0	0	0	0	0
1	×	×	1	0	0
0	1	×	0	1	0
0	0	1	0	0	1

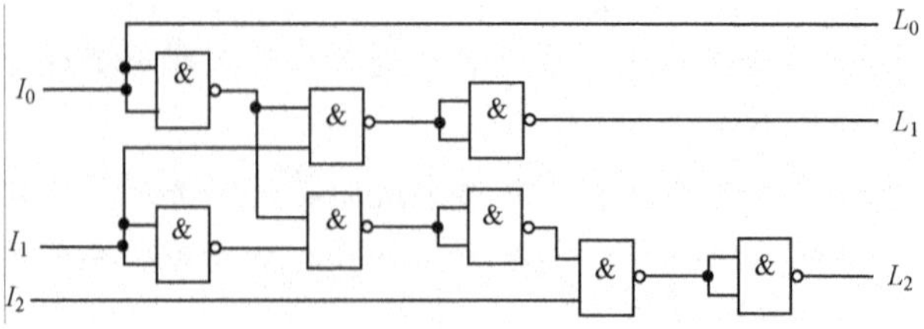

图 4-3-1 逻辑图

知识链接

（一）编码器的基本概念及工作原理

编码——将字母、数字、符号等信息编成一组二进制代码。

例 1 键控 8421BCD 码编码器。

左端的十个按键 S_0～S_9 代表输入的十个十进制数符号 0～9，输入为低电平有效，即某一按键按下，对应的输入信号为 0。输出对应的 8421 码，为 4 位码，所以有 4 个输出端 A、B、C、D。

由真值表（见表 4-3-2）写出各输出的逻辑表达式为

$$A = \overline{S_8} + \overline{S_9} = \overline{S_8 S_9}$$

$$B = \overline{S_4} + \overline{S_5} + \overline{S_6} + \overline{S_7} = \overline{S_4 S_5 S_6 S_7}$$

$$C = \overline{S_2} + \overline{S_3} + \overline{S_6} + \overline{S_7} = \overline{S_2 S_3 S_6 S_7}$$

$$D = \overline{S_1} + \overline{S_3} + \overline{S_5} + \overline{S_7} + \overline{S_9} = \overline{S_1 S_3 S_5 S_7 S_9}$$

表 4-3-2 键控 8421BCD 码编码器真值表

输入										输出				
S_9	S_8	S_7	S_6	S_5	S_4	S_3	S_2	S_1	S_0	A	B	C	D	GS
1	1	1	1	1	1	1	1	1	1	0	0	0	0	0
1	1	1	1	1	1	1	1	1	0	0	0	0	0	1
1	1	1	1	1	1	1	1	0	1	0	0	0	1	1
1	1	1	1	1	1	1	0	1	1	0	0	1	0	1
1	1	1	1	1	1	0	1	1	1	0	0	1	1	1
1	1	1	1	1	0	1	1	1	1	0	1	0	0	1
1	1	1	1	0	1	1	1	1	1	0	1	0	1	1
1	1	1	0	1	1	1	1	1	1	0	1	1	0	1
1	1	0	1	1	1	1	1	1	1	0	1	1	1	1
1	0	1	1	1	1	1	1	1	1	1	0	0	0	1
0	1	1	1	1	1	1	1	1	1	1	0	0	1	1

画出逻辑图，如图 4-3-2 所示。

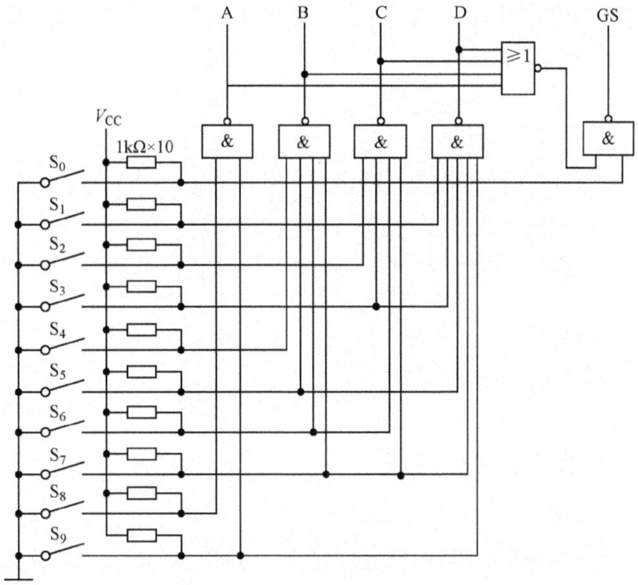

图 4-3-2　键控 8421BCD 码编码器

其中 GS 为控制使能标志，当按下 S_0～S_9 任意一个键时，GS=1，表示有信号输入；当 S_0～S_9 均没按下时，GS=0，表示没有信号输入，此时的输出代码 0000 为无效代码。

（二）二进制编码器

用 n 位二进制代码对 $2n$ 个信号进行编码的电路称为二进制编码器。3 位二进制编码器有 8 个输入端 3 个输出端，所以常称为 8 线—3 线编码器，其功能真值表见表 4-3-3，输入为高电平有效。

表 4-3-3　编码器真值表

输　入								输　出		
I_0	I_1	I_2	I_3	I_4	I_5	I_6	I_7	A_2	A_1	A_0
1	0	0	0	0	0	0	0	0	0	0
0	1	0	0	0	0	0	0	0	0	1
0	0	1	0	0	0	0	0	0	1	0
0	0	0	1	0	0	0	0	0	1	1
0	0	0	0	1	0	0	0	1	0	0
0	0	0	0	0	1	0	0	1	0	1
0	0	0	0	0	0	1	0	1	1	0
0	0	0	0	0	0	0	1	1	1	1

由真值表写出各输出的逻辑表达式为

$$A_2=\overline{\overline{I_4 I_5 I_6 I_7}}$$

$$A_1=\overline{\overline{I_2 I_3 I_6 I_7}}$$

$$A_0 = \overline{\overline{I_1}\,\overline{I_3}\,\overline{I_5}\,\overline{I_7}}$$

用门电路实现逻辑电路，如图 4-3-2 所示。

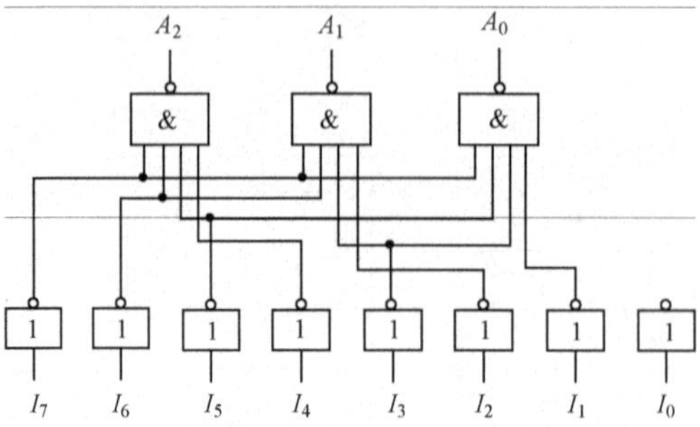

图 4-3-3　3 位二进制编码器

（三）译码器的基本概念及工作原理

译码器——将输入代码转换成特定的输出信号。

假设译码器有 n 个输入信号和 N 个输出信号，如果 N=2n，就称为全译码器，常见的全译码器有 2 线—4 线译码器、3 线—8 线译码器、4 线—16 线译码器等。如果 N＜2n，就称为部分译码器，如二一十进制译码器（也称 4 线—10 线译码器）等。

下面以 2 线—4 线译码器为例说明译码器的工作原理和电路结构。

2 线—4 线译码器的功能见表 4-3-4。

表 4-3-4　2 线—4 线译码器功能表

输　入			输　出			
EI	A	B	Y_0	Y_1	Y_2	Y_3
1	×	×	1	1	1	1
0	0	0	0	1	1	1
0	0	1	1	0	1	1
0	1	0	1	1	0	1
0	1	1	1	1	1	0

由表 4-2-4 可写出各输出函数表达式为

$$Y_0 = \overline{\overline{EI}\,\overline{A}\,\overline{B}}$$

$$Y_1 = \overline{\overline{EI}\,\overline{A}B}$$

$$Y_2 = \overline{\overline{EI}A\overline{B}}$$

$$Y_3 = \overline{\overline{EI}AB}$$

用门电路实现 2 线—4 线译码器的逻辑电路如图 4-3-4 所示。

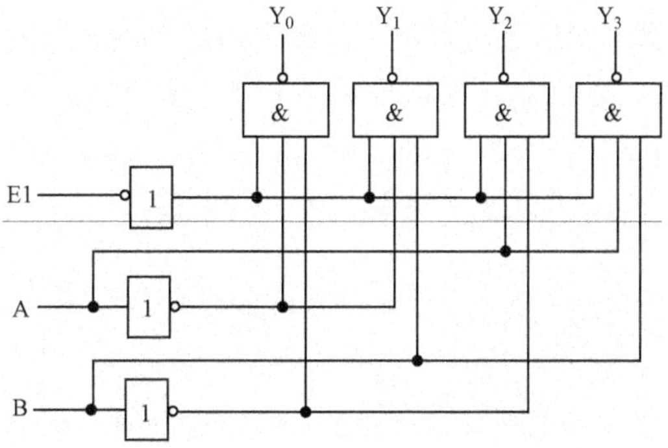

图 4-3-4 2 线—4 线译码器逻辑图

知识链接

译码器的应用

1. 译码器的扩展

利用译码器的使能端可以方便地扩展译码器的容量。图 4-3-5 所示为将两片 74138 扩展为 4 线—16 线译码器。

其工作原理为当 E=1 时，两个译码器都禁止工作，输出全 1；当 E=0 时，译码器工作。这时，如果 A_3=0，高位片禁止，低位片工作，输出 Y_0～Y_7 由输入二进制代码 $A_2A_1A_0$ 决定；如果 A_3=1，低位片禁止，高位片工作，输出 Y_8～Y_{15} 由输入二进制代码 $A_2A_1A_0$ 决定。从而实现了 4 线—16 线译码器功能。

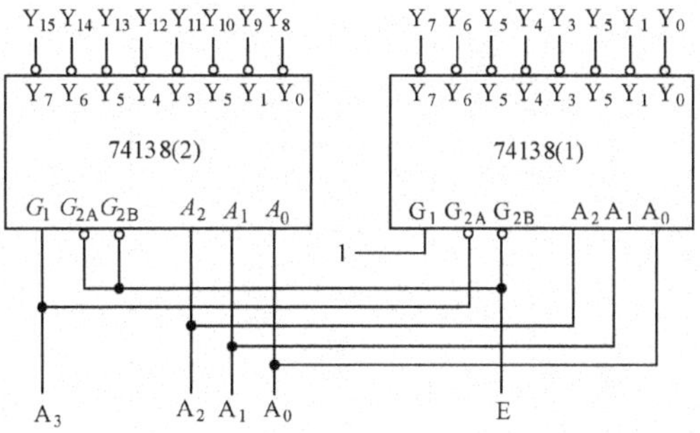

图 4-3-5 两片 74138 扩展为 4 线—16 线译码器

2. 实现组合逻辑电路

由于译码器的每个输出端分别与一个最小项相对应，因此辅以适当的门电路，便可实现任何组合逻辑函数。

例 2 试用译码器和门电路实现逻辑函数

$$L = AB + BC + AC$$

解：① 将逻辑函数转换成最小项表达式，再转换成与非——与非形式。

$$L = \bar{A}BC + A\bar{B}C + AB\bar{C} + ABC = m_3+m_5+m_6+m_7$$

$$= \overline{\overline{m_3} \cdot \overline{m_5} \cdot \overline{m_6} \cdot \overline{m_7}} \cdot$$

② 该函数有三个变量，所以选用 3 线—8 线译码器 74138。

用一片 74138 加一个与非门就可实现逻辑函数 L，逻辑图如图 4-3-6 所示。

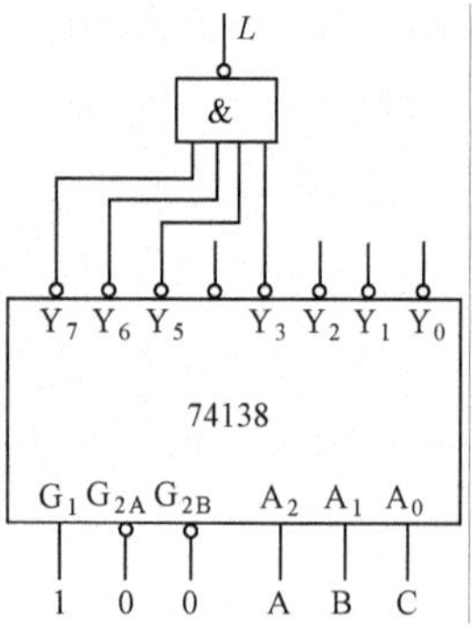

图 4-3-6　74138 和与非门

例 3　某组合逻辑电路的真值表见表 4-3-5，试用译码器和门电路设计该逻辑电路。

解：① 写出各输出的最小项表达式，再转换成与非—与非形式。

$$L = \overline{A}\,\overline{B}C + \overline{A}B\overline{C} + A\overline{B}\,\overline{C} + ABC$$

$$= m_1 + m_2 + m_4 + m_7 = \overline{\overline{m_1} \cdot \overline{m_2} \cdot \overline{m_4} \cdot \overline{m_7}}$$

$$F = \overline{A}BC + A\overline{B}C + AB\overline{C} = m_3 + m_5 + m_6 = \overline{\overline{m_3} \cdot \overline{m_5} \cdot \overline{m_6}}$$

$$G = \overline{A}\,\overline{B}\,\overline{C} + \overline{A}B\overline{C} + A\overline{B}\,\overline{C} + AB\overline{C}$$

$$= m_0 + m_2 + m_4 + m_6 = \overline{\overline{m_0} \cdot \overline{m_2} \cdot \overline{m_4} \cdot \overline{m_6}}$$

② 选用 3 线—8 线译码器 74138。

设 $A=A_2$、$B=A_1$、$C=A_0$。

将 L、F、G 的逻辑表达式与 74138 的输出表达式相比较，有

$$L = \overline{Y_1 \cdot Y_2 \cdot Y_4 \cdot Y_7}$$

$$F = \overline{Y_3 \cdot Y_5 \cdot Y_6}$$

$$G = \overline{Y_0 \cdot Y_2 \cdot Y_4 \cdot Y_6}$$

用一片 74138 加三个与非门就可实现该组合逻辑电路，逻辑图如图 4-3-7 所示。

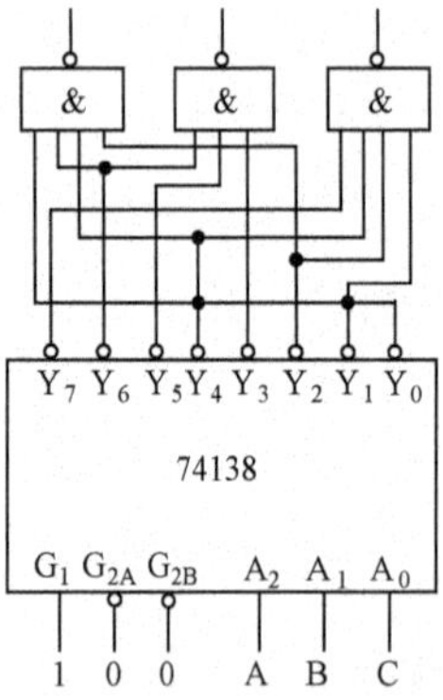

图 4-3-7　逻辑图

表 4-3-5　例 3 的真值表

输入			输出		
A	B	C	L	F	G
0	0	0	0	0	1
0	0	1	1	0	0
0	1	0	1	0	1
0	1	1	0	1	0
1	0	0	1	0	1
1	0	1	0	1	0
1	1	0	0	1	1
1	1	1	1	0	0

可见，用译码器实现多输出逻辑函数时，优点更明显。

3. 数字显示译码器

在数字系统中，常常需要将数字、字母、符号等直观地显示出来，供人们读取或监视系统的工作情况。能够显示数字、字母或符号的器件称为数字显示器。

在数字电路中，数字量都是以一定的代码形式出现的，所以这些数字量要先经过译码，才能送到数字显示器去显示。这种能把数字量翻译成数字显示器所能识别的信号的译码器称

为数字显示译码器。

常用的数字显示器有多种类型。

按显示方式分，有字型重叠式、点阵式、分段式等。

按发光物质分，有半导体显示器，又称发光二极管（LED）显示器、荧光显示器、液晶显示器、气体放电管显示器等。

目前应用最广泛的是由发光二极管构成的七段数字显示器。

（1）七段数字显示器原理

七段数字显示器就是将七个发光二极管（加小数点为八个）按一定的方式排列起来，七段 a、b、c、d、e、f、g（小数点 DP）各对应一个发光二极管，利用不同发光段的组合，显示不同的阿拉伯数字，如图 4-3-8 所示。

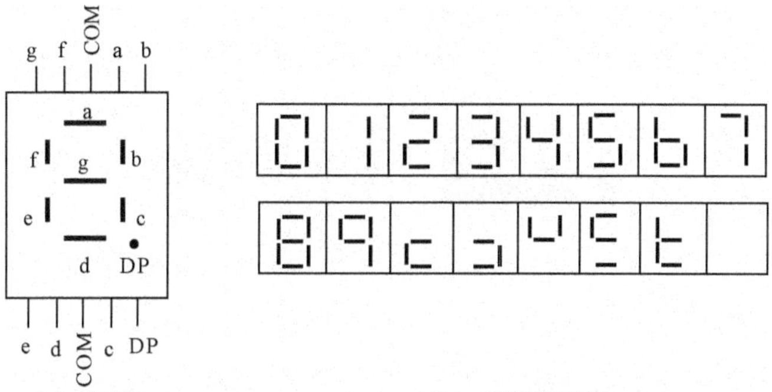

（a）显示器　　（b）发光段组合图

图 4-3-8　七段数字显示器及发光段组合图

按内部连接方式不同，七段数字显示器分为共阴极和共阳极两种，如图 4-3-9 所示。

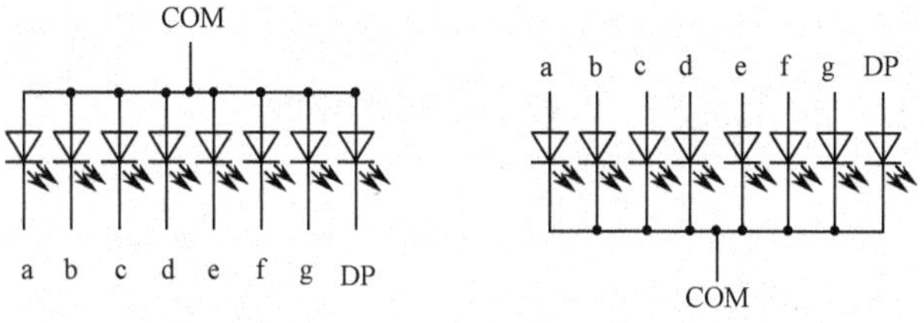

（a）共阳极接法　　（b）共阴极接法

图 4-3-9　半导体数字显示器的内部接法

半导体显示器的优点是工作电压较低（1.5～3V）、体积小、寿命长、亮度高、响应速度快、工作可靠性高。缺点是工作电流大，每个字段的工作电流约为 10mA 左右。

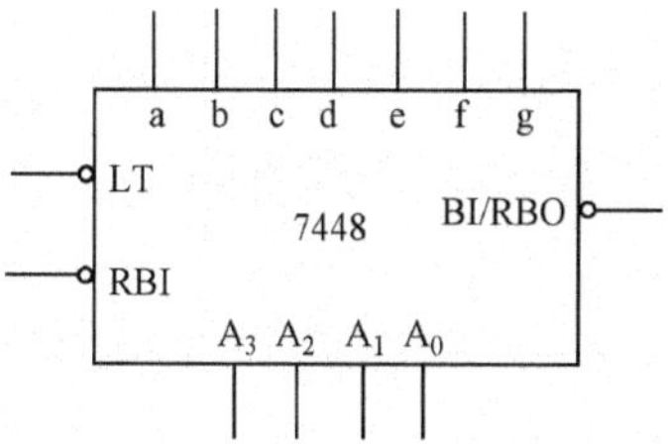

图 4-3-10　七段显示译码器

（2）七段显示译码器 7448（见图 4-3-10）

七段显示译码器 7448 是一种与共阴极数字显示器配合使用的集成译码器，它的功能是将输入的 4 位二进制代码转换成显示器所需要的七个段信号 a～g。a～g 为译码输出端。另外，它还有 3 个控制端：试灯输入端 LT、灭零输入端 RBI、特殊控制端 BI/RBO。其功能如下所述。

① 正常译码显示。LT=1，BI/RBO=1 时，对输入为十进制数 1～15 的二进制码（0001～1111）进行译码，产生对应的七段显示码。

② 灭零。当输入 RBI=0，且输入为 0 的二进制码 0000 时，则译码器的 a～g 输出全为 0，使显示器全灭；只有当 RBI=1 时，才产生 0 的七段显示码，所以 RBI 称为灭零输入端。

③ 试灯。当 LT=0 时，无论输入怎样，a～g 输出全为 1，数码管七段全亮。由此可以检测显示器七个发光段的好坏，LT 称为试灯输入端。

④ 特殊控制端 BI/RBO。BI/RBO 可以作为输入端，也可以作为输出端。

作输入端使用时，如果 BI=0，不管其他输入端为何值，a～g 均输出 0，显示器全灭。因此 BI 称为灭灯输入端。

作输出端使用时，受控于 RBI。当 RBI=0，且输入为 0 的二进制码 0000 时，RBO=0，用以指示该片正处于灭零状态。所以，RBO 又称灭零输出端。

将 BI/RBO 和 RBI 配合使用，可以实现多位数显示时的“无效 0 消隐”功能。

任务4 集成触发器

任务描述

介绍基本 RS 触发器的组成原理、点和逻辑功能。同时，较详细地讨论 RS 触发器、JK 触发器、D 触发器。

学习目标

1. 熟悉基本 RS 触发器、JK 触发器、D 触发器的组成、工作原理和触发方式。
2. 掌握 RS 触发器、JK 触发器、D 触发器的逻辑功能。

任务分析

触发器具有“记忆”功能，它是构成时序逻辑电路的基本单元。首先介绍基本 RS 触发器的组成原理、特点和逻辑功能，然后引出能够防止“空翻”现象的主从触发器和边沿触发器，然后较详细地讨论 RS 触发器、JK 触发器、D 触发器。

完成任务

一、触发器的电路结构与动作特点

（一）基本 RS 触发器

1. 用与非门组成的基本 RS 触发器（见图 4-4-1）

（1）电路结构

由两个与非门的输入输出端交叉耦合。它与组合电路的根本区别在于电路中有反馈线。

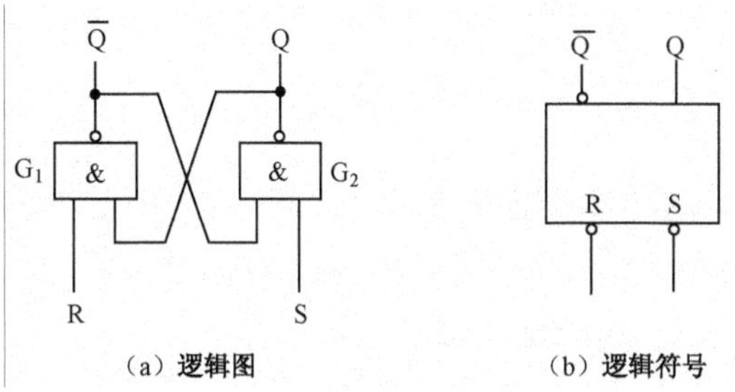

图 4-4-1　与非门组成的基本 RS 触发器

它有两个输入端 R、S，有两个输出端 Q、$\overline{Q}$。一般情况下，Q、$\overline{Q}$是互补的。

定义：当 $Q=1$，$\overline{Q}=0$ 时，称为触发器的 1 状态；

当 $Q=0$，$\overline{Q}=1$ 时，称为触发器的 0 状态。

（2）触发器的两个特点

① 具有两个能自保持的稳定状态。触发器有两个互补的输出端 Q、$\overline{Q}$，定义触发器的 1 状态为 Q=1、$\overline{Q}$=0，0 状态为 Q=0、$\overline{Q}$=1，可见触发器的状态指的是 Q 端的状态。

② 在输入信号的作用下，可以从一个稳定状态转换到另一个稳定状态。

触发器的逻辑功能用特性表、激励表、特性方程、状态转换图和波形图来描述。

（3）逻辑功能表（见表 4-4-1）

表 4-4-1　逻辑功能表

R	S	Q^n	Q^{n+1}	功能说明
0	0	0	×	不稳定状态
0	0	1	×	
0	1	0	0	置 0（复位）
0	1	1	0	
1	0	0	1	置 1（置位）
1	0	1	1	
1	1	0	0	保持原状态
1	1	1	1	

可见，触发器的新状态 Q^{n+1}（也称次态）不仅与输入状态有关，也与触发器原来的状态 Q^n（也称现态或初态）有关。

触发器的特点以以下几个方面：

① 有两个互补的输出端，有两个稳态。

② 有复位（Q=0）、置位（Q=1）、保持原状态三种功能。

③ R 为复位输入端，S 为置位输入端，该电路为低电平有效。

④ 由于反馈线的存在，无论是复位还是置位，有效信号只需作用很短的一段时间，即“一触即发”。

（4）特性方程

$$Q^{n+1}=S+\overline{R}Q^{n}$$

$$\overline{S}+\overline{R}=1$$（约束条件）

（5）波形分析

例 1 用与非门组成的基本 RS 触发器如图 4-4-1（a）所示，设初始状态为 0，已知输入 R、S 的波形图如图 4-4-1（b）所示，画出输出 Q、$\overline{Q}$ 的波形图。

解：由表 4-4-1 可画出输出 Q、$\overline{Q}$ 的波形如图 4-4-2 所示。

图中虚线所示为考虑门电路的延迟时间的情况。

2．由或非门组成的基本 RS 触发器（见图 4-4-3）

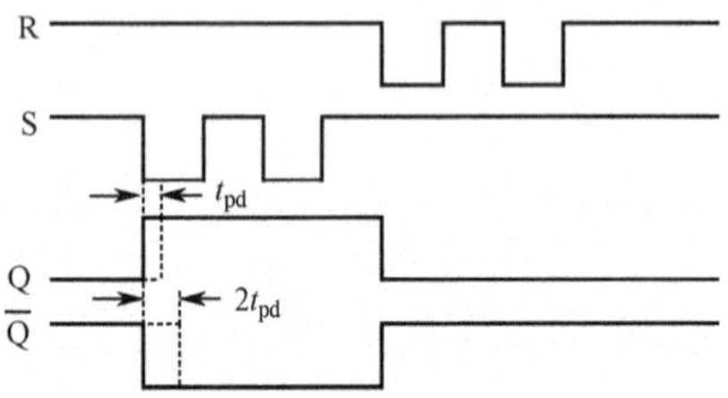

图 4-4-2　例 1 波形图

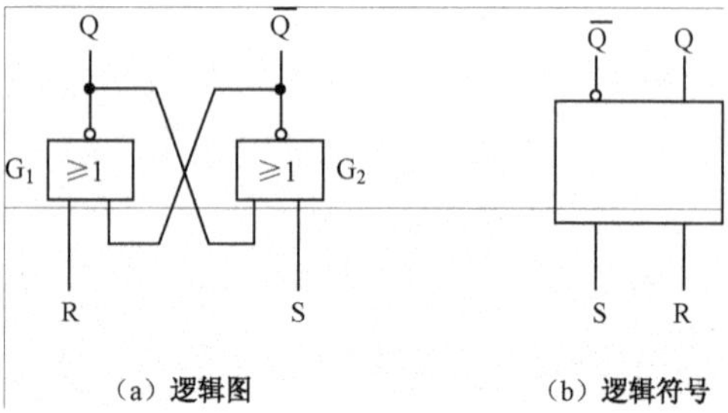

图 4-4-3　由或非门组成的基本 RS 触发器

（1）电路结构

由两个或非门的输入输出端交叉耦合。它与组合电路的根本区别在于，电路中有反馈线。该电路为高电平有效。

（2）逻辑功能表（见表 4-4-2）

表 4-4-2　逻辑功能表

R	S	Q^n	Q^{n+1}	功能说明
0	0	0	0	保持原状态
0	0	1	1	
0	1	0	0	置 1（置位）
0	1	1	0	
1	0	0	1	置 0（复位）
1	0	1	1	
1	1	0	×	不稳定状态
1	1	1	×	

（3）特性方程为

$$Q^{n+1}=S+\overline{R}Q^{n}$$

RS=0（约束条件）

综上所述，基本 RS 触发器具有复位（Q=0）、置位（Q=1）、保持原状态三种功能。R 为复位输入端，S 为置位输入端，可以是低电平有效，也可以是高电平有效，取决于触发器的结构。

（二）同步 RS 触发器（见图 4-4-4）

在实际应用中，触发器的工作状态不仅要由 R、S 端的信号来决定，而且还希望触发器按一定的节拍翻转。为此，给触发器加一个时钟控制端 CP，只有在 CP 端上出现时钟脉冲时，触发器的状态才能变化。具有时钟脉冲控制的触发器状态的改变与时钟脉冲同步，所以称为同步触发器。

1. 同步 RS 触发器的电路结构

2. 逻辑功能

当 CP=0 时，控制门 G_3、G_4 关闭，都输出 1。这时，不管 R 端和 S 端的信号如何变化，触发器的状态保持不变。

当 CP=1 时，G_3、G_4 打开，R、S 端的输入信号才能通过这两个门，使基本 RS 触发器的状态翻转，其输出状态由 R、S 端的输入信号决定，见表 4-4-3。

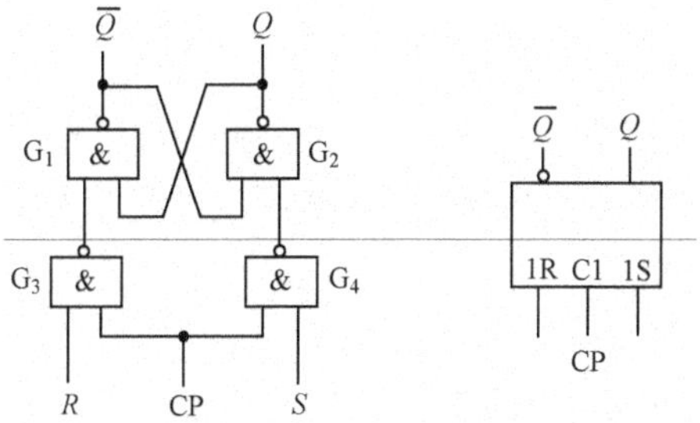

（a）逻辑图　（b）逻辑符号

图 4-4-4　同步 RS 触发器

表 4-4-3　同步 RS 触发器的功能表

R	S	Q^n	Q^{n+1}	功能说明
0	0	0	0	保持原状态
0	0	1	1	
0	1	0	1	输出状态与 S 状态相同
0	1	1	1	
1	0	0	0	输出状态与 S 状态相同
1	0	1	0	
1	1	0	×	输出状态不稳定
1	1	1	×	

由此可以看出，同步 RS 触发器的状态转换分别由 R、S 和 CP 控制，其中，R、S 控制状态转换的方向，即转换为何种次态；CP 控制状态转换的时刻，即何时发生转换。

3. 触发器功能的几种表示方法

（1）特性方程

触发器次态 Q^{n+1} 与输入状态 R、S 及现态 Q^n 之间关系的逻辑表达式称为触发器的特性方程。根据表 4-4-3 可画出同步 RS 触发器 Q^{n+1} 的卡诺图，如图 4-4-5 所示。由此可得同步 RS 触发器的特性方程为

$$Q^{n+1} = S + \overline{R}Q^n$$

$$RS=0\text{（约束条件）}$$

（2）状态转换图

状态转换图表示触发器从一个状态变化到另一个状态或保持原状不变时，对输入信号的要求。同步 RS 触发器的状态转换图如图 4-4-6 所示。

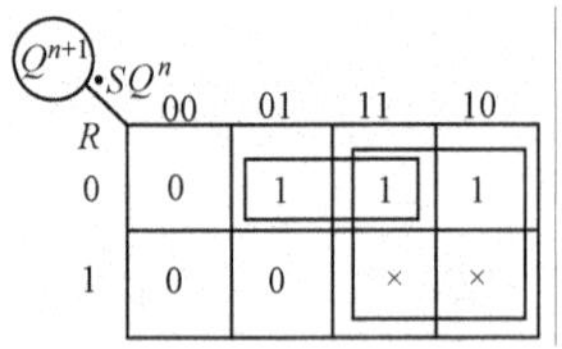

图 4-4-5　同步 RS 触发器 Q^{n+1} 的卡诺图

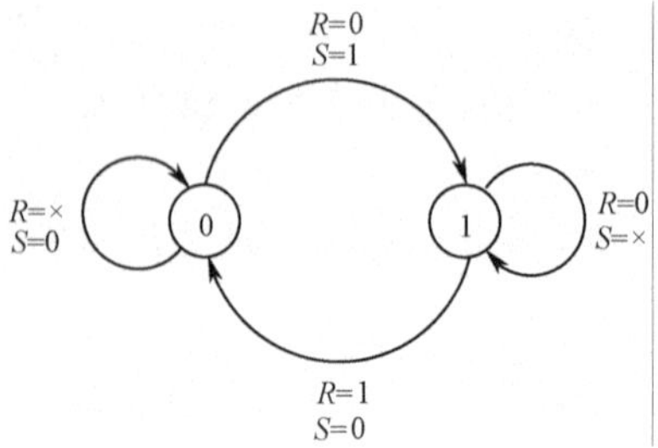

图 4-4-6　同步 RS 触发器的状态转换图

（3）驱动表

驱动表是用表格的方式表示触发器从一个状态变化到另一个状态或保持原状态不变时，对输入信号的要求。表 4-4-4 所示为根据表 4-4-3 画出的同步 RS 触发器的驱动表。驱动表对时序逻辑电路的设计是很有用的。

（4）波形图

触发器的功能也可以用输入输出波形图直观地表示出来，图 4-4-7 所示为同步 RS 触发器的波形图。

表 4-4-4　同步 RS 触发器的驱动表

Q^n	$\to Q^{n+1}$	R	S
0	0	×	0
0	1	0	1
1	0	1	0
1	1	0	×

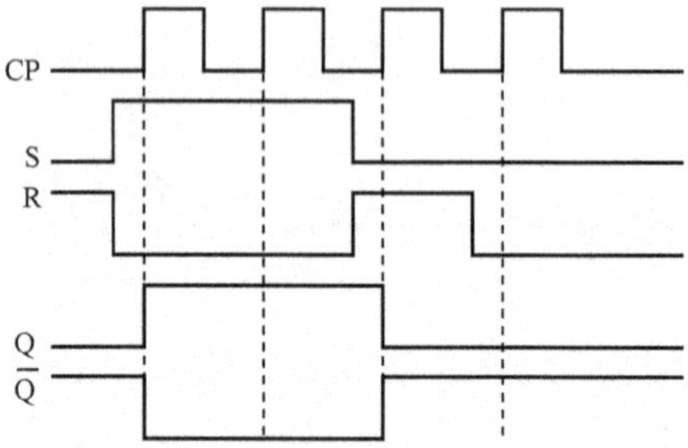

图 4-4-7　同步 RS 触发器的波形图

4. 同步触发器存在的问题——空翻

在一个时钟周期的整个高电平期间或整个低电平期间都能接收输入信号并改变状态的触发方式称为电平触发。由此引起的在一个时钟脉冲周期中，触发器发生多次翻转的现象称为空翻。空翻是一种有害的现象，它使得时序电路不能按时钟节拍工作，造成系统的误动作，如图 4-4-8 所示。

造成空翻现象的原因是同步触发器结构的不完善。下面将讨论几种无空翻的触发器，都是从结构上采取措施，从而克服了空翻现象。

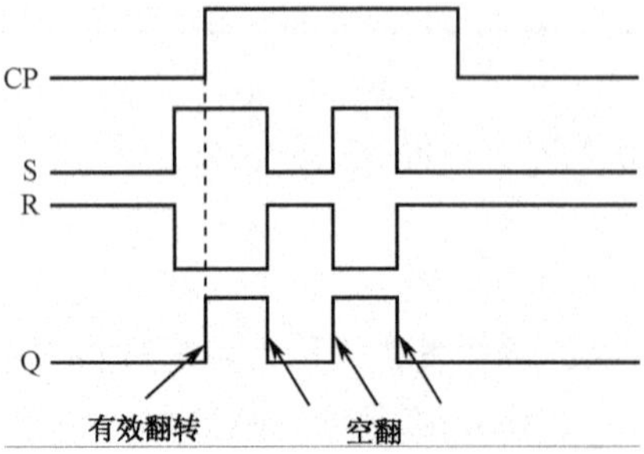

图 4-4-8　空翻波形图

（三）主从触发器

主从触发器由两级触发器构成，其中一级直接接收输入信号，称为主触发器；另一级接收主触发器的输出信号，称为从触发器。两级触发器的时钟信号互补，从而有效地克服了空翻。

1．主从 RS 触发器

（1）电路结构（见图 4-4-9）

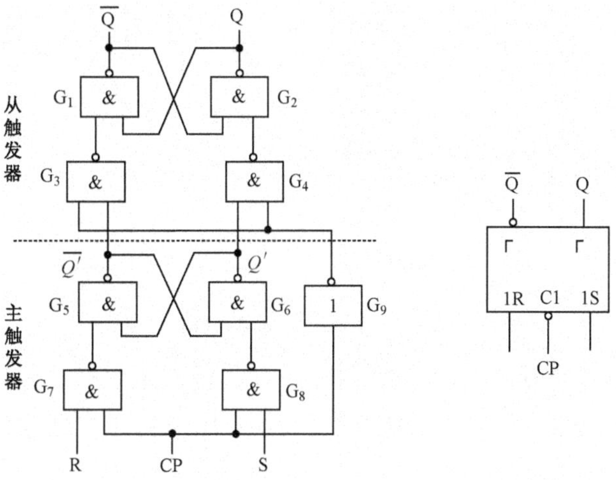

（a）逻辑图　　（b）逻辑符号

图 4-4-9　主从 RS 触发器

（2）工作原理

主从触发器的触发翻转分为两个节拍。

① 当 CP＝1、CP′＝0 时从触发器被封锁，保持原状态不变。这时，G_7、G_8 打开，主触发器工作，接收 R 和 S 端的输入信号。

② 当 CP 由 1 跃变到 0 时，即 CP=0、CP'＝1。主触发器被封锁，输入信号 R、S 不再影响主触发器的状态。而这时，由于 CP′＝1，G3、G4 打开，从触发器接收主触发器输出端的状态。

由上分析可知，主从触发器的翻转是在 CP 由 1 变 0 时刻（CP 下降沿）发生的，CP 一旦变为 0 后，主触发器被封锁，其状态不再受 R、S 影响，故主从触发器对输入信号的敏感时间大大缩短，只在 CP 由 1 变 0 的时刻触发翻转，因此不会有空翻现象。

2．主从 JK 触发器

（1）电路结构（见图 4-4-10）

RS 触发器的特性方程中有一约束条件 SR=0，即在工作时，不允许输入信号 R、S 同时为 1。这一约束条件使得 RS 触发器在使用时，有时感觉不方便。如何解决这一问题呢？我们注意到，触发器的两个输出端 Q、$\overline{Q}$ 在正常工作时是互补的，即一个为 1，另一个一定为 0。因此，如果把这两个信号通过两根反馈线分别引到输入端的 G_7、G_8 门，就一定有一个门被封锁，这时，就不怕输入信号同时为 1 了，这就是主从 JK 触发器的构成思路。

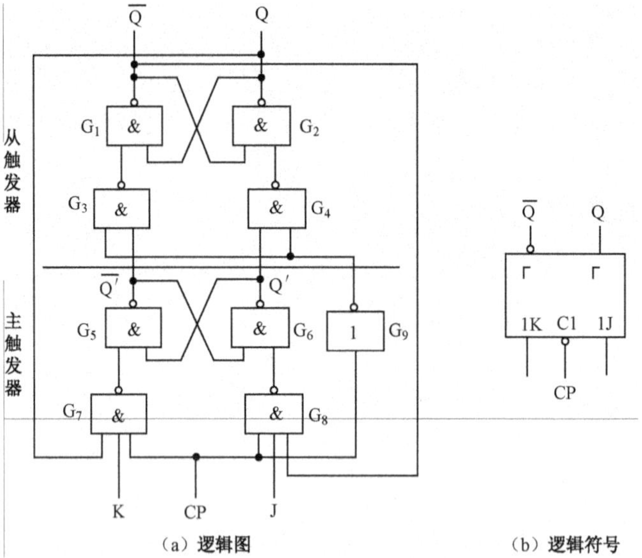

图 4-4-10　主从 JK 触发器

在主从 RS 触发器的基础上增加两根反馈线，一根从 Q 端引到 G_7 门的输入端，一根从 $\overline{Q}$ 端引到 G_8 门的输入端，并把原来的 S 端改为 J 端，把原来的 R 端改为 K 端。

（2）逻辑功能

JK 触发器的逻辑功能与 RS 触发器的逻辑功能基本相同，不同之处是 JK 触发器没有约束条件，在 $J=K=1$ 时，每输入一个时钟脉冲后，触发器向相反的状态翻转一次。表 4-4-5 为同步 JK 触发器的功能表。

根据表 4-4-5 可画出 JK 触发器 Q^{n+1} 的卡诺图，如图 4-4-11 所示。由此可得 JK 触发器的特性方程为

$$Q^{n+1}=J\overline{Q^n}+\overline{K}Q^n$$

表 4-4-5　同步 JK 触发器的功能表

J	K	Q^n	Q^{n+1}	功 能 说 明
0	0	0	0	保持原状态
0	0	1	1	
0	1	0	0	输出状态与 J 状态相同
0	1	1	0	
1	0	0	1	输出状态与 J 状态相同
1	0	1	1	
1	1	0	1	每输入一个脉冲，输出状态改变一次
1	1	1	0	

JK 触发器的状态转换图如图 4-4-12 所示。

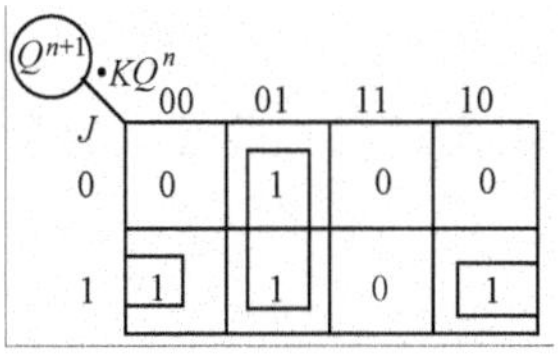

图 4-4-11　JK 触发器 Q^{n+1} 的卡诺图

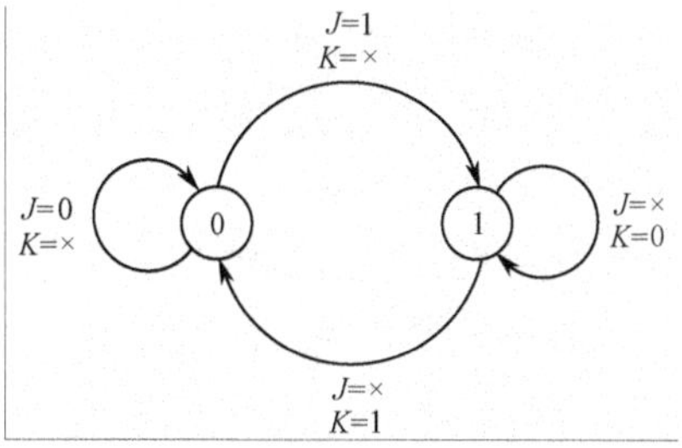

图 4-4-12　JK 触发器的状态转换图

表 4-4-6　JK 触发器的驱动表

$Q^n \rightarrow Q^{n+1}$	J	K
0　0	0	×
0　1	1	×
1　0	×	1
1　1	×	0

根据表 4-4-5 可得 JK 触发器的驱动表 mqb 表 4-4-6。

例 1　设主从 JK 触发器的初始状态为 0，已知输入 J、K 的波形图如图 4-4-13 所示，画出输出 Q 的波形图。

解：如图 4-4-13 所示。

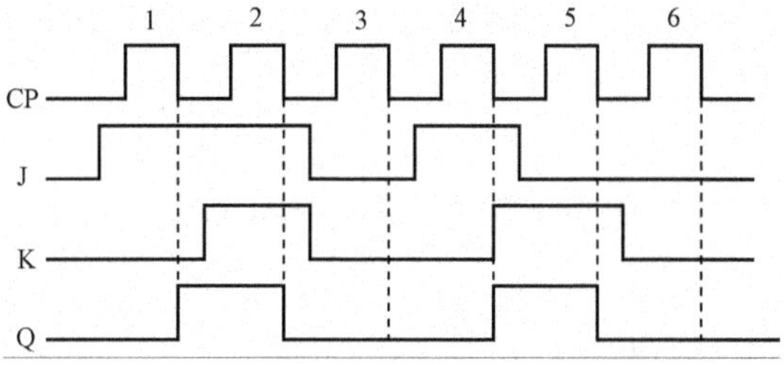

图 4-4-13　例 1　波形图

在画主从触发器的波形图时，应注意以下两点。

① 触发器的触发翻转发生在时钟脉冲的触发沿（这里是下降沿）。

② 在 CP=1 期间，如果输入信号的状态没有改变，判断触发器次态的依据是时钟脉冲下降沿前一瞬间输入端的状态。

主从 JK 触发器存在的问题——一次变化现象。

主从 JK 触发器如图 4-1-10 所示，设初始状态为 0，已知输入 J、K 的波形图如图 4-4-14 所示，画出输出 Q 的波形图。

解：如图 4-4-14 所示。

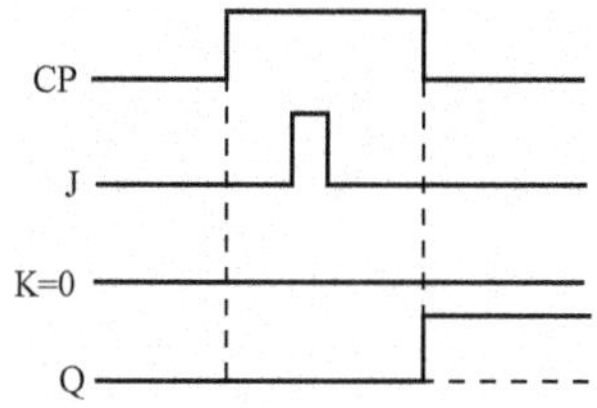

图 4-4-14　主从 JK 触发器的一次变化波形

由此看出，主从 JK 触发器在 CP=1 期间，主触发器只变化（翻转）一次，这种现象称为一次变化现象。一次变化现象也是一种有害的现象，如果在 CP=1 期间，输入端出现干扰信号，就可能造成触发器的误动作。为了避免发生一次变化现象，在使用主从 JK 触发器时，要保证在 CP=1 期间，J、K 保持状态不变。

要解决一次变化问题，仍应从电路结构上入手，让触发器只接收 CP 触发沿到来前一瞬间的输入信号，这种触发器称为边沿触发器。

知识链接

触发器功能的转换

触发器按功能分有 RS、JK、D、T、T′5 种类型，但最常见的集成触发器是 JK 触发器和 D 触发器。T、T′触发器没有集成产品，如果需要时，可用其他触发器转换成 T 或 T′ 触发器。JK 触发器与 D 触发器之间的功能也是可以互相转换的。

1. 用 JK 触发器转换成其他功能的触发器

（1）JK→D

写出 JK 触发器的特性方程

$$Q^{n+1} = J\overline{Q^n} + \overline{K}Q^n$$

再写出 D 触发器的特性方程并变换为

$$Q^{n+1} = D = D(\overline{Q^n} + Q^n) = D\overline{Q^n} + DQ^n$$

比较以上两式得

$$J=D，K=\overline{D}$$

画出用 JK 触发器转换成 D 触发器的逻辑图如图 4-4-15（a）所示。

（2）JK→T（T′）

写出 T 触发器的特性方程为

$$Q^{n+1} = T\overline{Q^n} + \overline{T}Q^n$$

与 JK 触发器的特性方程比较得

$$J=T，K=T$$

画出用 JK 触发器转换成 T 触发器的逻辑图如图 4-4-15（b）所示。

令 T=1，即可得 T′触发器，如图 4-4-15（c）所示。

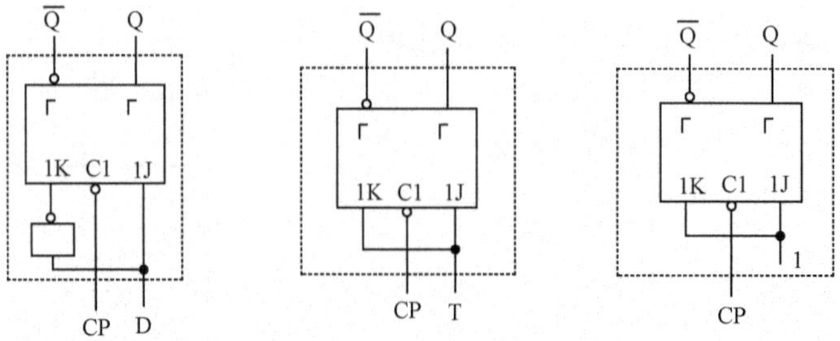

（a）JK→D　（b）JK→T　（c）JK→T′

图 4-4-15　JK 触发器转换成其他功能的触发器

2. 用 D 触发器转换成其他功能的触发器

（1）D→JK

写出 D 触发器和 JK 触发器的特性方程

$$Q^{n+1}=D$$

$$Q^{n+1}=J\overline{Q^n}+\overline{K}Q^n$$

联立两式，得

$$D=J\overline{Q^n}+\overline{K}Q^n$$

画出用 D 触发器转换成 JK 触发器的逻辑图如图 4-4-16（a）所示。

（2）D→T

写出 D 触发器和 T 触发器的特性方程

$$Q^{n+1}=D$$

$$Q^{n+1}=T\overline{Q^n}+\overline{T}Q^n$$

联立两式，得

$$D=T\overline{Q^n}+\overline{T}Q^n=T\oplus Q^n$$

画出用 D 触发器转换成 T 触发器的逻辑图如图 4-4-16（b）所示。

（3）D→T′

写出 D 触发器和 T′触发器的特性方程

$$Q^{n+1}=D$$

$$Q^{n+1}=\overline{Q^n}$$

联立两式，得

$$D=\overline{Q^n}$$

画出用 D 触发器转换成 T′触发器的逻辑图如图 4-4-16（c）所示。

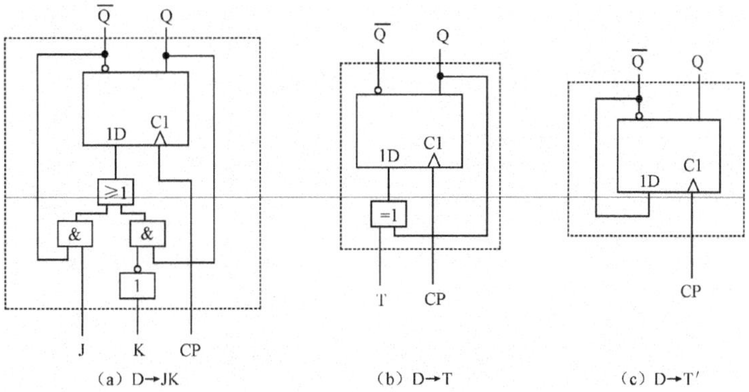

图 4-4-16　D 触发器转换成其他功能的触发器

思考与训练

1. 触发器逻辑功能与电路结构形式的关系如何？

2. 试分别写出 RS 触发器、JK 触发器、D 触发器的特性表和特性方程。

任务5 时序逻辑电路

任务描述

寄存器和计数器是一种简单而又最常用的时序逻辑器件。计数器不仅能用于统计输入脉冲的个数，还常用于分频、定时、产生节拍脉冲等。寄存器分为数码寄存器和移位寄存器两种。

学习目标

1. 掌握用驱动方程、状态方程和时序图分析时序逻辑电路的方法。
2. 熟悉移位寄存器工作原理，计数器的应用方法。

任务分析

时序逻辑电路简称时序电路，与组合逻辑电路是数字电路两大重要分支之一。本节主要介绍时序逻辑电路的基本概念、特点及时序逻辑电路的一般分析方法。然后重点讨论典型时序逻辑部件计数器和寄存器的工作原理、逻辑功能、集成芯片及其使用方法和典型应用。

完成任务

一、双色循环彩灯电路的设计与制作

1. 电路的结构

本控制器由计数器、译码器、LED 显示电路等组成。其框图如图 4-5-1 所示。

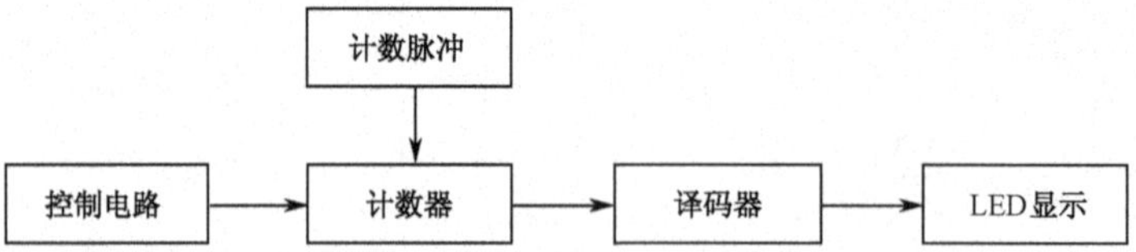

图 4-5-1　双色循环彩灯电路框图

① 计数器部分由芯片 CC4516 组成。CC4516 是可预置数的 4 位二进制加/减计数器，它有 5 种功能：置数、清零、不计数、加法计数、减法计数。在本实验中其电路如图 4-5-2 所示。

② 译码器由芯片 CC4514 组成，它是 4 位锁存/4 线—16 线译码器，具有数据锁存、译码和禁止输出三种功能，其输出为高电平有效。数据锁存功能由 EL 端施加电平实现，EL＝0 时，O0～O15 输出全为低电平，因此，CC4514 若为译码器使用时，EL 应接高电平。图 4-5-3

为译码器部分的电路结构。

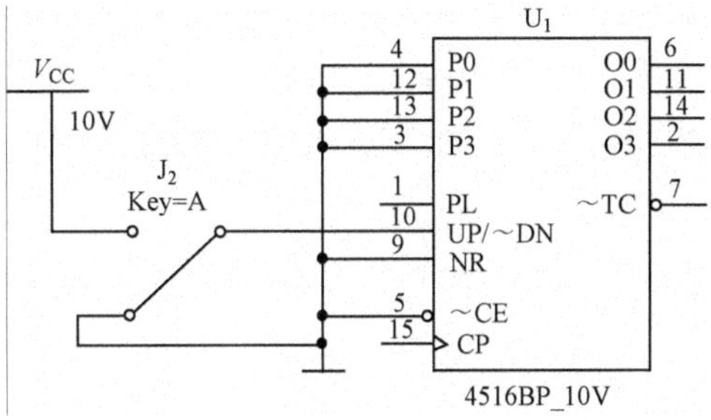

图 4-5-2　Multisim10.0 界面中计数器部分的电路结构

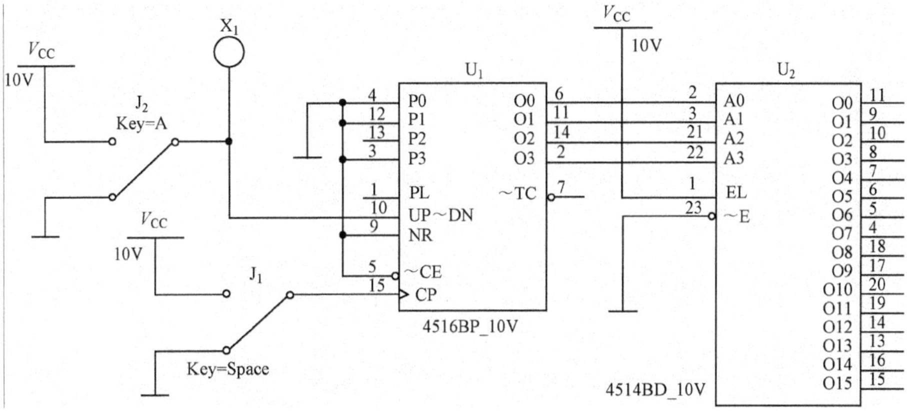

图 4-5-3　Multisim10.0 界面中译码器部分的电路结构

③ 双色 LED 发光电路如图 4-5-4 所示。由于译码器 CC4514 有 16 个输出引脚，因此每 2 个输出引脚接同一个双色 LED 发光电路。

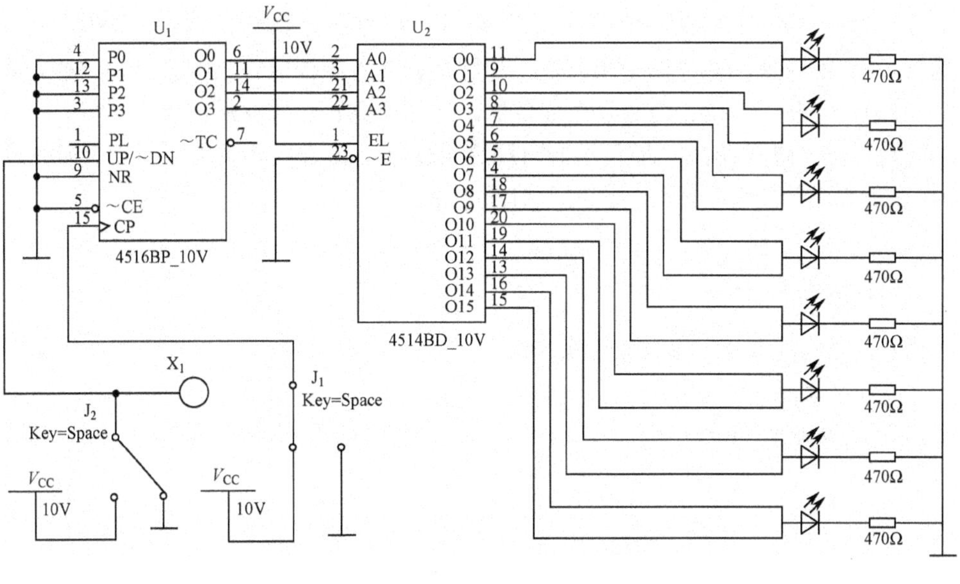

图 4-5-4　双色 LED 发光电路

2. 仿真实验

① 在 Multisim10.0 仿真平台上根据图 4-5-2 接线后，运行并观测结果。

② 在 Multisim10.0 仿真平台上根据图 4-5-3 接线后，运行并观测结果。

③ 将上述步骤的电路模块综合成一个完整的电路系统，在 Multisim10.0 仿真平台上运行并观测其结果。

知识链接

时序逻辑电路的结构及特点

时序逻辑电路——电路任何一个时刻的输出状态不仅取决于当时的输入信号，还与电路的原状态有关。

时序电路中必须含有具有记忆能力的存储器件。存储器件的种类很多，例如，触发器、延迟线、磁性器件等，但最常用的是触发器。

由触发器作存储器件的时序电路的基本结构框图如图 4-5-5 所示，一般来说，它由组合电路和触发器两部分组成。

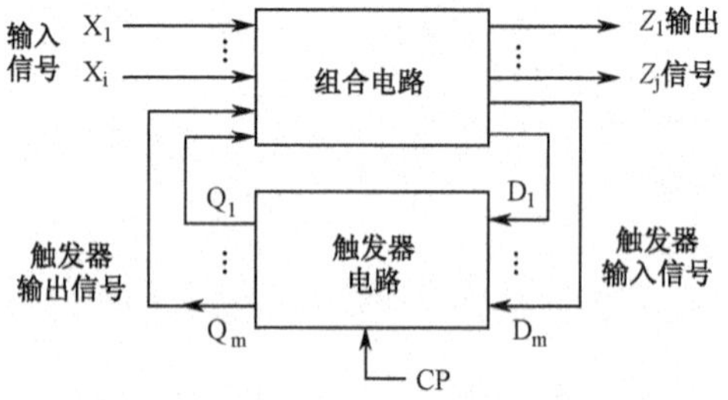

图 4-5-5　时序逻辑电路框图

① 寄存器分为数码寄存器和移位寄存器两种，移位寄存器又分为单向移位寄存器和双向移位寄存器。集成移位寄存器使用方便、功能全、输入和输出方式灵活。用移位寄存器可实现数据的串行—并行转换、组成环形计数器、扭环计数器、顺序脉冲发生器等。

② 计数器是一种简单而又最常用的时序逻辑器件。计数器不仅能用于统计输入时钟脉冲的个数，还能用于分频、定时、产生节拍脉冲等。

思考与训练

1. 请分析本实验中各仿真电路的原理。

2. 请设计出不同于本实验内容的彩灯循环电路（如不同的花型，不同的输出循环状态），以 Multisim10.0 为平台加以仿真。

模块五　数字电子应用电路

学习方法

1. 任务教学法

将需要解决的问题或需要完成的任务交给学生，在教师的指导下，师生一起按照实际工作的完整程序，进行任务决策、任务实施、成果展示及评估总结等过程。

2. 学法

① 实践导向法；

② 直观分析法；

③ 分段调试法；

④ 问题引导法。

3. 数电应用电路

由数字典型的单元电路为核心组成的实用电路。

任务1　多谐振荡器及应用——模拟“知了”声电路的制作

任务描述

在数字电路中，将多谐振荡器与其他单元电路组合，可做成许多实用电路和趣味电路，因此多谐振荡器的制作与分析是本任务的重点。

展示模拟“知了”声电路的工作状态：发光二极管闪烁，扬声器发出连续不断的“知了”声音。在演示过程中得知振荡电路的作用及本课题的任务——模拟“知了”声电路的制作与调试，如图 5-1-1 所示。

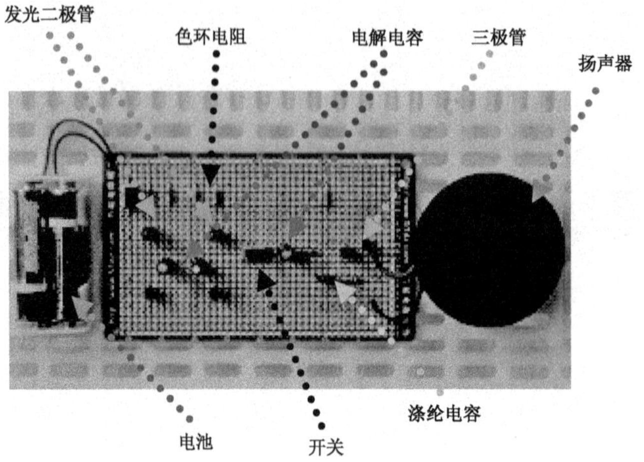

图 5-1-1 模拟“知了”声电路

学习目标

1. 理解多谐振荡器的工作原理和振荡频率的改变方法。

2. 了解音频振荡电路的工作原理，并为将多谐振荡器与其他单元电路组成各种不同实用电路和趣味电路铺垫基础。

任务分析

模拟“知了”声电路由多谐振荡电路和音频振荡器两部分组成。任务要求“知了”声每一秒钟一次。

完成任务/操作步骤

基础知识

一、多谐振荡电路

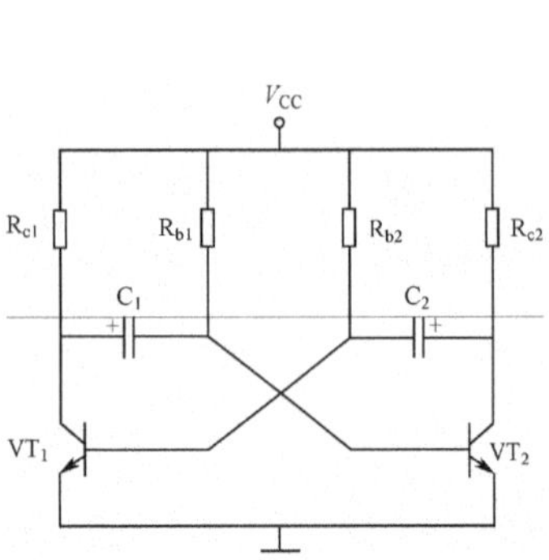

图 5-1-2 自激多谐振荡电路

1. 作用及组成

多谐振荡器是一种矩形波产生电路，这种电路不需外加触发信号，便能持续、周期性地产生矩形脉冲序列。由于矩形脉冲序列由基波和许多高次谐波组成，所以称为多谐振荡器。自激多谐振荡电路如图 5-1-2 所示。

2. 工作原理

通电源后，假设电路进入暂稳态，VT_1 饱和、VT_2 截止。电源 V_{CC} 通过 R_{b2} 对 C_1 反向充电（C_2 放电）。使 VT_2 管基极

电位 U_{b2} 逐渐上升，当 VT_2 导通进入放大区后，稍

有增加便会引起下列正反馈：

$$u_{b2}\uparrow \to i_{b2}\uparrow \to i_{c2}\uparrow \to u_{c2}\downarrow \to u_{b1}\downarrow \to i_{b1}\downarrow \to i_{c1}\downarrow \to u_{c1}\uparrow \to \downarrow$$

$$u_{b2}\uparrow$$

因此迅速使 VT_2 饱和、VT_1 截止，电路进入另一暂稳态。电容 C_2 经 R_{b1}、V_2 放电，随着 C_2 放电使 u_{b1} 由 $-VT_{CC}$ 逐渐上升到 0.5V 以上时，立即引起以下正反馈：

$$u_{b1}\uparrow \to i_{b1}\uparrow \to i_{c1}\uparrow \to u_{c1}\downarrow \to u_{b2}\downarrow \to i_{b2}\downarrow \to i_{c2}\downarrow \to u_{c2}\uparrow \to \downarrow$$

$$u_{b1}\uparrow \longleftarrow$$

最后使 VT_1 饱和、VT_2 截止，电路又恢复到第一暂稳态，此后，C_1、C_2 不断充、放电，持续不断地形成振荡，产生矩形波。

二、音频振荡器

音频振荡器是一种能量转换装置。它是将来源于一般直流形式的电能，转换为具有一定振幅和频率的交变形式。

完成任务

展示电路实物图和原理图

通过实物图和原理图了解电路的结构和组成。

1. 对照实物图，识别元器件。

元器件选择

VT_1、VT_2、VT_3	三极管	9013×3
VT_4	三极管	9012
LED_1、LED_2	发光二极管（红、绿）	×2
R_1、R_4	电阻	1kΩ×2
R_2、R_3	电阻	82kΩ×2
R_5、R_6	电阻	68kΩ×2
R_7	电阻	10kΩ
C_1	电解电容	10μF/10V
C_2	电解电容	33μF/10V
C_3	电解电容	22μF/10V
C_4	涤纶电容	0.022μF/10V
BL	扬声器	8Ω
	安装线	
	万能板	
	3V 直流稳压电源	

2. 对照原理图，弄懂各元器件符号及它们之间的连接关系

原理图如图 5-1-3 所示。

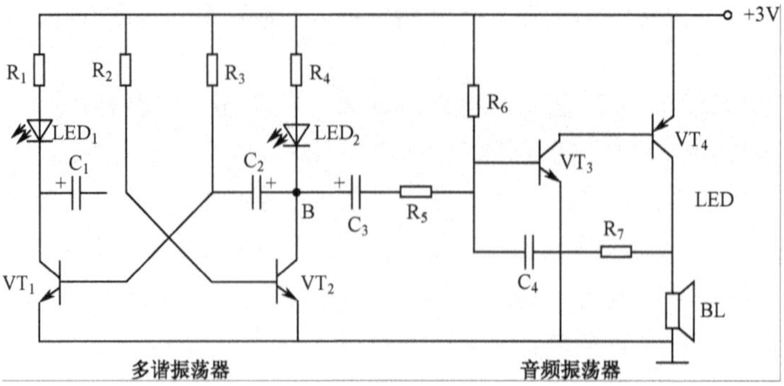

图 5-1-3　原理图

三、元器件的识别与检测

元器件的识别与检测是制作电路的基本功，为此，设计了以下 6 个问题。

① 色环电阻器如何识读？

② 电解电容器的工作极性如何判别？质量好坏如何检测？

③ 涤纶电容器的容量怎么识读？

④ 发光二极管的正负极性如何判别？

⑤ 三极管的引脚与类型怎样判断？

⑥ 扬声器的极性如何判别？直流电阻值怎么测量？

四、电路的安装与制作

对元器件识别与检测完毕后，根据要求及已有的实践经验，在万能电路板上进行元器件的布局、安装、焊接，直至所有元器件及引线焊完为止。

五、电路调试与故障排除

1. 正常情况

接通电源，两个发光二极管轮流闪烁，扬声器发出模拟“知了”的声响。用万用表检测 VT_2 的集电极电位，现象：万用表指针来回偏转；用示波器观察 VT_2 的集电极电位，现象：直流电位上下跳动（矩形波）。

2. 故障排除

① 如果发光二极管轮流闪烁，而扬声器不响，则应检查扬声器和音频振荡电路工作是否正常。具体方法：先用万用表的 R×10 挡测量扬声器，再检查 VT_3、VT_4 是否良好及 C_4、R_7 是否偏离正常值。当输入 9V 工作电压时，VT_3 的参考电压应为 V_e=0V、V_b=0.2V、V_c=5.6V；VT_4 的参考电压应为 V_e=9V、V_b=5.6V、V_c=1V。

② 如果扬声器发出连续不断的声响，模拟声音不是“知了”声且发光二极管不闪烁，

则是多谐振荡器不工作。首先应检查 LED_1、LED_2 发光二极管的极性是否接反，再检查三极管 VT_1、VT_2 的极性安装是否正确，或该晶体管是否损坏。当接入 9V 工作电压时，VT_1 的参考电压应为 V_e=0V、V_b=−1.3～0.7V、V_c=0.1～1V；VT_2 的参考电压应为 V_e=0V、V_b=0.6～2.5V、V_c=0.6V～1V。

③ 发光二极管闪烁正常，扬声器仍旧发出连续不断的声响，则应检查 C_3 和 R_5 是否良好。

电路正常后，根据技训表要求进行任务测试，测试结果填入技训表（见表 5-1）。

表 5-1-1　模拟“知了”声制作技训表

测量点	电压值/V		
	V_{T1}	V_{T2}	V_{T3}
V_c			
V_b V_e			
调试中出现的故障及排除方法			

分析电路

电路的工作原理是一个难点。任务完成以后，对此已有了一定的感性认识，此时应抓住机会，合理、巧妙地设置一些低起点的直观性和实践性问题，以便深刻理解电路的工作原理和工作过程。

设计以下 5 个问题。

① 整个电路由哪几部分组成？分别是什么电路？

② LED_1、LED_2 亮，分别代表哪个三极管导通？LED_2 亮时，VT_2 的集电极电位是高电平还是低电平？为什么？

③ VT_1、VT_2 两个三极管如何工作？

④ 电容 C_1、C_2 两端的电压怎么变化？它们有什么特性？

⑤ 请说说多谐振荡器的工作过程。

知识链接

点阵板（万能板/洞洞板）的使用焊接技巧

用焊锡丝焊出一条路来，把该相连的两个脚用铬铁把焊锡丝焊在两个脚相连的孔上，横平竖直漂亮。

思考与训练

为进一步巩固对电路工作原理的理解，特设置以下一些实践性问题进行变式训练。

1．改变 C_1 电容的值，可以改变“知了”声响间隔时间。把 C_1 换成 33μF/10V 电容，再通电时又听到“知了”声，比较前后两次声音有什么变化。

2．C_3 和 R_5 在电路中是将前级振荡信号耦合至后级。断开开关 S_1，前后级各自振荡，LED_1、LED_2 正常闪烁，扬声器会发出怎样的叫声？为什么？

3．多谐振荡器的频率与哪些元器件有关？

任务2 555集成电路及应用

555 集成电路是一种中规模集成电路，它具有使用灵活，适用范围宽的特点，只需外接几个阻容元器件就可以组成各种不同用途的脉冲电路（如单稳态触发器、施密特触发器和多谐振荡器等）。它的产品型号繁多有 TTL 型的，也有 CMOS 型的，但所有双极性产品型号最后的 3 位数码都是 555，所有 CMOS 产品最后的 4 位数码都是 7555，而且，它们的外部引脚排列和功能都相同。

一、电路组成

555 集成电路又称 555 定时器，其内部结构如图 5-2-1（a）所示，引脚排列如图 5-2-1（b）所示。由图 5-2-1（a）可以看出，电路可分成电阻分压器、电压比较器、基本 RS 触发器和放电开关管等部分。

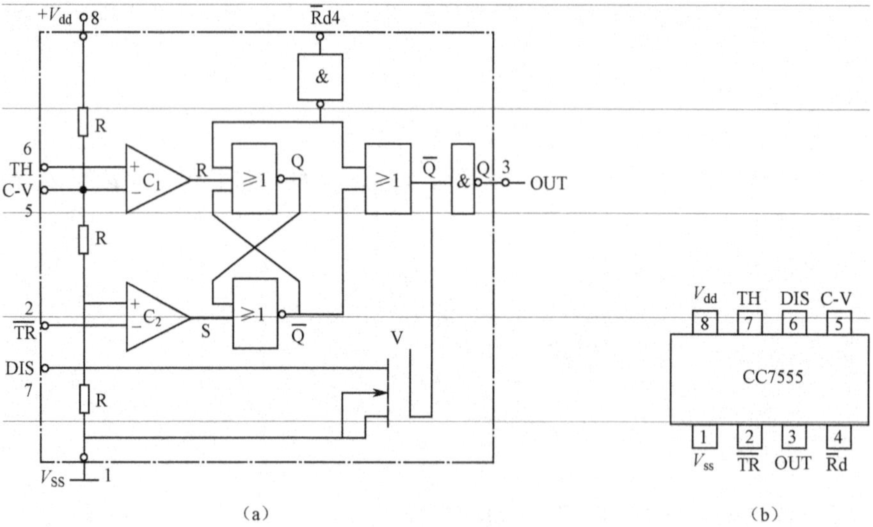

图 5-2-1　555 集成电路

二、工作原理

1．电压分压器和电压比较器

分压器由 3 个 5kΩ 电阻器组成，它对电源电压 V_{DD} 分压，确定比较器 C_1 的“−”端电压为 $2/3V_{DD}$，而比较器 C_2 的“+”端电压为 $1/3V_{DD}$。当进入高输入端 TH 的电压大于 $2/3V_{DD}$ 时，比较器 C_1 输出高电平 1；若加在低触发端 $\overline{TR}$ 的电压小于 $1/3V_{DD}$ 时，比较器 C_2 也输出高电平 1。

2. 基本 RS 触发器

基本 RS 触发器由两个或非门组成。C_1、C_2 的输出端即为基本 RS 触发器的输入端 R、S。工作过程如下：

当 $C_1=1$，$C_2=0$，即 $R=1$，$S=0$ 时，$Q=0$，$\overline{Q}=1$；

当 $C_1=0$，$C_2=1$，即 $R=0$，$S=1$ 时，$Q=1$，$\overline{Q}=0$；

当 $C_1=0$，$C_2=0$，即 $R=0$，$S=0$ 时，RS 触发器保持原态不变；

如果 $\overline{\mathrm{RD}}=0$，则 $Q=0$。$\overline{\mathrm{RD}}$ 为直接接 0 端，平时 $\overline{\mathrm{RD}}$ 应接高电平 1。

3. 放电管 V 和输出缓冲器

场效应管 V 作为放电开关，它的栅极受基本 RS 触发器 $\overline{Q}$ 端状态的控制。若 $Q=0$，$\overline{Q}=1$，放电管的栅极为高电平，V 导通；若 $Q=1$，$\overline{Q}=0$，则放电管的栅极为低电平，V 截止。

输出端的反相器构成输出缓冲器。主要作用是提高电流驱动能力，同时还起隔离负载对定时器的影响。

三、引脚功能

引脚功能（见表 5-2-1）

表 5-2-1　引脚功能

复位 $\overline{\mathrm{RD}}$	高触发端 TH	低触发端 $\overline{\mathrm{TR}}$	输出端 OUT	放电管 V
0	×	×	0	导通
1	$>\frac{2}{3}V_{DD}$	$>\frac{1}{3}V_{DD}$	0	导通
1	$<\frac{2}{3}V_{DD}$	$>\frac{1}{3}V_{DD}$	保持原态	不变
1	×	$<\frac{1}{3}V_{DD}$	1	截止

子任务 1　555 单稳态触发器电路及应用——延时定时器的制作

任务描述

现代建筑中，过道楼梯照明开关常采用定时开关。其功能为当按下按钮时，照明灯点亮并持续一段时间后自动熄灭。这种开关既节电，又使用方便。

实现定时的电路形式很多。本任务是利用 555 单稳态触发器构成定时器来完成定时功能的。

展示电子定时器的工作状态，从而使学生感受到此电路应有的作用及得知本课题的任务——电子定时器的制作与调试，如图 5-2-2 所示。

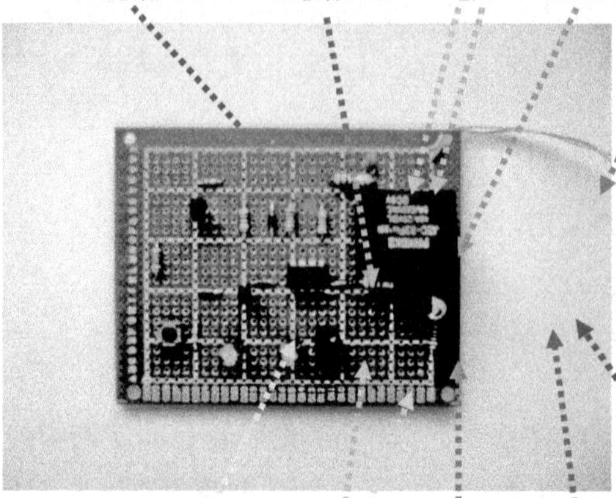

图 5-2-2　电子定时器图

学习目标

1. 熟悉用 555 集成电路组成单稳态触发器的电路。
2. 学习用 555 集成电路接成单稳态触发器作为定时器的使用方法。
3. 掌握定时器时间的计算和元器件的选择方法。

任务分析

延时电路在调整中只要按下按钮 S_2，电路工作，松开按钮后，要求红灯延时 10～30s 后熄灭。

完成任务/操作步骤

基本知识

一、单稳态触发器的工作状态

单稳态触发电路有稳态和暂态两种工作状态，而且只有在外界触发脉冲的作用下，才能从稳态翻转到暂态，在暂态维持一段时间以后，自动回到暂态。暂态维持时间的长短取决于电路本身的参数，与触发脉冲信号无关。

二、用 7555 集成电路构成单稳态触发器

1. 电路组成

用 7555 集成电路构成的单稳态触发器如图 5-2-3（a）所示。其中 R、C 为定时元件；高

触发端 TH 与放电端 DIS 相连；输入触发端 $\overline{TR}$ 处，低电平有效；OUT 为信号的输出端。

2. 工作原理

（1）电路的稳态

接通电源后，电源电压 V_{DD} 通过电阻 R 对电容 C 充电，电容上的电压 V_C 上升。当 V_C 升高达 $2/3V_{DD}$ 时，输出电压 V_o 为低电平 0。同时，放电管 V 导通，电容通过放电端 DIS 放电。电路进入稳态，输出低电平 0。

（2）低电平触发，电路翻转，进入稳态

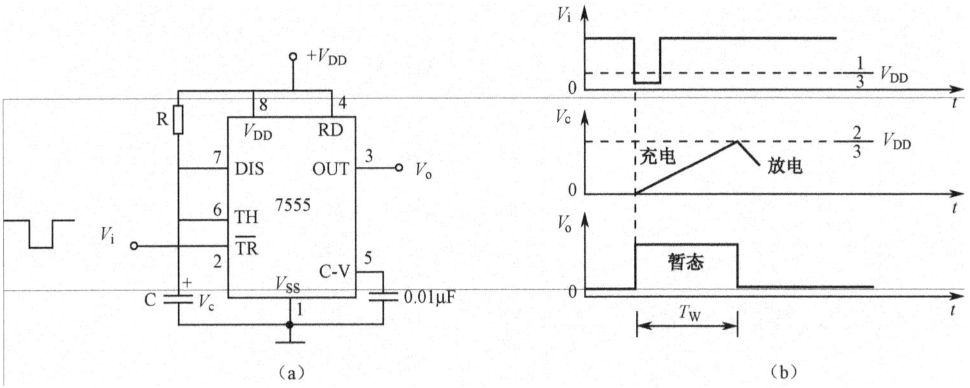

图 5-2-3　7555 集成电路构成的单稳态触发器

V_i 平时为高电平。当低触发电平到来时，$\overline{TR}$ 的电平小于 $1/3V_{DD}$。由集成定时器的功能可知，电路的输出将发生翻转，由低电平 0 变为高电平 1。同时，放电管截止，电源 V_{DD} 又将通过电阻 R 对电容 C 充电。定时开始，直到电容上的电压升高到 $2/3V_{DD}$，这时暂态结束。

（3）自动返回稳态的过程

当电容上的电压上升到 $2/3V_{DD}$ 后，定时器自动复位，输出电平由 1 翻转为 0。放电管重新导通，电容 C 又将放电，电路重返稳定状态。

图 5-2-3（b）为工作波形图。输出脉冲宽度

$$T_W=1.1RC$$

由式（5-1-1）可见，适当选择 RC，即可构成一个高精度的定时器电路。

完成任务

一、展示原理图并解说其工作原理

该延时电路主要由一块 NE555 电路构成单稳态电路。电路原理图如图 5-2-4 所示。

当按下 S_2 时，VT_1 导通，VT_1 的集电极电压上升，使 VD_1 导通，同时对 C_1 充电，使 VT_2 的基极电压上升，VT_2 导通，其集电极电压下降，使得 VD_2 导通，同时 C_2 放电，使 NE555 电路触发端②脚为低电平，输出电压 V_o 跳变为高电平，使 VD_4、VT_3 相继导通，继电器 K 开始工作。继电器 K 的常开触点吸合，LED_5 开始发光。

当放开 S_2 时，VT_1 截止，其集电极电压下降，VD_1 截止，使 VT_2 截止，集电极高电位，

电源经 R_6、R_7 对 C_2 充电，NE555 电路②、⑥脚电压逐渐上升至 2/3 电源电压，③脚输出低电平，VD_4、VT_3 截止，继电器释放，LED_5 熄灭。由上可知，延时时间可通过调节微调电位器 RP、R_5 的阻值或改变 C_2 的容量来设定（延时时间可调至 10～30s）。

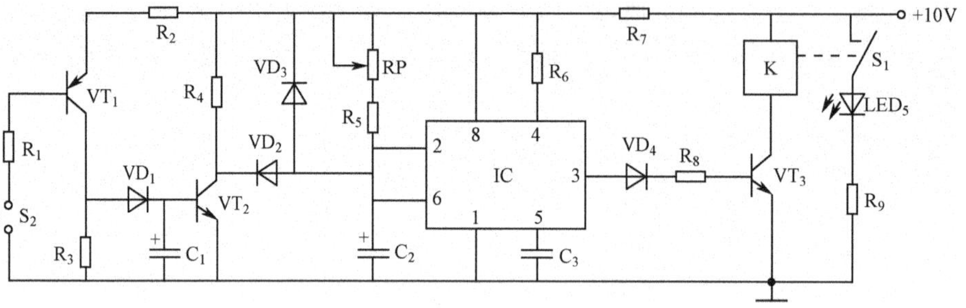

图 5-2-4 电路原理图

注意：定时器的精度取决于定时元件 RC 的精度及稳定性，所以，在要求较高的场合，对电容的漏电流及稳定性必须考虑，一般采用钽、铌等高质量电容器来提高电路的定时精度。

二、同时展示电路实物图和原理图

通过实物图和原理图了解电路的结构和组成。

① 对照实物图，识别元器件。

元器件选择

VT_1	三极管	9015
VT_2	三极管	9013
VT_3	三极管	3DK4
VT_1	二极管	2AP9
VD_2～VD_4	二极管	1N4148×3
LED_5	发光二极管	
R_1	电阻	12kΩ
R_2、R_3	电阻	10kΩ×2
R_4	电阻	15kΩ
R_5	电阻	2.2kΩ
R_6	电阻	6.8kΩ
R_7、R_8	电阻	330 Ω×2
R_9	电阻	2.2kΩ
C_1	电解电容	100μF/16V
C_2	电解电容	47μF/16V
C_3	圆片电容	0.01μF
S2	按钮开关	
IC	集成电路	NE555
K	继电器	HG4098 9V

安装线
万能板
10V 直流稳压电源

② 对照原理图，弄懂各元器件符号及它们之间的连接关系。

三、元器件的识别与检测

元器件的识别与检测是制作电路的基本功，为此，设计以下 5 个问题。

① 色环电阻器如何识读？

② 电解电容器的工作极性如何判别？质量好坏如何检测？

③ 三极管的引脚与类型怎样判断？

④ 555 集成电路引脚如何识别？

⑤ 小功率继电器引脚如何识别？

四、电路的安装与制作

对元器件识别与检测完毕后，按电路原理图组装电路，要特别注意集成电路的引脚排列。根据要求及已有的实践经验，在万能电路板上进门元器件的布局、安装、焊接，直至所有元器件及引线焊完为止。

五、电路调试与故障排除

1. 正常情况

延时电路在调整中只要按下按钮 S_2，电路工作，松开按钮后，要求红灯延时 10～30s 后熄灭。如果延时时间低于或超过要求，则调整 RP。

电路参考数据如下所述。

① 各三极管引脚电压值见表 5-2-2。

表 5-2-2　三极管引脚电压值

		e	b	c
VT_1	LED_5亮	0	0	4
	LED_5灭	0	0	7
VT_2		0	0	6
VT_3	LED_5亮	0	0.75	0.75
	LED_5灭	0	0	9

② 整机电流为 50mA。

③ IC 引脚电压见表 5-2-3。

表 5-2-3　IC 引脚电压

引　脚	①	②	③	④	⑤	⑥	⑦
（LED_5亮）电压	0	0.5	3.8	4.8	3.3	0.5	8.5
（LED_5灭）电压	0	6.2	0	8	5.5	6.2	8.4

2. 故障排除

① 如果延时时间低于或超过要求，则调整 RP。如果无效，则应检查微调电位器 RP 和 R_5、C_2 是否良好。

② 若单稳态电路工作不良（不翻转），则应检查 VD_1、VD_2 是否接反。同样 VD_3 如果接反，集成电路②、⑥脚始终为高电位，单稳态电路也不翻转。可以调整和改变这三个二极管的极性，观察电路工作情况。

③ 如果各级电压变化都正常，继电器也有吸合与释放的动作，而发光二极管不亮，很可能是由于发光二极管接反所致。

分析电路

电路的工作原理是一个难点。任务完成以后，对此已有了一定的感性认识，此时应抓住机会，合理、巧妙地设置一些低起点的直观性和实践性问题，以便深刻理解电路的工作原理和工作过程。

设计以下 5 个问题。

① 整个电路由哪几部分组成？分别是什么电路？

② 当电路进入单稳态（定时）状态后，在 T_W 时间内再次按动按钮开关 S，电路定时时间有无变化？为什么？

③ 定时电路工作时（T_W 时间内），给 555 集成电路 4 脚一个低电平（0）信号，定时器输出有何变化？为什么？

④ 试说明延时定时器定时时间不可调的故障原因及排除方法。

⑤ 试述 555 定时器电路的工作过程。

知识链接

继电器的作用

继电器是一种电子控制器件，它具有控制系统（又称输入回路）和被控制系统（又称输出回路），通常应用于自动控制电路中，它实际上是用较小的电流去控制较大电流的一种“自动开关”。所以其在电路中起着自动调节、安全保护、转换电路等作用。

思考与训练

1. 调节定时元器件，使 T_W 分别为 40s 和 50s。测量 R 的阻值与计算值比较，分析误差原因。

2. 555定时器电路的定时时间与哪些元器件有关？如果固定R的阻值，改变C的容量，从而来改变定时时间可以吗？

3. C_1的大小对电路的灵敏度影响较大，因此C_1电容不能用得太大，以防电路反应迟钝。

4. 将制作、调试结果填入表5-2-4中。

表5-2-4　延时定时器制作技训

<table>
<tr><th rowspan="3">测　试　点</th><th colspan="9">电压值/V</th></tr>
<tr><th colspan="4">VT_1</th><th rowspan="2">VT_2</th><th colspan="4">VT_3</th></tr>
<tr><th colspan="2">LED_5亮</th><th colspan="2">LED_5暗</th><th colspan="2">LED_5亮</th><th colspan="2">LED_5亮</th></tr>
<tr><td>V_e</td><td colspan="2"></td><td colspan="2"></td><td></td><td colspan="2"></td><td colspan="2"></td></tr>
<tr><td>V_b</td><td colspan="2"></td><td colspan="2"></td><td></td><td colspan="2"></td><td colspan="2"></td></tr>
<tr><td>V_c</td><td colspan="2"></td><td colspan="2"></td><td></td><td colspan="2"></td><td colspan="2"></td></tr>
<tr><td>NE555引脚</td><td>①</td><td colspan="2">②</td><td>③</td><td>④</td><td>⑤</td><td colspan="2">⑥</td><td>⑦</td></tr>
<tr><td>LED_5亮时电压</td><td></td><td colspan="2"></td><td></td><td></td><td></td><td colspan="2"></td><td></td></tr>
<tr><td>LED_5暗时电压</td><td></td><td colspan="2"></td><td></td><td></td><td></td><td colspan="2"></td><td></td></tr>
<tr><td>调试中出现的故障及排除方法</td><td colspan="9"></td></tr>
</table>

5. 请为该555定时器电路列出两种实际用途。

子任务2　555施密特触发器电路及应用——波形整形电路的制作

任务描述

在实际应用中，有时需要将输入变化缓慢的波形变为边沿陡峭的矩形波，或把叠加在矩形上的干扰或噪声消除，即对波形进行整形。用施密特触发器即可完成上述功能。

施密特触发器形式很多。本任务是利用555施密特触发器，构成整形电路来实现波形整形的。

展示波形整形电路的工作状态，从而使学生感受到此电路应有的作用及得知本课题的任务——波形整形电路的制作与调试，如图5-2-5所示。

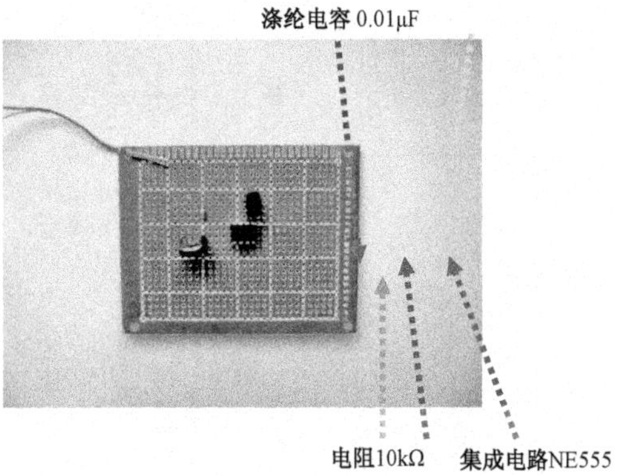

图5-2-5　施密特触发器

学习目标

1. 熟悉用555集成电路组成施密特触发器的电路。

2. 学习用555集成电路接成施密特触发

发器作为整形电路的使用方法。

任务分析

当输入信号为三角波、锯齿波等时，输出端都被整形为矩形波。

完成任务/操作步骤

基本知识

一、施密特触发器的工作特点

施密特触发器有以下两个特点。

① 对于输入信号从低电平上升的过程中，电路状态转换时对应的输入电平与输入信号从高电平下降过程中对应的输入转换电平不同，即具有不同的阈值电压。说明电路有滞回电压传输特性，如图 5-2-6 所示。

图中 U_{T+}是高电平阈值电压，U_{T-}是低电平阈值电压。而 $\Delta U_T=U_{T+}-U_{T-}$称为回差电压。回差电压越大，施密特触发器的抗干扰性越强，但施密特触发器的灵敏度也会相应降低。

② 电路状态转换时，输出电压变化很快，具有陡峭的跳变沿。

二、用 555 集成电路构成施密特触发器

1. 电路结构

将 555 电路的阈值输入端（6）和低触发输入端（2）连在一起，即可构成施密特触发器，如图 5-2-6（a）所示。

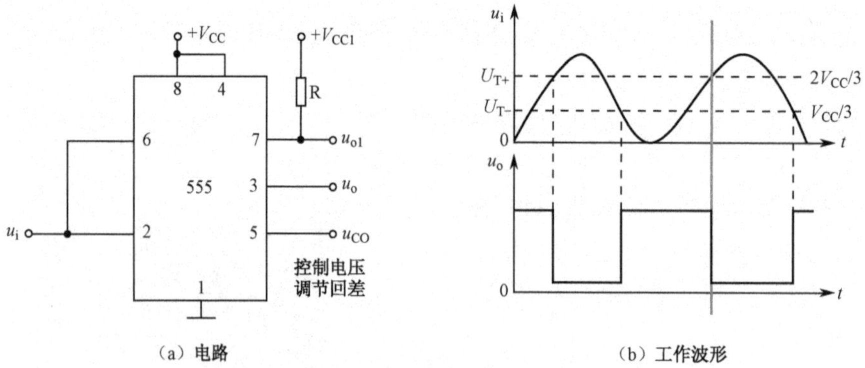

图 5-2-6 施密特触发器

2. 工作原理

（1）实验演示

按图 5-2-6（a）连接电路，在输入端（2 脚和 6 脚）加上正弦波，用示波器观察输出端

（3 脚）的电压波形（可用仿真软件演示）。

（2）实验现象

在输入端（2 脚和 6 脚）加上脉冲波后，通过示波器看到输出端（3 脚）的电压波形如图 5-2-6（b）所示。

（3）知识探究

通过波形图可知：

① 当 u_i 处于 $0<u_i<\frac{1}{3}V_{CC}$ 上升区间时，OUT=1；

② 当 u_i 处于 $\frac{1}{3}V_{CC}<u_i<\frac{2}{3}V_{CC}$ 上升区间时，OUT 仍保持原状态 1 不变；

③ 当 u_i 处于 $u_i\geqslant\frac{2}{3}V_{CC}$ 区间时，OUT 将由 1 状态变为 0 状态，此刻对应的 u_i 值称为高阈值电压；

④ 当 u_i 处于 $\frac{1}{3}V_{CC}<u_i<\frac{2}{3}V_{CC}$ 下降区间时，OUT 保持原状态 0 不变；

⑤ 当 u_i 处于 $u_i\leqslant\frac{1}{3}V_{CC}$ 区间时，OUT 将由 0 状态变为 1 状态，此刻对应的 u_i 值称为低阈值电压。

综上所述，此电路的 $U_{T+}=\frac{2}{3}V_{CC}$，$U_{T-}=\frac{1}{3}V_{CC}$，$\Delta U_T=\frac{1}{3}V_{CC}$

如果在控制端 5 外接控制电压 U_s，则 $U_{T+}=U_s$，$U_{T-}=(1/2)U_s$

完成任务

一、展示原理图并解说其工作原理

该延时电路主要由一块 NE555 电路构成施密特触发器。电路图如图 5-2-7（a）所示。

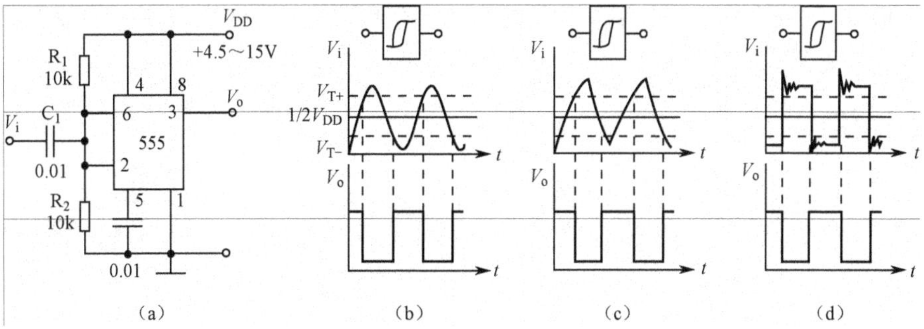

图 5-2-7　电路图

其中将 V_{DD} 定为 12V。当 u_i 分别为三角波、锯齿波等时，输出端都被整形为矩形波如图 5-2-7（b）、（c）所示。电路的 $U_{T+}=\frac{2}{3}V_{DD}$==8V、$U_{T-}=\frac{1}{3}V_{DD}$==4V、$\Delta U_T=\frac{1}{3}V_{DD}$=4V。

二、同时展示电路实物图和原理图

通过实物图和原理图了解电路的结构和组成。

① 对照实物图，识别元器件。

元器件选择

R_1、R_2	电阻	10kΩ
C_1、C_2	圆片电容	0.01μF
IC	集成电路	NE555
	安装线	
	万能板	
	30V 可调直流稳压电源	

② 对照原理图，弄懂各元器件符号及它们之间的连接关系。

三、元器件的识别与检测

元器件的识别与检测是制作电路的基本功，为此，设计以下 3 个问题。

① 色环电阻器如何识读？

② 电解电容器的工作极性如何判别？质量好坏如何检测？

③ 555 集成电路引脚如何识别？

四、电路的制作与调试

对元器件识别与检测完毕后，按电路原理图组装电路，要特别注意集成电路的引脚排列。根据要求及已有的实践经验，在万能电路板上进行元器件的布局、安装、焊接，直至所有元器件及引线焊完为止。

将 V_{DD} 定为 12V。当 u_i 分别为三角波、锯齿波等时，电路的 U_{T+}=8V、U_{T-}=4V、ΔU_T=4V。通过示波器可以看到输出端的电压波形都被整形为矩形波。

在控制端 5 脚接 U_s=10V 电压时，电路的 $U_{T+}=U_s$=10V、$U_{T-}=(1/2)U_s$=5V、$\Delta U_T=U_{T+}-U_{T-}$=(10−5)V。

分析电路

电路的工作原理是一个难点。任务完成以后，对此已有了一定的感性认识，此时应抓住机会，合理、巧妙地设置一些低起点的直观性和实践性问题，以便深刻理解电路的工作原理和工作过程。

设计以下 3 个问题：

① 整个电路由哪些部分组成？

② 施密特触发器的工作特点是什么？

③ 试说明施密特触发器的主要用途。

知识链接

示波器的使用方法

1. 面板介绍

亮度和聚焦旋钮、信号输入通道、通道选择键、垂直灵敏度调节旋钮、垂直移动调节旋钮、水平扫描调节旋钮、水平位置调节旋钮、触发方式选择及触发源选择等。

2. 幅度和频率的测量方法（以测试示波器的校准信号为例）

① 将示波器探头插入通道 1 插孔，并将探头上的衰减置于“1”挡；

② 将通道选择置于 CH1，耦合方式置于 DC 挡；

③ 将探头探针插入校准信号源小孔内，此时示波器屏幕出现光迹；

④ 调节垂直旋钮和水平旋钮，使屏幕显示的波形图稳定，并将垂直微调和水平微调置于校准位置；

⑤ 读出波形图在垂直方向所占格数，乘以垂直衰减旋钮的指示数值，得到校准信号的幅度；

⑥ 读出波形每个周期在水平方向所占格数，乘以水平扫描旋钮的指示数值，得到校准信号的周期（周期的倒数为频率）；

⑦ 一般校准信号的频率为 1kHz，幅度为 0.5V，用以校准示波器内部扫描振荡器频率，如果不正常，应调节示波器（内部）相应电位器，直至相符为止。

思考与训练

将 V_{DD} 调为 15V。

① 在控制端 5 脚未接 U_s 时，用示波器观察输出波形，求出电路的 U_{T+}、U_{T-}、ΔU_T 各为多少。

② 在控制端 5 脚接 U_s=6V 时，用示波器观察输出波形，求出电路的 U_{T+}、U_{T-}、ΔU_T 各为多少。

模块六　数字电路实训（技师）

任务1　数字钟的设计与制作

任务描述

数字钟（见图 6-1-1）是一种用数字电路技术实现时、分、秒计时的装置，与机械式时钟相比具有更高的准确性和直观性，且无机械装置，具有更长的使用寿命，因此得到了广泛的使用。

数字钟从原理上讲是一种典型的数字电路，其中包括组合逻辑电路和时序电路。目前，数字钟的功能越来越强，并且有多种专门的大规模集成电路可供选择。数字钟适用于自动打铃、自动广播，也适用于节电、节水及自动控制多路电器设备。它由数字钟电路、定时电路、放大执行电路、电源电路组成。为了简化电路结构，数字钟电路与定时电路之间的连接采用直接译码技术。具有电路结构简单、动作可靠、使用寿命长、更改设定时间容易、制造成本低等优点。从有利于学习的角度考虑，这里主要介绍以中小规模集成电路数字钟的设计与制作方法。

图 6-1-1　数字钟

学习目标

1. 了解数字钟的设计原理。
2. 了解数字钟电路中数字是如何进位的。
3. 掌握集成电路构成数字钟的基本电路。
4. 掌握计数器、译码器等的综合应用。
5. 熟悉用集成电路组件组装数字钟电路。

任务分析

具体任务为试用中小规模集成电路设计并制作一数字钟，指标要求如下：①时间以 12h 为一个周期；②显示时、分、秒；③具有校时功能，可以分别对时及分进行单独校时，使其校正到标准时间；④计时过程具有报时功能，当时间到达整点前 10s 进行蜂鸣报时；⑤为了保证计时的稳定及准确须由晶体振荡器提供标准时间基准信号。

完成任务/操作步骤

任务准备

1. 数字钟结构

数字钟实际上是一个对标准频率（1Hz）进行计数的计数电路。由于计数的起始时间不可能与标准时间（如北京时间）一致，故需要在电路上加一个校时电路，同时标准的 1Hz 时间信号必须做到准确稳定。通常使用石英晶体振荡器电路构成数字钟。图 6-1-2 所示为数字钟的原理框图。由图可见，该数字钟由秒脉冲发生器，六十进制“秒”、“分”计时计数器和二十四进制“时”计时计数器，时、分、秒译码显示电路，校时电路和报时电路等组成。

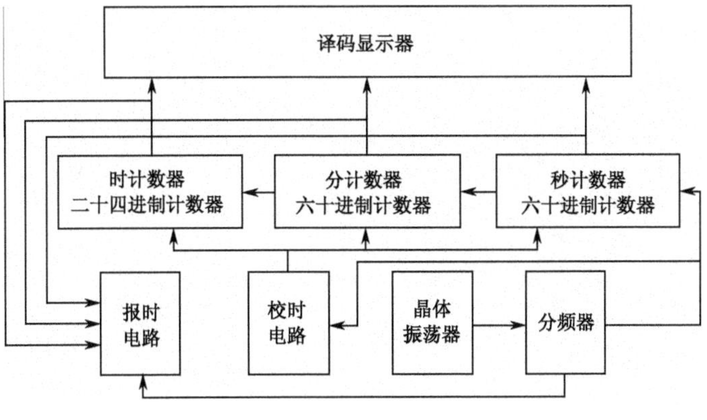

图 6-1-2　数字电路原理框图

（1）晶体振荡器电路

晶体振荡器电路给数字钟提供一个频率稳定准确的 32768Hz 的方波信号，可保证数字钟的走时准确及稳定。不管是指针式的电子钟还是数字显示的电子钟都使用了晶体振荡器电路。

（2）分频器电路

分频器电路将 32768Hz 的高频方波信号经 32768（2^{15}）次分频后得到 1Hz 的方波信号供秒计数器进行计数。分频器实际上也就是计数器。

（3）时间计数器电路

时间计数器电路由秒个位和秒十位计数器、分个位和分十位计数器及时个位和时十位计数器电路构成，其中秒个位和秒十位计数器、分个位和分十位计数器为六十进制计数器，而根据设计要求，时个位和时十位计数器为十二进制计数器。

（4）译码驱动电路

译码驱动电路将计数器输出的 8421BCD 码转换为数码管需要的逻辑状态，并且为保证数码管正常工作提供足够的工作电流。

（5）数码管

数码管通常有发光二极管（LED）数码管和液晶（LCD）数码管两种，本设计提供的为 LED 数码管。

一、数字钟的工作原理及设计思路

1. 秒信号发生电路

秒信号发生电路产生频率为 1Hz 的时间基准信号。数字钟大多采用 32768（2^{15}）Hz 石英晶体振荡器，它是构成数字式时钟的核心，可保证时钟的走时准确及稳定。经过 15 级二分频，获得 1Hz 的秒脉冲，如图 6-1-3 所示。该电路主要应用 CD4060。CD4060 是 14 级二进制计数器/分频器/振荡器。它与外接电阻、电容、石英晶体共同组成 2^{15}=32768Hz 振荡器，并进行 14 级二分频，再外加一级 D 触发器（74LS74）二分频，输出 1Hz 的时基秒信号。CD4060 的引脚排列如图 6-1-4 所示，表 6-1-1 为 CD4060 的功能表，图 6-1-5 所示为 CD4060 的内部逻辑框图。R_4 是反馈电阻，可使 CD4060 内非门电路工作在电压传输特性的过渡区，即线性放大区。R_4 的阻值可在几兆到十几兆之间选择，一般取 22MΩ。C_2 是微调电容，可将振荡频率调整到精确值。

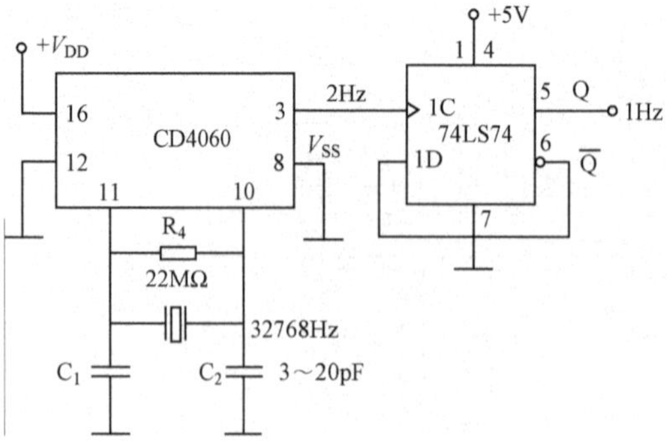

图 6-1-3 秒脉冲发生器

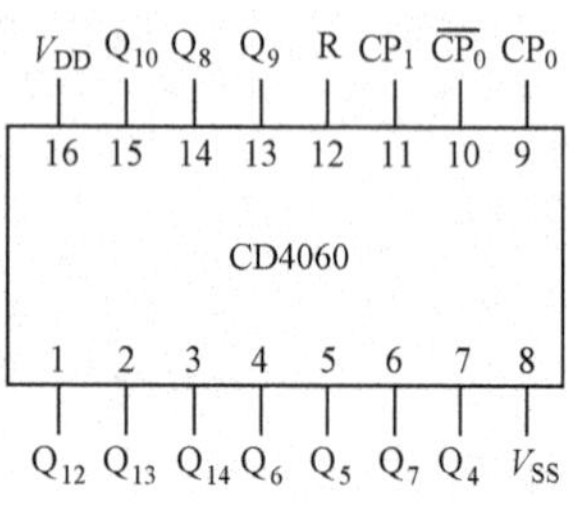

图 6-1-4 CD4060 引脚

表 6-1-1 CD4060 的功能表

R	CP	功　能
1	×	清 0（Q_1～Q_{14}=0）
0	↑	不变
0	↓	计数

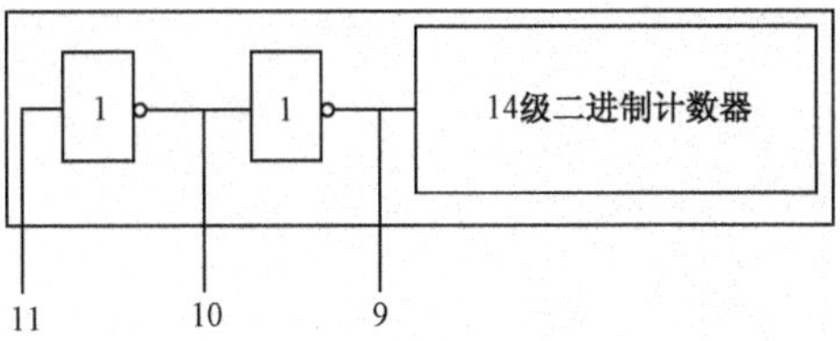

图 6-1-5　CD4060 的内部逻辑框图

2. 计数器电路

“秒”、“分”、“时”计数器电路均采用双 BCD 同步加法计数器 CD4518，如图 6-1-6 所示。“秒”、“分”计数器是六十进制计数器，为了便于应用 8421BCD 码显示译码器工作，“秒”、“分”个位采用十进制计数器，十位采用六进制计数器。“时”计数器是二十四进制计数器，如图 6-1-7 所示。CD4518 的引脚排列如图 6-1-8 所示，功能见表 6-1-2。

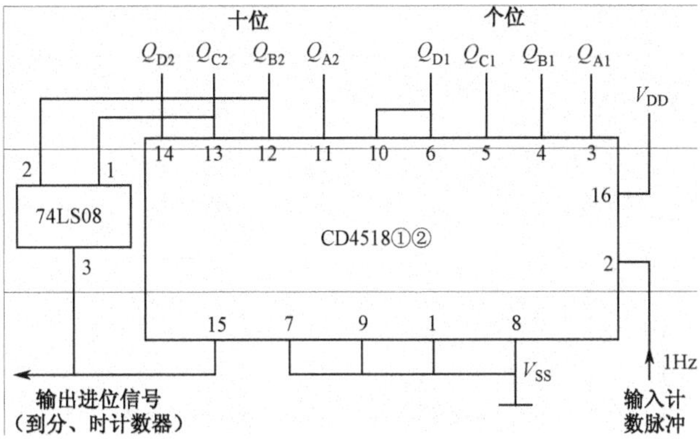

图 6-1-6　CD4518

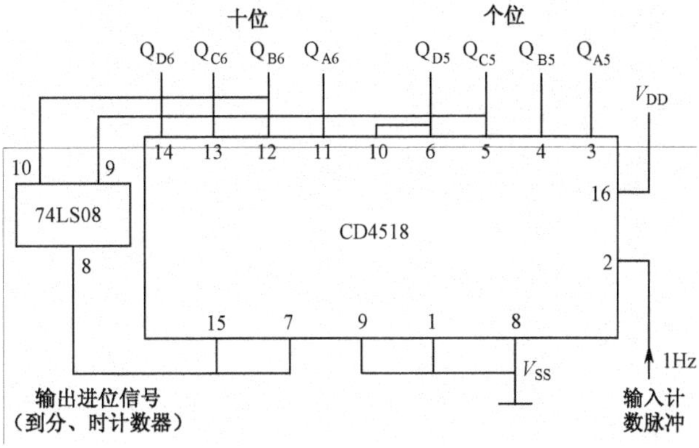

图 6-1-7　“时”计数器

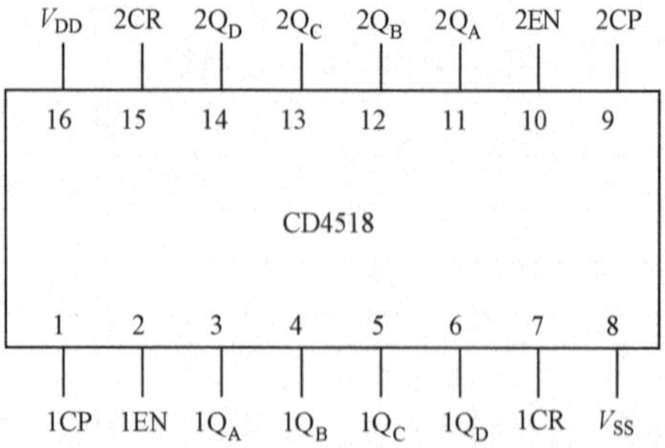

图 6-1-8　CD4518 引脚图

表 6-1-2　CD4518 的功能表

R	CP	EN	功　能
1	×	×	$Q_D \sim Q_A$　0
0	↑	1	计　数
0	0	↓	计　数
0	↓	×	不　变
0	×	↑	不　变
0	↑	0	不　变
0	1	↓	不　变

3．译码、显示电路

“时”、“分”、“秒”的译码和显示电路完全相同，均使用七段显示译码器 74LS248 直接驱动 LED 数码管 LC5011-11。图 6-1-9 所示为秒位译码、显示电路。74LS248 和 LC5011-11 的引脚排列如图 6-1-10 所示。

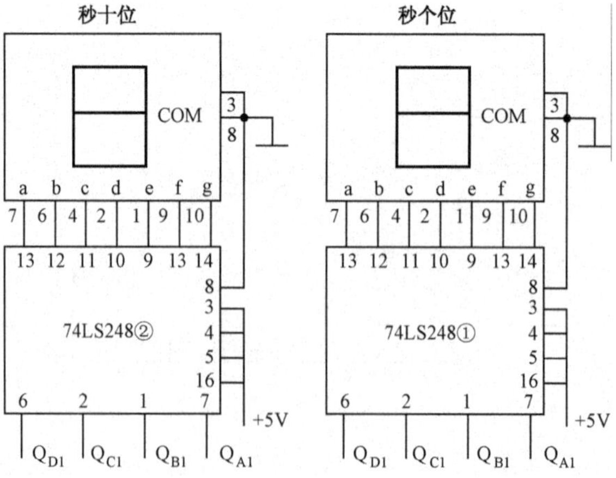

图 6-1-9 秒位译码、显示电路

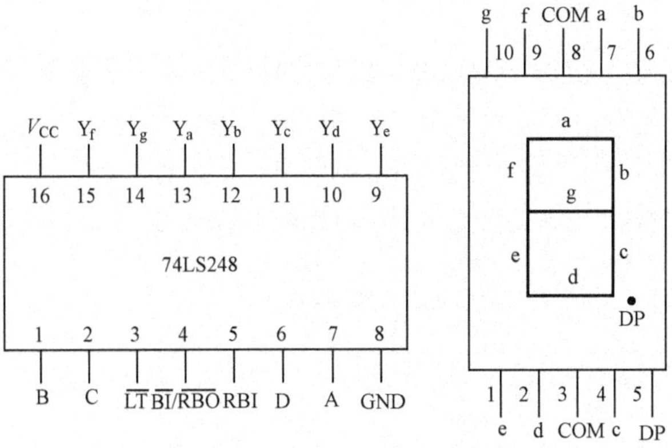

（a）74LS248　　（b）LC5011-11

图 6-1-10　74LS248 和 LC5011-11 的引脚排列

4. 校时电路

当重新接通电源或走时出现误差时都需要对时间进行校正。通常，校正时间的方法是，首先截断正常的计数通路，然后进行人工触发计数或将频率较高的方波信号加到需要校正的计数单元的输入端，校正好后，再转入正常计时状态即可。校时电路如图 6-1-11 所示。“秒”校时采用等待校时法。正常工作时，将开关 S_1 拨向 V_{DD} 位置，不影响与门 G_1 传送秒计数信号。进行校对时，将 S_1 拨向接地位置，封闭与门 G_1，暂停秒计时。标准时间一到，立即将 S_1 拨回 V_{DD} 位置，开放与门 G_1。“分”和“时”校时采用加速校时法。正常工作时，S_2 或 S_3 接地，封闭与门 G_3 或 05，不影响或门 G_2 或 04 传送秒、分进位计数脉冲。进行校对时，将 S_2、S_3 拨向 V_{DD} 位置，秒脉冲通过 G_3、G_2 或 G_5、G_4 直接引入“分”、“时”计数器，让“分”，“时”计数器以秒节奏快速计数。待标准分、时一到，立即将 S_2、S_3 拨回接地位置，封锁秒脉冲信号，开放或门 G_2、G_4 对秒、分进位计数脉冲的传送。

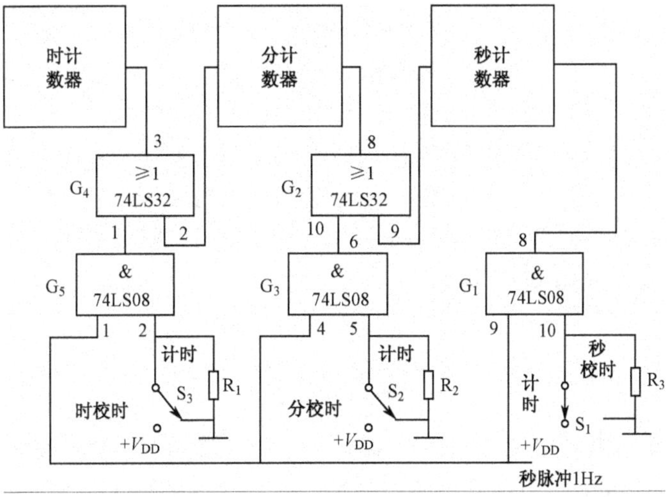

图 6-1-11　校时电路

5. 整点报时电路

一般时钟都应具备整点报时电路功能，即在时间出现整点前数秒内，数字钟会自动报时，以示提醒。其作用方式是发出连续的或有节奏的音频声波，较复杂的也可以是实时语音提示。整点报时电路如图6-1-12所示，包括控制和音响两部分。每当“分”和“秒”计数器计 到59分51秒，自动驱动音响电路发出五次持续1s的鸣叫，前四次音调低，最后一次音调高。最后一声鸣叫结束，计数器正好为整点（“00”分“00”秒）。

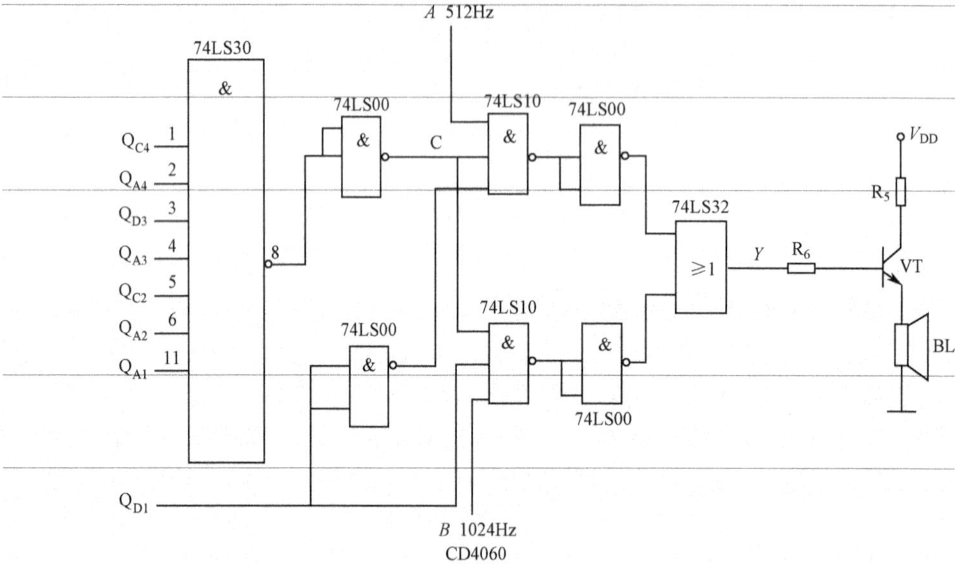

图6-1-12 整点报时电路

（1）控制电路

$$Q_{D4}Q_{C4}Q_{B4}Q_{A4}=0101$$
$$Q_{D4}Q_{C3}Q_{B3}Q_{A3}=1001$$
$$Q_{D2}Q_{C2}Q_{B2}Q_{A2}=0101$$
$$Q_{D1}Q_{C1}Q_{B1}Q_{A1}=0000$$

每当分、秒计数器计到59分50秒，开始鸣叫报时。此间，只有秒个位计数，所以

$$Q_{C4}=Q_{A4}=Q_{D3}=Q_{A3}=Q_{C2}=Q_{A2}=1$$

另外，时钟到达51s、53s、55s、57s和59s（即Q_{A1}=1）时就鸣叫。为此，将Q_{C4}、Q_{A4}、Q_{D3}、Q_{A3}、Q_{D2}、Q_{A2}和Q_{A1}逻辑相与作为控制信号C，
所以

$$C=Q_{C4}Q_{A4}Q_{D3}Q_{A3}Q_{C2}Q_{A2}Q_{A1}$$
$$Y=CQ_{D1A}+CQ_{D1B}$$

在51s、53s、55s和57s时，Q_{D1}=O，y=A，扬声器以512Hz音频鸣叫四次。在59s时，Q_{D1}=1，y=B，扬声器以1024kHz音频鸣叫最后一响。报时电路中的512Hz低音频信号A和1024Hz高音频信号B分别取自CD4060的Q_6和Q_5。

（2）音响电路

音响电路采用射极输出器 VT 驱动扬声器，R_6、R_5 用来限流。

二、数字钟的设计

设计与制作步骤如下所述。

① 根据要求，选择数字钟电路设计方案（见图 6-1-12）。

② 电路设计及元器件选择

根据前面对数字钟电路结构、数字钟工作原理分析和设计思路，数字钟实际电路模型已完整出台，可按照设计任务要求和设计指标适当选择相应元器件。部分元器件选择见表 6-1-3。

表 6-1-3　部分元器件明细表

代　号	名　称	规格及型号	数　量
IC_1～IC_6	显示译码器	74LS248	6
IC_7～IC_9	加法计数器	CD4518	3
IC_{10}、IC_{12}	四二输入与门	74LS08	2
IC_{11}	四二输入或门	74LS32	1
IC_{13}	振荡/分频器	CD4060	1
IC_{14}	双 D 触发器	74LS74	1
IC_{15}	八输入与非门	74LS30	1
IC_{16}	四二输入与非门	74LS00	1
IC_{17}	三三输入与非门	74LS10	1
LED_1～LED_6	数码显示管	LC5011-11	6
R_1～R_3	电阻器	RTX-1/8W-5.6kΩ±5%	3
R_4	电阻器	RTX-1/8W-22kΩ±5%	1
R_5	电阻器	RTX-1/4W-20Ω±5%	1
R_6	电阻器	RTX-1/8W-1.5kΩ±5%	1
XT	石英晶体	2^{15}Hz（32768Hz）	1
C_1	瓷介电容器	CC1-63V-22pF±10%	1
C_2	瓷介电容器	CC1-63V-22pF 可微调	1
S_1～S_3	按钮式开关	一刀二掷	3
VT	晶体三极管	9013	1
BL	扬声器	8Ω/0.25W	1

（3）画实际电路图

根据上述设计思路，可画出实际电路图（或直接画仿真电路图，自行画出）。

（4）仿真调试

电路仿真调试在完成电路的初步设计后，再对电路进行仿真调试，是为了观察和测量电路的性能指标并调整部分元器件参数，从而达到各项指标的要求。

（5）PCB 图设计与生成

① 由仿真电路直接生成网络表；

② 调用 Protel—PCB，并进行元器件合理布局；

③ 调用网络表，并自动布线；

④ PCB 图的人工调整；

⑤ 打印输出。

任务完成

三、数字钟的安装与调试

① 根据原理框图和实际电路图，用常规工艺安装好电路。

② 确认安装无误后，接通电源，逐级调试。用通用计数器测量晶体振荡器输出频率，调节微调电容 C_2，使振荡频率为 32768Hz。再测 CD4060 的 Q_4、Q_5 和 Q_6 等脚输出频率，检查 CD4060 工作是否正常。

a. 将秒脉冲送入秒计数器，检查秒个位、十位是否按 10s、60s 进位。采用同样方法检测分和时计数器。

b. 调试好时、分、秒计数器后，通过校时开关依次校准秒、分、时。数字钟正常走时。

c. 利用校时开关加快数字钟走时，调试整点报时电路，使其分别在 59 分 51 秒、53 秒、55 秒、57 秒时鸣叫四声低音，在 59 分 59 秒时鸣叫一声高音。

③ 实际电路测试与改进。

选择测量仪表与仪器，对电路进行实际测量与调试，调整电路参数，并解决存在的问题或电路故障等。

知识链接

电子产品装配步骤

电子产品装配工作主要是指钳装、电气安装和装配后质量检验。生产实践证明，良好的电接触是保证电子产品质量和可靠性的重要因素，电子产品发生故障跟电气安装的质量有密切关系。例如，焊接时若出现假焊、虚焊、错焊和漏焊，将会造成接线松脱、接点短路或开路；高频装置中如果接线过长、布线不合理，将会造成高频电路工作不稳定或不正常。因此，要使装配出来的产品达到预期的设计目的，必须十分注重装配质量，生产操作人员必须严肃认真做好每一道细小的生产环节。

装配工作是一项复杂而细致的工作。电子产品装配原则是先轻后重、先铆后装、先里后外、先平后高，上道工序不得影响下道工序。

思考与训练

1. 在数字钟的基础上，设计一个按作息时间表准时动作的路灯控制电路，使数字钟成为数字灯控钟。

2. 将设计好的数字灯控钟制成印制电路板，选择元器件，并进行安装、调试。

任务2　智力竞赛抢答器的设计与安装

任务描述

图 6-2-1 所示为智力竞赛抢答器及线路连接示意图，这是一种用于多人竞赛抢答的器件，在现实生活中很常见，尤其是在随着各种智益电视节目的不断发展，越来越多的竞赛抢答器被广泛应用，这种抢答器的好处是，不仅能够锻炼参赛选手的反应能力，而且能增加节目现场的紧张、活跃气氛，让观众看得更有情趣。可见抢答器在现实生活中确实很实用，运用前景非常广泛。

在知识竞赛中，特别是做抢答题时，在抢答过程中，为了知道哪一组或哪一位选手先答题，必须要有一个系统来完成这个任务。如果在抢答中，只靠人的视觉是很难判断出哪组先答题。这次设计就是用几个触发器及三极管巧妙的设计抢答器，使以上问题得以解决，即使两组的抢答时间相差几微秒，也可分辨出哪组优先答题。

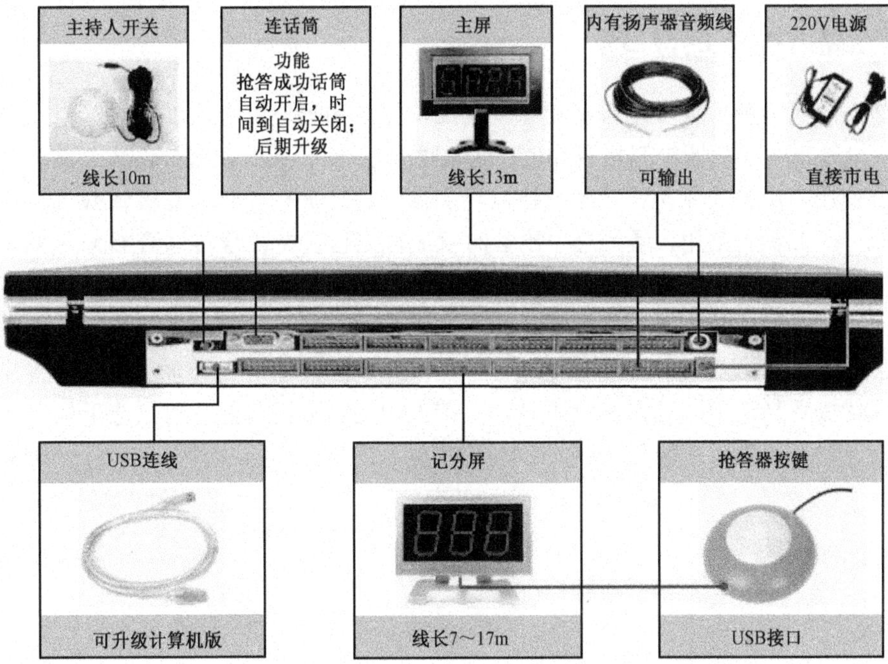

图 6-2-1　智力竞赛抢答器及线路连接示意图

学习目标

1. 了解智力竞赛抢答器的设计原理。

2. 熟练掌握触发器、555 电路及计数器的工作原理。
3. 掌握智力竞赛抢答器整机电路原理。
4. 掌握抢答器、计时器、计分器等单元电路的工作原理。
5. 熟悉整机电路的调测。

任务分析

设计一个供四人参赛的抢答器，能准确分辨、记录第一个有效按下抢答键者，并用声、光指示；主持人没有宣布抢答开始时，抢答不起作用。主持人宣布抢答开始时，按“开始”键，抢答开始，同时启动计时器计时；计时器计时采用倒计数的方式，以加强现场气氛，增加紧迫感。若预定时间内无人抢答，则自动给出信号停止抢答，以免冷场。倒计时定时器的时间可以随意预置；每组有一个计分器。从预置的 100 分开始，由主持人控制，答对者加 10 分，答错者则扣 10 分。

完成任务/操作步骤

任务准备

一、电路结构及工作原理

图 6-2-2 所示为智力竞赛抢答器的原理框图，主要由抢答器电路、计时器电路和计分器电路组成。抢答器主要由四个三极管和四个 D 触发器及四个或非门构成，其中三极管与主持人一起配合使用，用来控制是否开始抢答，当主持人将开关接地时，三极管截止，此时三极管可以当做一个二极管使用，当有选手抢答时就通过三极管将信号传送给 D 触发器，D 触发器再将信号传送给或非门并将其他选手锁存，同时将信号送给发光二极管与扬声器。

其工作原理是当主持人按下抢答开关时，选手能进行抢答。当有选手抢时，抢答信号就通过三极管传入 D 触发器，并且最先收到抢答信息的 D 触发器送出一个反馈信号将其余三位选手的信号封锁。当选手回答完毕问题时，主持人启动计分器，并且给该选手加上或减去分数。计分器通过译码器将信号传送给一数码管并显示出来。

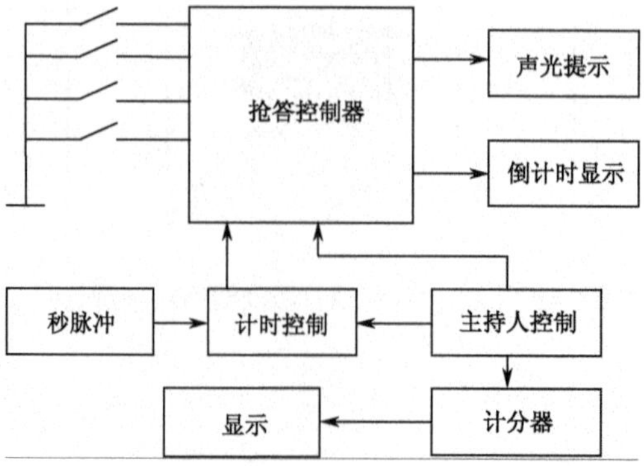

图 6-2-2　智力竞赛抢答器电路原理框图

二、单元电路设计及工作原理

1. 抢答器电路

这个抢答器设计成可供四个人抢答使用，它的组成器件包括四个三极管、 四个 D 触发器（74LS74）、四个或非门，以及用于起提示作用的发光二极管和扬声器。电路如图 6-2-3 所示。

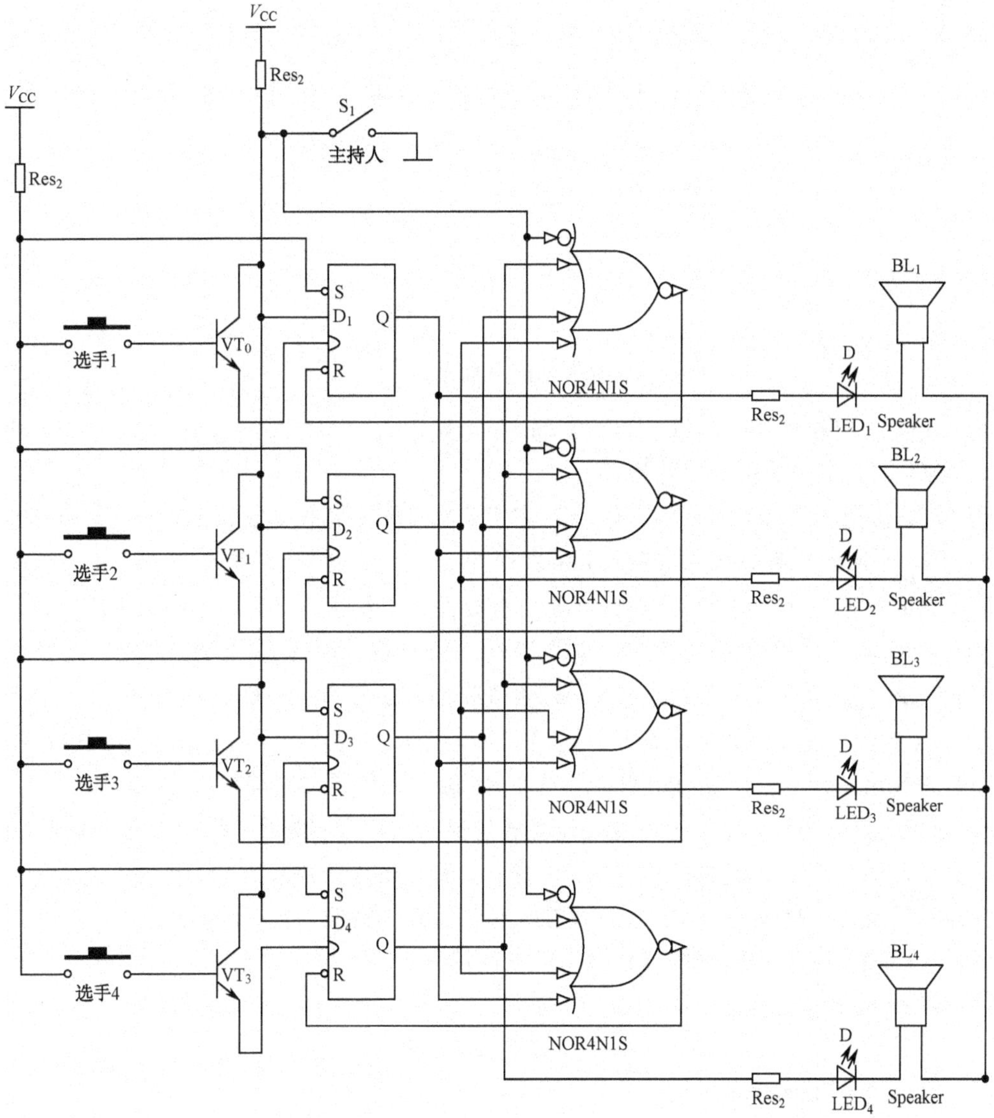

图 6-2-3　抢答器电路

其工作原理如下：

当主持人将开关拨至接通状态时，三极管处于截止状态，选手无法抢答，整个抢答器处于被锁定状态，当主持人将开关断开时，三极管的集电极接高电平，这样三极管处于导通状态，当选手有抢答信号输入时可以通过三极管将信号传送给 D 触发器，而 D 触发器的作用则是判断选手的信号，并锁住其他选手的信号传入。

首先，对于三极管的工作原理，主要是巧妙地利用了它的基极和集电极的电压关系来使三极管截至或导通即利用了三极管的开关作用。

其次是抢答器的核心元件 D 触发器的构成如图 6-2-4 所示。

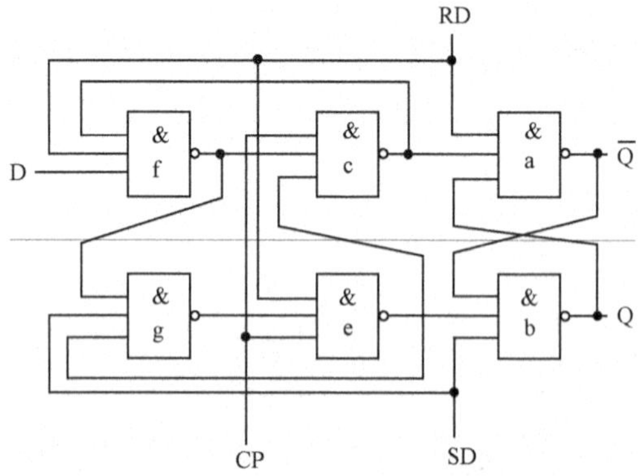

图 6-2-4　D 触发器

此 D 触发器又称维持—阻塞边沿触发器，该触发器有 6 个与非门组成，其中 a 和 b 构成基本 RS 触发器。下面分析其工作原理。

Sd 和 Rd 接至基本 RS 触发器的输入端，它们分别是预置和清零端，低电平有效。当 Sd=0 且 Rd=1 时，不论输入端 D 为何种状态，都会使 Q=1，$\overline{Q}$=0，即触发器置 1；当 Sd=1 且 Rd=0 时，触发器的状态为 0，Sd 和 Rd 通常又称为直接置 1 和置 0 端。工作过程如下所述。

① CP=0 时，与非门 c 和 g 封锁，其输出 $c=e=1$，触发器的状态不变。同时，由于 c 至 f 和 e 至 g 的反馈信号将这两个门打开，因此可接收输入信号 D，$f=\overline{D}$，$g=\overline{f}=D$。

② 当 CP 由 0 变 1 时触发器翻转。这时 c 和 e 打开，它们的输出 c 和 e 的状态由 f 和 g 的输出状态决定。$c=\overline{f}=D$，$e=\overline{g}=\overline{D}$。由基本 RS 触发器的逻辑功能可知 $Q=D$。

③ 触发器翻转后，在 CP=1 时输入信号被封锁。c 和 e 打开后，它们的输出 c 和 e 的状态是互补的，即封锁了 D 通往基本 RS 触发器的路径；该反馈线起了使触发器维持在 0 状态和阻止触发器变为 1 状态的作用，故该反馈线称为置 0 维持线，置 1 阻塞线。e 为 0 时，将 c 和 g 封锁，D 端通往基本 RS 触发器的路径也被封锁。

D 触发器状态方程：

$$Q^{n+1}=DQ^{n}$$

D 触发器状态真值表见表 6-2-1。

通过对 D 触发器的分析，可以大致看出该抢答器的工作流程，其核心就是该 D 触发器。当主持人宣布开始抢答时，将开关 S_1 断开，选手迅速按键，假设选手 1 首先按下抢答键，此时一号就输入一个相当于上升沿的脉冲使 D_1 输出高电平同时将该高电平信号传送给或非门，通过或非门的判断将信号输送到其他选手的 D 触发器的 R 端并将其锁定使其无法输出信号。

表 6-2-1　D 触发器真值表

Sd	Rd	CP	D	Q^n	Q^{n+1}
1	0	×	×	×	0
0	1				1
1	1	↑	0	0	0
1	1	↑	0	1	0
1	1	↑	1	0	1
1	1	↑	1	1	1

2. 计时器电路

设计的该计时器主要由三部分组成，一个是 555 定时器用来提供脉冲；另一个是由 3 个 JK 触发器构成的减法计数器；最后一个是由 CD4511 译码器和数码管连接成的，用于显示时间，计时器构成图如图 6-2-5 所示。

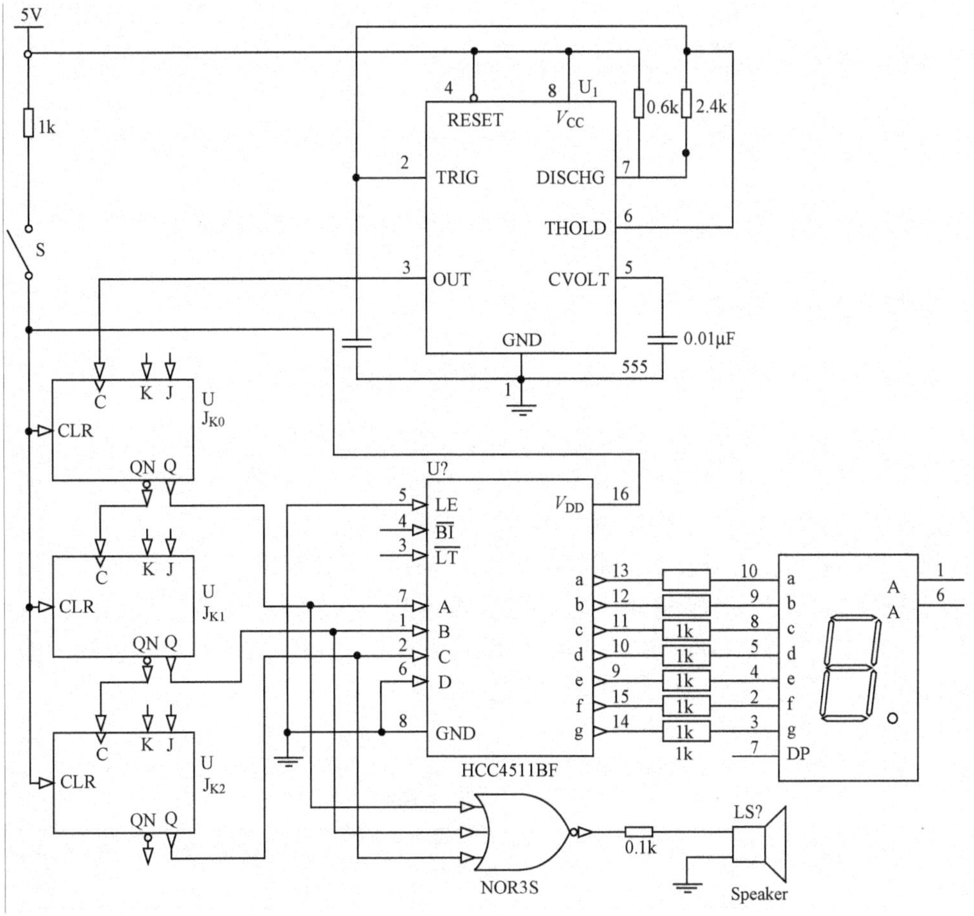

图 6-2-5　计时器电路

（1）555 定时器

555 定时器内部结构的简化原理图如图 6-2-6 所示，它由 3 个阻值为 5kΩ 的电阻组成的分压器、两个电压比较器 C_1 和 C_2、基本 RS 触发器、放电 BJT 及缓冲器 G 组成。

定时器的主要功能取决于比较器的输出控制 RS 触发器和放电 BJT 的状态。图中 Rd 为复位输入端，当 Rd 为低电平时，不管其他输入端的状态如何，输出 V_o 均为低电平。因此在正常工作时，应将其接高电平。

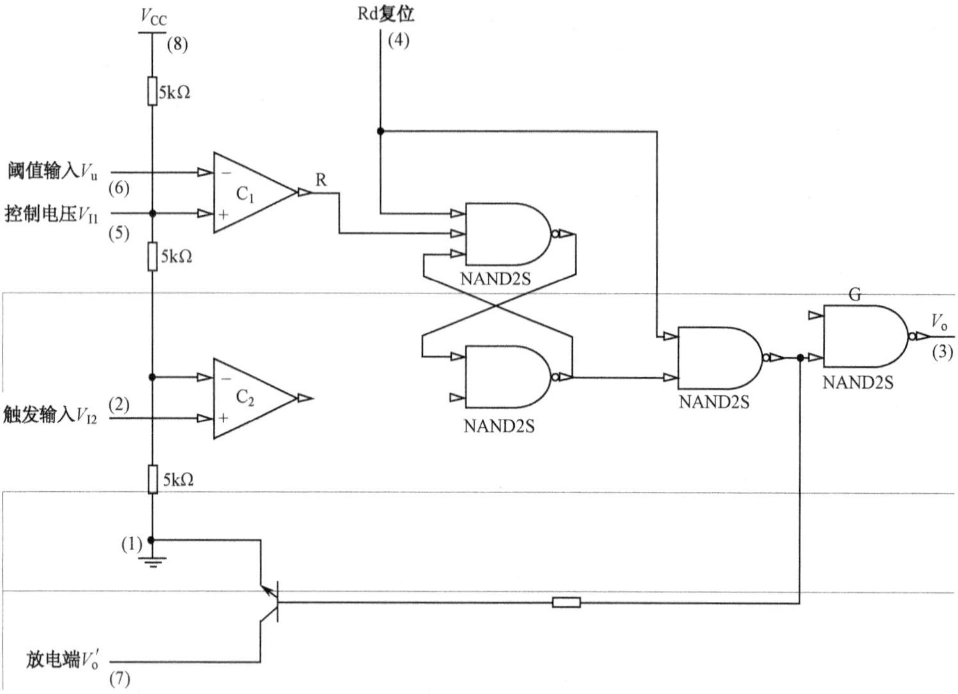

图 6-2-6　555 结构原理图

由图可知，当 5 脚悬空时，比较器 C_1 和 C_2 的比较电压分别为 $2/3V_{cc}$ 和 $1/3V_{cc}$。

当 $V_{I1}>2/3V_{CC}$，$V_{I2}>1/3V_{CC}$ 时，比较器 C_1 输出低电平，比较器 C_2 输出高电平，基本 RS 触发器被置 0，放电三极管 T 导通，输出端 V_o 为低电平。

当 $V_{I1}<2/3V_{CC}$，$V_{I2}<1/3V_{CC}$ 时，比较器 C_1 输出高电平，比较器 C_2 输出输出低电平，基本 RS 触发器被置 1，放电三极管截止，输出端 V_o 为高电平。

当 $V_{I1}<2/3V_{CC}$，$V_{I2}>1/3V_{CC}$ 时，基本 RS 触发器 R=1、S=1，触发器状态不变，电路以保持原状态不变。

555 功能表见表 6-2-2。

表 6-2-2　555 功能表

输　入					输　出	
阀值输入（V_{I1}）	R	触发输入（V_{I2}）	S	复位（Rd）	输出（V_o）	放电管 T
×		×		0	0	导通
$<2/3V_{CC}$	1	$<1/3V_{CC}$	0	1	1	截止
$>2/3V_{CC}$	0	$>1/3V_{CC}$	1	1	0	导通
$<2/3V_{CC}$	1	$>1/3V_{CC}$	1	1	不变	不变

（2）减法计数器

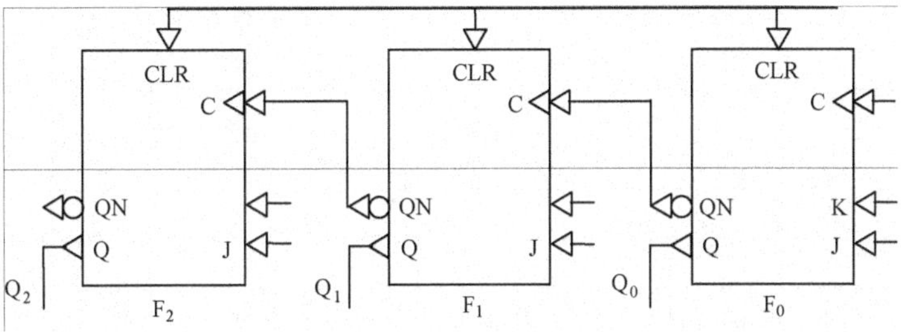

图 6-2-7 JK 倒计时器电路图

倒计时器的核心由减法计数器构成，而减法计数器是由三个 JK 触发器构成的异步二进制减法计数器。其中 J、K 端都是悬空（相当于 J=1、K=1），该减法计数器是将前一个触发器的 $\overline{Q}$ 端与下一个触发器的 CP 端相连。

计数器的工作过程分为两步。

第一步：计数器复位清零。

在工作前应先对计数器进行复位清零。在复位控制端送一个负脉冲到各触发器 Rd 端，触发器状态都变为“0”，即 $Q_1Q_2Q_3$=000。

第二步：计数器开始计数。

当第一个时钟脉冲的下降沿到触发器 F_0 的 CP 端时，触发器 F_0 开始工作，由于 J=K=1，JK 触发器的功能是翻转，触发器 F_0 的状态由 0 变为 1，即 Q_0=1，$\overline{Q_1}$ 由 1 变为 0，这相当于一个脉冲的下降沿，它送到触发器 F_1 的状态有 0 变为 1，即 Q_1=1，$\overline{Q_1}$ 由 1 变为 0，它送到触发器 F_2 的 CP 端，触发器 F_2 的状态有 0 变为 1，$\overline{Q_2}$ =1，三个触发器的状态均为 1，计数器的输出为 $Q_2Q_1Q_0$=111。

当第二个时钟脉冲的下降沿到触发器 F_0 的 CP 端时，触发器 F_0 状态翻转，$\overline{Q_0}$ 由 1 变为 0，$\overline{Q_0}$ 则由 0 变为 1，触发器 F_1 的状态不变，触发器 F_2 的状态也不变，计数器的输出为 $Q_2Q_1Q_0$=110。

当第三个时钟脉冲下降沿到触发器 F_0 的 CP 端时，F_0 触发器状态又翻转，$\overline{Q_0}$ 由 0 变为 1，$\overline{Q_0}$ 则由 1 变为 0（相当于脉冲的下降沿），它送到 F_1 的 CP 端，触发器 F_1 状态翻转，$\overline{Q_1}$ 由 1 变为 0，$\overline{Q_1}$ 由 0 变为 1，触发器 F_2 的状态不变，计数器的输出为 101。

同样道理，当第四至第七脉冲到来时，计数器的 $Q_2Q_1Q_0$ 依次变为 100、011、010、001。3 位二进制减法计数器状态表见表 6-2-3。

表 6-2-3 3 位二进制减法计数器状态表

输入 CP 脉冲序号	计数器状态		
	Q_2	Q_1	Q_0
0	0	0	0
1	1	1	1
2	1	1	0

续表

输入 CP 脉冲序号	计数器状态		
	Q_2	Q_1	Q_0
3	1	0	1
4	1	0	0
5	0	1	1
6	0	1	0
7	0	0	1
8	0	0	0

（3）数字显示器

此部分由 CD4511 译码器及共阴极数码管组成，并且 JK 触发器的输出另接一个与非门，与非门再接一个发光二极管，用于提示。

当第一个脉冲到来时，JK 触发器输出为 111，数码管上此时显示为 7，再来一个脉冲，JK 触发器又输出为 110，此时显示 6，以此类推，当 JK 触发器输出为 000 时，此时与 JK 触发器的输出端相连的与非门输出则变为 1，使得扬声器发出声响提示选手抢答时间到了，不应再抢答。同时主持人断开倒计时器的开关停止计时。

3. 计分器电路

计分器用来记录选手的得分情况，因此计分器在竞赛中也显得比较重要。下面就介绍该计分器的电路结构及工作原理。

该计分器由两个 SN74190 和一个 D 触发器构成，其电路图如图 6-2-8 所示。

其中 SN74190 是一个加减计数器，其由控制端 5 管脚控制，当 5 端口输入为高电平时，工作状态为一个减法器，当 5 端口接低电平时，工作状态为加法器。D 触发器主要是使个位显示 0。由于在开始抢答时，每位选手显示分数为 100，因此百位的 74190 置数为 1，十位置数为 0。其工作流程如下所述。

假如开始抢答，当有选手答题正确时，主持人将开关拨到加分端并按下脉冲开关，U_2 接收一个脉冲（因为 U_2 的预置端置数为 0 即 Q1Q2Q3Q4=0000），此时输出变为 Q1Q2Q3Q4=0001，即相当于给选手加上十分，当该选手再次答题正确时，主持人又按下脉冲开关送出一个脉冲，U2 接收到一个脉冲，输出又变为 Q1Q2Q3Q4=0010，即又给选手加上 10 分即显示为 120，以此类推。

当第十个脉冲到来时，U_2 的输出端 Q1Q2Q3Q4 输出 1010，同时与 Q0Q2 相连的与门将接收一个低电平信号输入到引脚 11 使置数重新变为 0 开始计数即输出又从零开始。与此同时进位端 13 脚将产生一个进位脉冲，输入 U_1 中，此时 U_1 的输出端将输出 0010，即使百位的数码管显示为 2。此时该选手的得分即为 200。

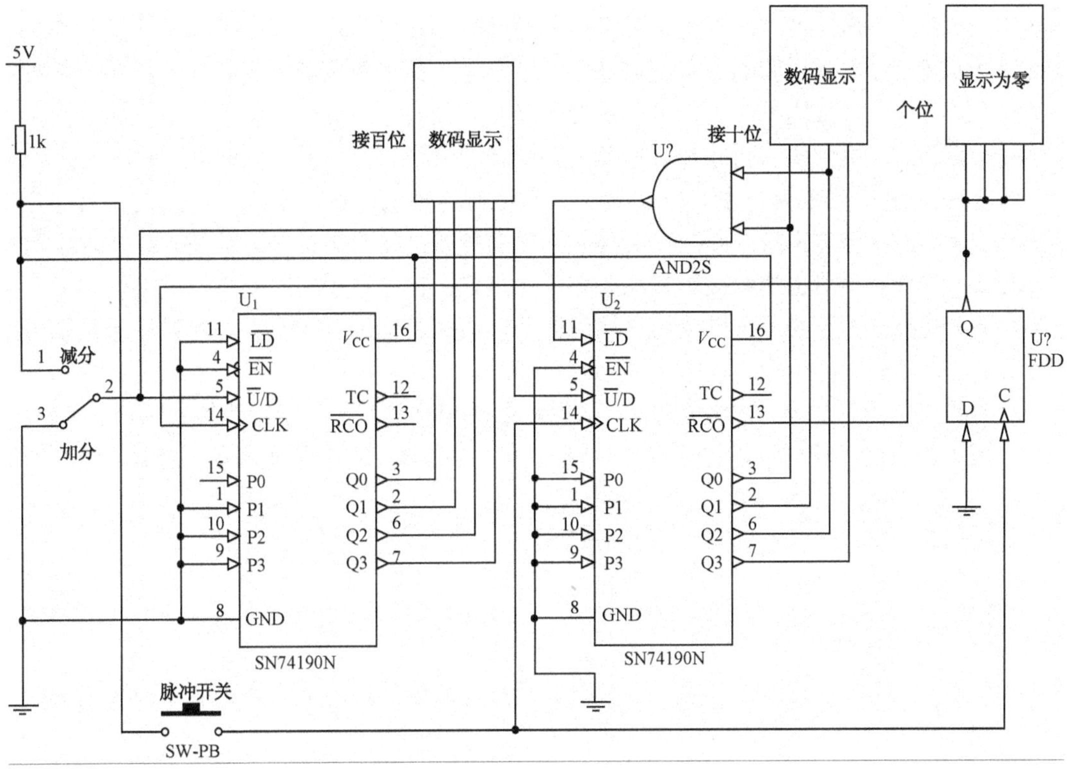

图 6-2-8　计分器电路图

完成任务

三、智力竞赛抢答器整机电路设计

设计智力竞赛抢答器的基本要求和步骤如下所述。

① 根据任务要求选择智力竞赛抢答器电路设计方案。

② 前面分析及对智力竞赛抢答器单元电路设计思路，用 Protel 绘制智力竞赛抢答器原理图。

③ 根据原理图绘制其印制电路板图，并生成结构表。要求合理安排集成块和元器件的位置，布线整齐且不交叉；集成块相邻引脚间尽量不布线。用系统制作印制电路板。

④ 设计任务要求和设计指标适当选择相应元器件。

⑤ 完成电路的初步设计后，再对电路进行仿真调试，通过观察和测量电路的性能指标调整部分元器件参数，从而达到各项指标的要求。

四、智力竞赛抢答器的安装和调试

① 根据原理框图和实际电路图，用常规工艺插好元器件并焊接、剪脚，安装好电路。

② 确认安装无误后，接通电源，逐级调试。这个抢答器涉及的大多都是数字电路的问题，所需要调试的值并不多，将各个模块连接到一起后，注意检查各个部分是否连接正确，

还得仔细地看一下所用器件的型号是不是需要的那种，在确保连接无误的情况下通电调试。按动各个按键，看看各引脚的电平变化是不是正确的，同时观察各个集成器件的各个引脚的电平变化情况，以及数码显示器的显示是否正确。如果有不正确的就将其逐个问题解决了再进行后面的调试，直到所有问题都解决了为止。

③ 实践检验：当连接好所有电路后，分小组检验整机，让一个人当主持人，另外几个当选手进行实验。首先主持人断开控制开关，宣布抢答开始，当有选手抢答时，该选手的指示灯闪烁，并且扬声器也鸣叫提示其他选手停止抢答，但该选手回答完主持人的问题后，主持人宣布他回答是否正确，正确或错误就用计分器相应给他加（减）分。注意检验时要关注以下三个主要功能。

a. 抢答器的抢答功能，它能准确分辨、记录第一个有效按下抢答键者信息用声、光指示。

b. 倒计时功能，这样可以加强现场气氛，增加紧迫感。若预定时间无，则倒计时器的显示为 0，并且指示灯亮起，提示选手不能抢答。

c. 还具有计分功能，即统计选手得分情况。

知识链接

这次设计的用于竞赛的抢答器，电路图很简单，组成器件应该说都是数电和模电中很常见的。

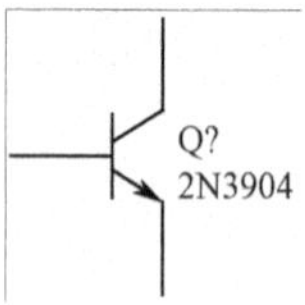

图 6-2-9 NPN 三极管

关于模电中用到的器件主要是三极管、发光二极管及电容等。在模电中主要学习了三极管的放大功能和开关作用，而在这次设计的电路中，主要是运用了三极管的开关作用。

NPN 三极管如图 6-2-9 所示。

三极管的三种工作状态：①当 $V_{BE}>0$、$V_{BC}<0$、$I_C=\beta I_B$ 时三极管正向导通，此时工作在放大状态；②当 $V_{BE}<0$、$V_{BC}>0$、$I_B>I_C/\beta$ 时，三极管工作在保和区；③当 $V_{BE}<0$、$V_{BC}<0$ 时，三极管工作在截止区。其中三极管的开关作用就是利用了它的②、③两点性质。

而这次主要用到的器件都来自数电中，如触发器、逻辑门、译码器、数码管及 555 定时器等。而在使用中各个器件也不是独立工作。

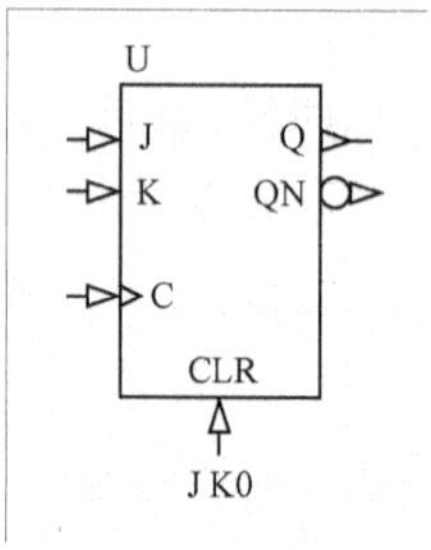

图 6-2-10　JK 触发器管

JK 触发器如图 6-2-10 所示，其功能有以下几个方面。

① 主从 JK 触发器具有置位、复位、保持（记忆）和计数功能。

② 主从 JK 触发器属于脉冲触发方式，触发翻转只在时钟脉冲的负跳变沿发生。

③ 不存在约束条件，但存在一次变化现象。

④ 产生一次变化的原因是，在 CP=1 期间，主触发器一直在接收数据，但主触发器在某些条件下（Q=0、CP=1 期间 J 端出现正跳沿干扰或 Q=1、CP=1 期间 K 端出现正跳沿干扰），不能完全随输入信号的变化而发生相应的变化，以至影响从触发器

状态与输入信号的不对应。

此次用 3 个 JK 触发器主要是构成三位二进制倒计时器计数器，其中前一个 JK 触发器的 *QN* 端接下一个 JK 触发器 CP 端。CLR 接主持人控制端。

集成 555 定时器是一种将模拟功能与逻辑功能巧妙结合在一起的中规模集成电路，因集成电路内部含有 3 个 5kΩ 电阻而得名，在控制、定时、检测、放声、报警等方面有着广泛的应用。而这次是将 555 够成一个多谐振荡器。555 定时器如图 6-2-11 所示。

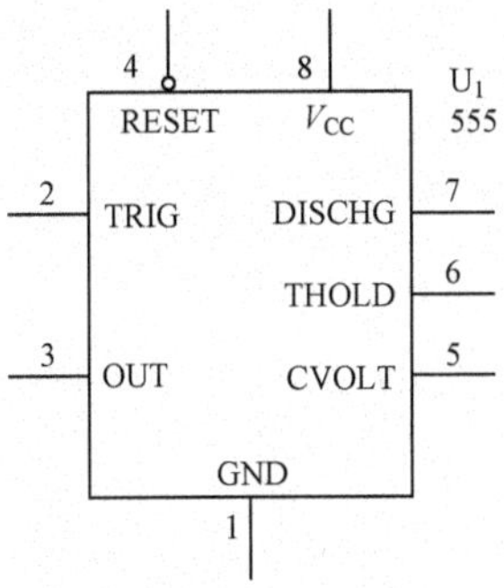

图 6-2-11　555 定时器

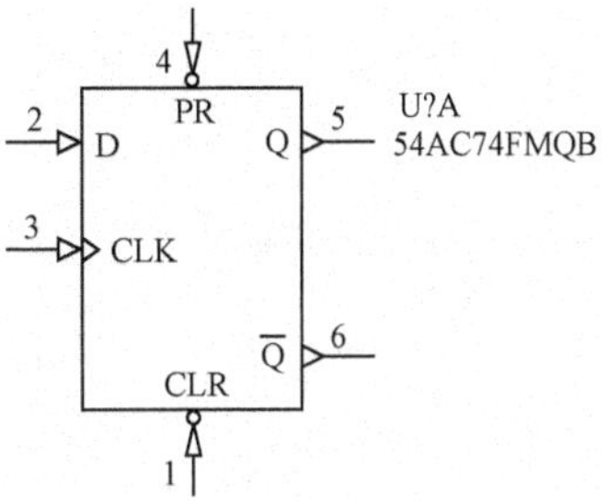

图 6-2-12　D 触发器

D 触发器如图 6-2-12 所示，其功能有以下几个方面。

① D 触发器具有接收并记忆信号的功能，又称锁存器。

② D 触发器属于脉冲触发方式。

③ D 触发器不存在约束条件和一次变化现象，抗干扰性能强，工作速度快。

而这次正是利用了以上的功能来构成一个简单的抢答器。

综上所述，在本次设计的电路中，RS 边沿 D 触发器有四个，其作用是用来锁存非最先抢答者的抢答信号。而三个 JK 触发器则是构成了一个减法计数器且和 555 定时器一起使用，形成一个倒计时器，555 是为 JK 触发器定时提供足够脉冲，使 JK 触发器工作。4511 译码器将 JK 触发器输出的信号转换成能够在数码管上显示的有效信号。还有就是 74190 可逆计数器，主要是用来计算选手得分情况。智力竞赛抢答器总原理图如图 6-2-13 所示。

思考与训练

1. 在四人智力竞赛抢答器的基础上，设计一个八位智力竞赛抢答器。
2. 将设计好的八位智力竞赛抢答器制成印制电路板，选择元器件，并进行安装、调试。

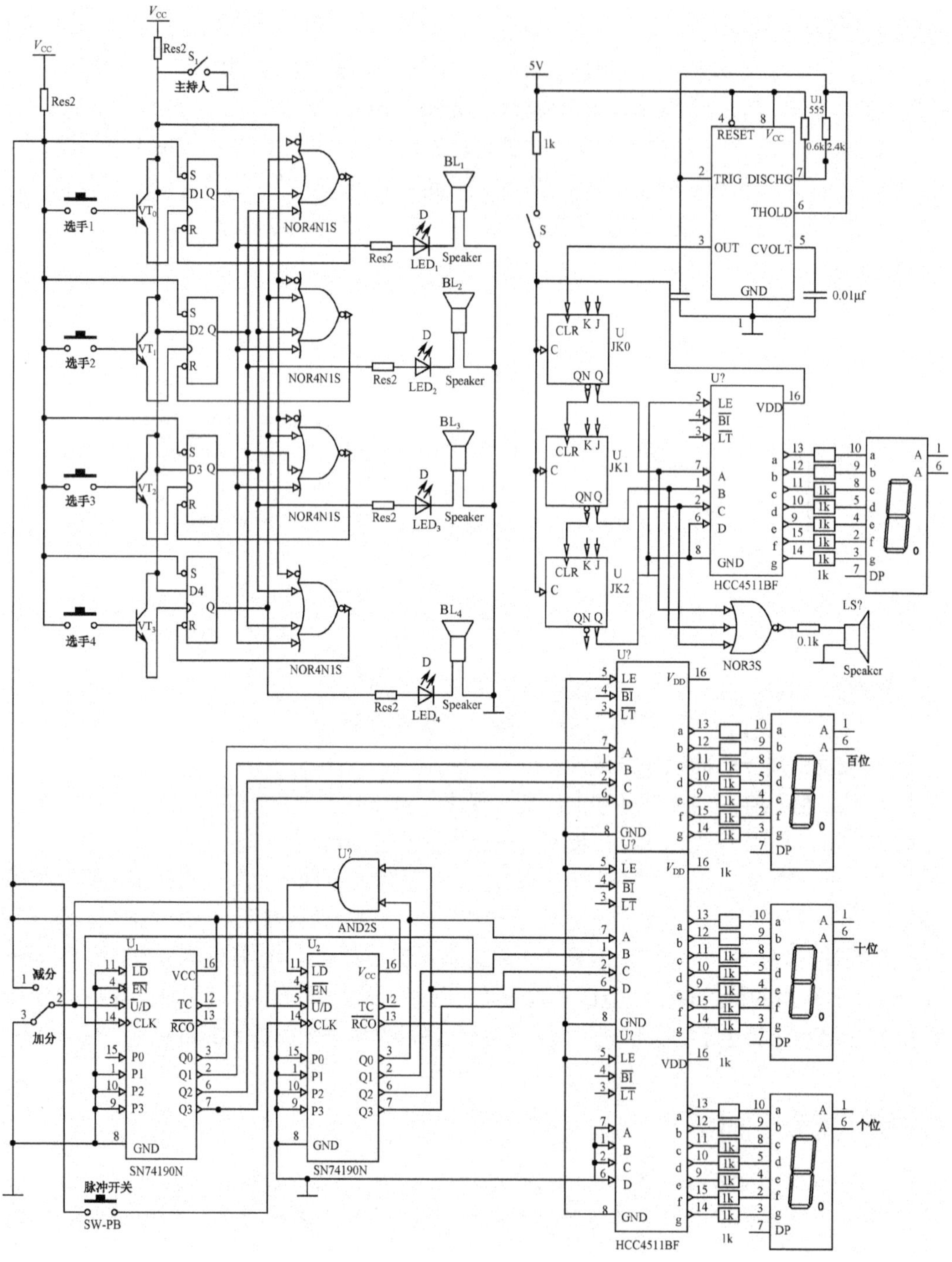

图 6-2-13　智力竞赛抢答器总原理图

任务3　数字万用表的装接

任务描述

图 6-3-1 是 DT830B 数字万用表，该表是目前市场上最常见、最廉价的数字万用表。可以测量直流电压、直流电流、交流电压、电阻、二极管及三极管的放大倍数等。通过对 DT830B 数字万用表的电路分析，元器件检测、安装、焊接，整机电路的检测与调试，完成 DT830B 数字万用表的装接。

图 6-3-1　DT830B 数字万用表

学习目标

1. 电路的分析：掌握数字万用表电路的基本原理与分析、计算；了解电路中各元器件的作用及参数选择。

2. 电子产品的工艺：掌握数字电路元器件的布局与布线；了解电子产品生产的工艺过程。

3. 电路组装：学会原理图与印制电路板的识图；熟悉数字电子元器件在安装与生产过程中应注意的问题；掌握手工烙铁焊接技术。

4. 电路的调整与性能测试：学会使用电子测量仪器进行电路的测试与校准。

5. 实训报告：按以上内容，写出实训报告。重点在电路的分析、调试过程与校准方法。

操作内容与步骤

1．熟悉 DT-830B 型数字万用表的电路原理图（见图 6-3-2），双面印制电路板图（见图 6-3-3），结构安装示意图（见图 6-3-4）。

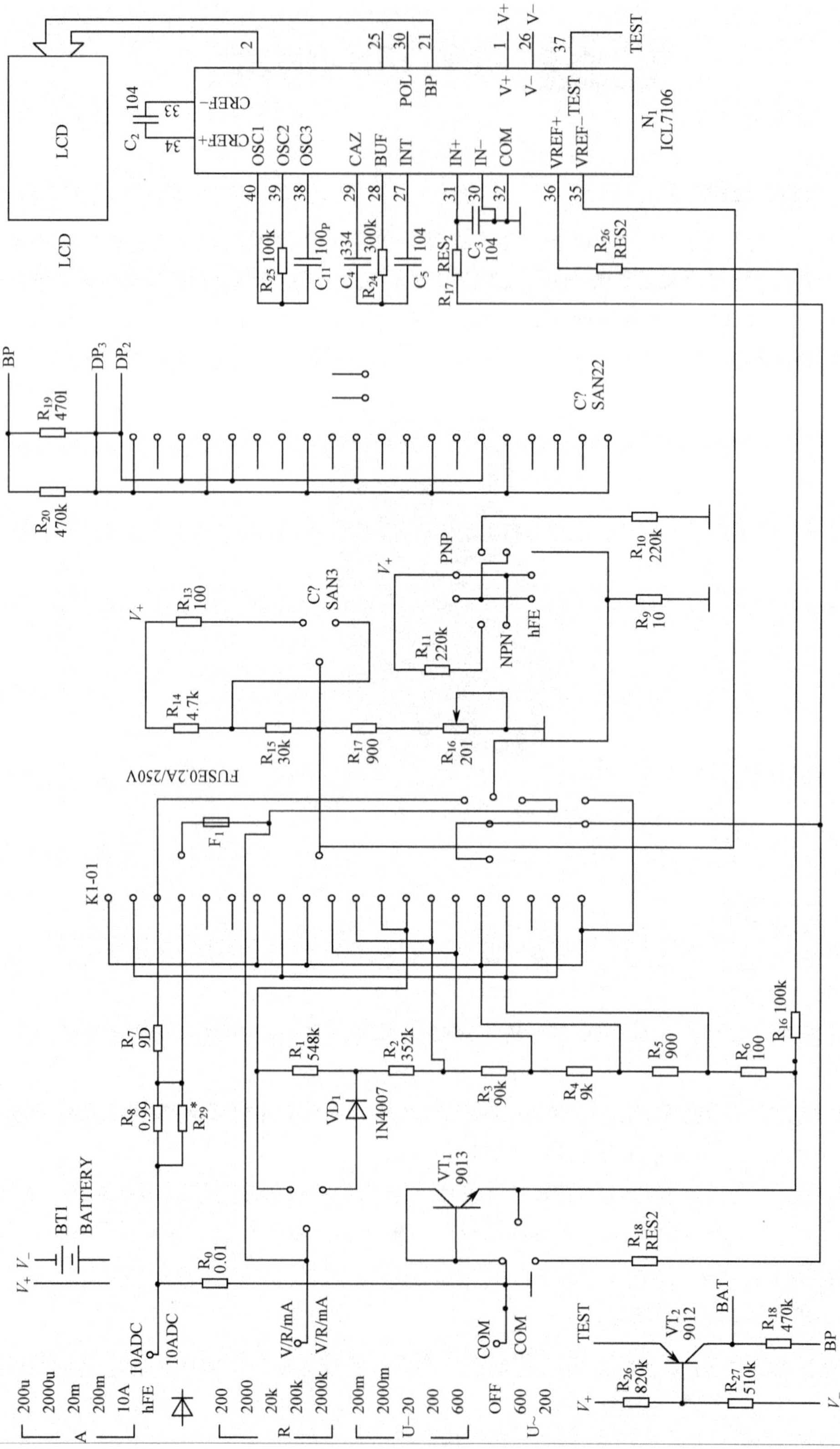
LCD
ICL7106
CREF+
CREF−
OSC1
OSC2
OSC3
CAZ
BUF
INT
IN+
IN−
COM
VREF+
VREF−
TEST
POL
BP
V+
V−
K1-01
SAN22
SAN3
FUSE0.2A/250V
PNP
NPN
hFE
BATTERY
BT1
10ADC
V/R/mA
COM
1N4007
9013
9012
BAT

图6-3-2 电路原理图

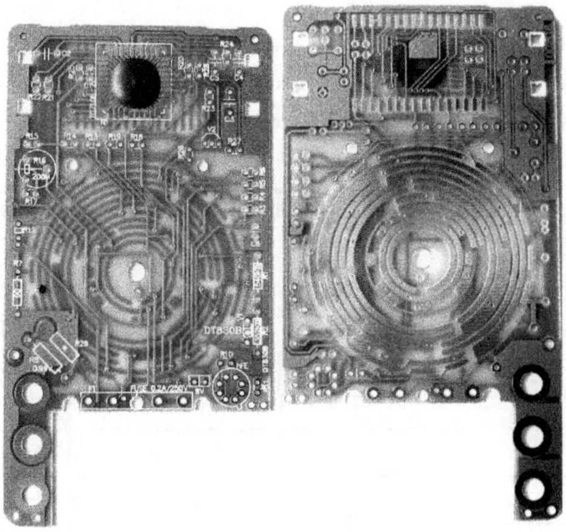

图 6-3-3　双面印制电路板图

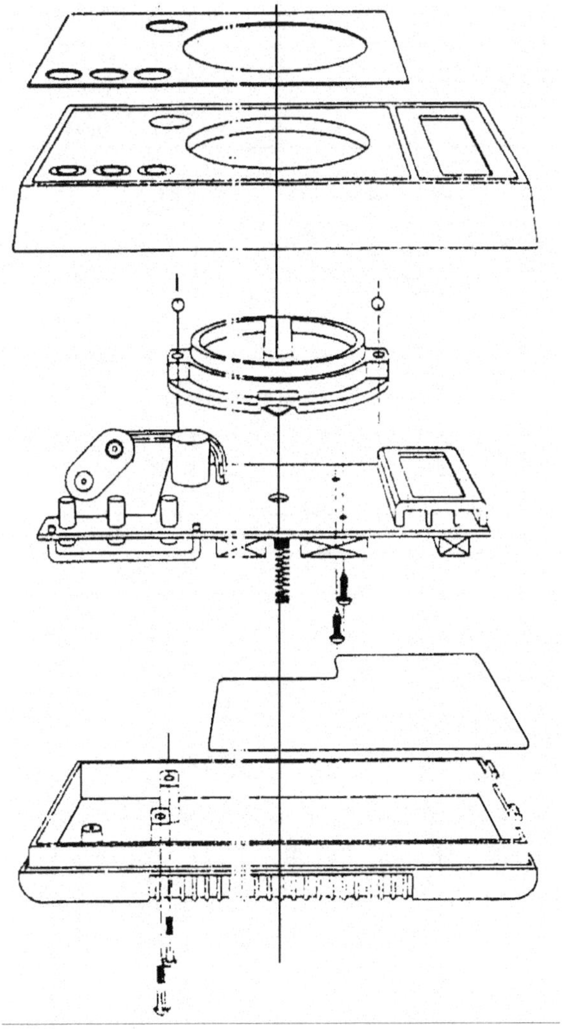

图 6-3-4　结构安装示意图

2. 测试元器件

测试元器件并将测试结果记入表 6-3-1、表 6-3-2、表 6-3-3 中。

表 6-3-1 电阻器的测量

序　号	标 称 值	实 测 值	色　环	序　号	标 称 值	实 测 值	色　环
R_1	548kΩ			R_{14}	4.7kΩ		
R_2	352kΩ			R_{15}	30kΩ		
R_3	90kΩ			R_{16}	201		
R_4	9KΩ			R_{17}	900Ω		
R_5	900Ω			R_{18}	470kΩ		
R_6	100Ω			R_{19}	470kΩ		
R_7	9Ω			R_{20}	470kΩ		
R_8	0.99Ω			R_{21}	470kΩ		
R_{10}	220kΩ			R_{22}	470kΩ		
R_{11}	220kΩ			R_{23}	1MΩ		
R_{12}	1/2W1kΩ			R_{24}	300kΩ		
R_{13}	100Ω			R_{25}	100kΩ		

表 6-3-2 二极管、三极管的测量

序　号	型　号	正向压降	反向电阻	序　号	型　号	β值	质量判别
D_1				Q_1			
Q_2							

表 6-3-3 电容器的测量

序号	标 称 值	实　测值	序　号	标 称 值	实 测 值
C_1	101		C_4	334	
C_2	104		C_5	104	
C_3	104		C_6	104	

3. 印制电路板的质量检测

通过目测及万用表测量电路板应有不明显的划伤、断路、短路等故障。

4. 印制电路板元器件的安装与焊接

① 插装并焊接电阻器 R_9、R_{18}、R_8、R_{21}。立式安装电阻器时，要求电阻本体紧靠印制电路板，引线上弯半径 R 为 1mm，表示第一位有效数字的色环朝上；卧式安装时，表示第一位有效数字的色环朝左以印制电路板上的字作为参考方向，如图 6-3-5 所示。

② COM、10A、V/Ω/mA 表笔插座的安装。在元器件面，将插座焊接在印制电路板上，在需焊接的地方涂少许松香，插座应与印制电路板先垂直，否则将难以准确地将插座装入外壳相应的插座孔中，如图 6-3-6 所示。

③ 安装电容器 C_2、C_3、C_4、C_1、C_5，电容安装时应使其数值易于观察。

④ 电位器 VR_1 地安装。

⑤ 安装电阻器 R_{13}、R_{15}、R_{26}、R_{14}、R_{25}、R_{19}、R_{20}、R_{12}、R_{11}、R_{17}、R_{10}、R_{16}、R_{6}、R_{5}、R_{7}、R_{4}、R_{3}、R_{2}、R_{1}。

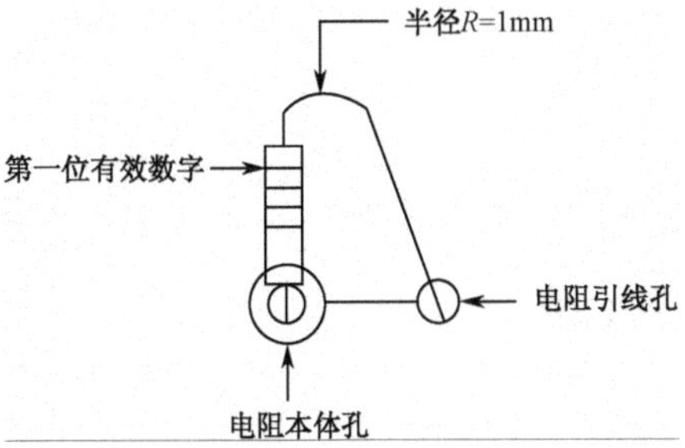

图 6-3-5　电阻立式安装示意图

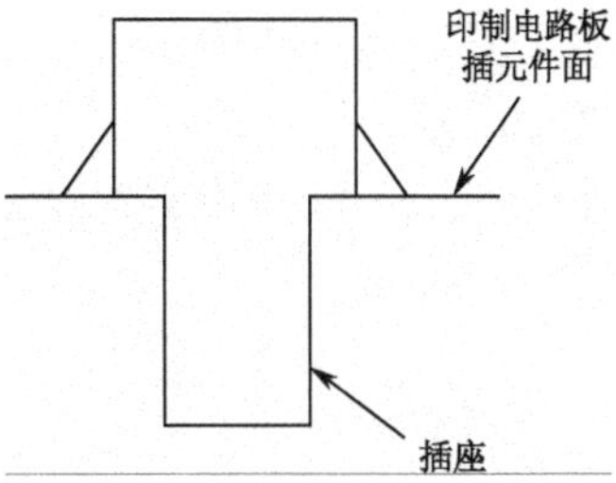

图 6-3-6　表笔插座安装示意图

⑥ 插接二极管 VD_1，三极管 VT_1、VT_2。

⑦ 分流电阻 R_0（铜线）地安装。

⑧ hFE 插座安装。在元件面焊接，标志凸筋对准仪器外壳相应部位的凹槽。

⑨安装保险管卡，保险管止销朝外，如图 6-3-7 所示。

⑩ 安装弹簧、电池极扣引线。

5. *液晶显示器件地安装*

① 将框架放正，液晶片数字显示面朝下（即白色面朝上）标志凸起朝右放在框内。

② 将两斑马胶条直立放入框架内，下边与液晶片相接触。

将印制电路板焊接面上方与液晶片相对应的引出电极用酒精擦拭凉干后反扣。将框架安装在印制电路板上，并注意斑马胶条的位置是否正确，在上边用酒精擦拭时可顺便将开关部分引出电极擦拭干净，准备下一步开关安装，如图 6-3-8 所示。

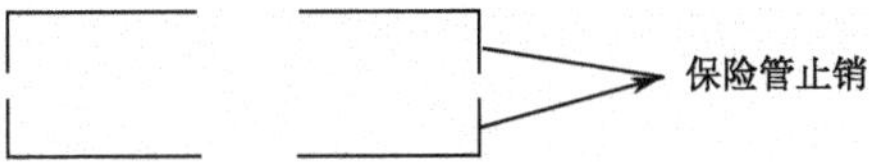

图 6-3-7　保险管卡安装示意图

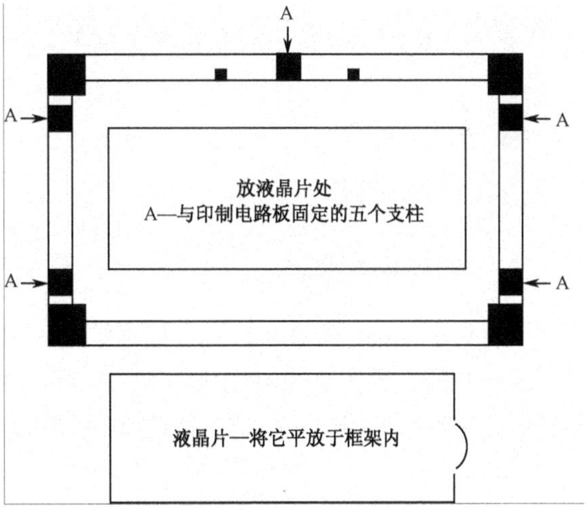

图 6-3-8　液晶显示器安装示意图

6. *开关及印制电路板地安装*

① 将开关平放，将 6 个接触片安装在开关相应的筋条上。

② 将开关反放，接触片一面朝上，将两弹簧涂上少许凡士林油分别放入两圆孔中；再

将两滚珠涂上少许凡士林油分别放在两弹簧上。

③ 将开关托起，即开关的标志小圆孔与 OFF 位置相对应地放入外壳的开关孔中。

将外壳正面朝下拿在手中，将印制电路板放入外壳中，用两个短螺钉将印制电路板与外壳固定，拧紧螺钉并压住开关。

7. 试机

装上电池，旋转开关各相应项目及量程显示的数字、小数点见表 6-3-4。

表 6-3-4 项目与量程的显示数

项目与量程		显 示 数	项目与量程		显 示 数
AVC	750	000	Ω	200	1
	200	00.0		2000	1
DVC	200μ	00.0		20k	1
	2000μ	000		200k	1
	20m	0.00		2000k	1
	200m	00.0	DVC	200m	00.0
10A		0.00		2000m	00.0
hFE		000		20	0.00
		1		200	00.0
				1000	000

8. 基准电压的调整

用四位半型数字电压表的 DC200mV 挡作为基准，测量 R_{13} 与 VR_1 串联电阻上的电压，调整 VR_1 使其为 100mV。

9. 实训报告

整理测试数据，将结果填入相应表格中。总结安装、调试数字万用表的体会。

知识链接

万用表的使用方法

一、直流电压测量

① 将黑表笔插入 COM 插孔，红表笔插入 V/Ω 插孔。

② 将功能开关置于直流电压挡 V～量程，并将测试表笔连接到待测电源（测开路电压）或负载上（测负载电压降），红表笔所接端的极性将同时显示于显示器上。

注意：

① 如果不知被测电压范围，则将功能开关置于最大量程并逐渐下降。

② 如果显示器只显示“1”，表示过量程，功能开关应置于更高量程。

③ “”表示不要测量高于1000V 的电压，显示更高的电压值是有可能的，但有损坏内部线路的危险。

④ 当测量高电压时，要格外注意避免触电。

二、直流电流测量

① 将黑表笔插入 COM 插孔，当测量最大值为 200mA 的电流时，红表笔插入 mA 插孔，当测量最大值为 20A 的电流时，红表笔插入 20A 插孔。

② 将功能开关置于直流电流挡 A～量程，并将测试表笔串联接入到待测负载上，电流值显示的同时，将显示红表笔的极性。

注意：

① 如果使用前不知道被测电流范围，则将功能开关置于最大量程并逐渐下降。

② 如果显示器只显示“1”，表示过量程，功能开关应置于更高量程。

③ 表示最大输入电流为 200mA，过量的电流将烧坏熔断器，应再更换，20A 量程无保护，测量时不能超过15s。

三、交流电压测量

① 将黑表笔插入 COM 插孔，红表笔插入 V/Ω 插孔。

② 将功能开关置于交流电压挡 V～量程，并将测试笔连接到待测电源或负载上。测量交流电压时，没有极性显示。

注意：

① 参看直流电压注意①②④。

② “”表示不要输入高于 700V 的电压，显示更高的电压值是有可能的，但有损坏内部线路的危险。

四、交流电流的测量

① 将黑表笔插入 COM 插孔，当测量最大值为 200mA 的电流时，红表笔插入 mA 插孔，当测量最大值为 20A 的电流时，红表笔插入 20A 插孔。

② 将功能开关置于交流电流挡 A～量程，并将测试表笔串联接入到待测电路中。

注意：

参看直流电流测量注意①②③。

五、电阻测量

① 将黑表笔插入 COM 插孔，红表笔插入 V/Ω 插孔。

② 将功能开关置于 Ω 量程，将测试表笔连接到待测电阻上。

注意：

① 如果被测电阻值超出所选择量程的最大值，将显示过量程“1”，应选择更高的量程，对于大于 1MΩ 或更高的电阻，要几秒钟后读数才能稳定，这是正常的。

② 当没有连接好时，例如，开路情况，仪表显示为“1”。

③ 当检查被测线路的阻抗时，要保证移开被测线路中的所有电源，所有电容放电。被测线路中，如果有电源和储能元件，会影响线路阻抗测试正确性。

④ 万用表的 200MΩ 挡位，短路时有 10 个字，测量一个电阻时，应从测量读数中减去这 10 个字。如果测一个电阻时，显示为 101.0，应从 101.0 中减去 10 个字。被测元器件的实际阻值为 100.0 即 100MΩ。

六、电容测试

连接待测电容之前，注意每次转换量程时，复零需要时间，有漂移读数存在不会影响测试精度。

① 将功能开关置于电容量程 C（F）。

② 将电容器插入电容测试座中。

注意：

① 仪器本身已对电容挡设置了保护，故在电容测试过程中不用考虑极性及电容充放电等情况。

② 测量电容时，将电容插入专用的电容测试座中（不要插入表笔插孔 COM、V/Ω）。

③ 测量大电容时稳定读数需要一定的时间。

④ 电容的单位换算

1μF=106pFlμF=103nF

七、二极管测试及蜂鸣器测试

① 将黑表笔插入 COM 插孔，红表笔插入 V/Ω 插孔（红表笔极性为“+”），将功能开关置于“”挡、并将表笔连接到待测二极管，读数为二极管正向压降的近似值。

② 将表笔连接到待测线路的两端，如果两端之间电阻值低于 70Ω，内置蜂鸣器发声。

反侵权盗版声明

举报电话：（010）88254396；（010）88258888

传　　真：（010）88254397

E-mail：　dbqq@phei.com.cn

通信地址：北京市万寿路 173 信箱

　　　　　电子工业出版社总编办公室

邮　　编：100036